U0290405

水利部公益性行业科研专项经费资助项目（201201058）

中小河流洪水
预警指标确定与预报技术研究

水利部水利信息中心◎编著

科 学 出 版 社
北 京

内 容 简 介

本书针对当前我国中小河流预警预报技术难题和业务需求，介绍了中小河流洪水预警指标确定和预报技术研究及应用，包括国内外中小河流洪水预警预报技术研究进展，中小河流洪水预警指标及确定方法，中小河流洪水预警预报模型和方法选择原则及步骤，湿润地区、半湿润地区和半干旱地区中小河流洪水预报模型及应用，分布式水文物理模型GBHM及TOPKAPI在中小河流洪水预报中的应用研究，无资料地区水文预报的经验方法以及集合预报、实时校正与模型不确定性分析等内容。

本书可供水文水资源、水利工程、气象、环境等学科的科研人员、大学教师和相关专业的研究生以及从事水利工程或防洪减灾管理专业的技术人员参考。

图书在版编目(CIP)数据

中小河流洪水预警指标确定与预报技术研究／水利部水利信息中心编著．—北京：科学出版社，2016

ISBN 978-7-03-049089-6

Ⅰ.①中… Ⅱ.①水… Ⅲ.①洪水预报 Ⅳ.①P338

中国版本图书馆CIP数据核字（2016）第142082号

责任编辑：李 敏 杨逢渤／责任校对：钟 洋

责任印制：张 倩／封面设计：铭轩堂

科 学 出 版 社 出版

北京东黄城根北街16号

邮政编码：100717

http://www.sciencep.com

中国科学院印刷厂 印刷

科学出版社发行 各地新华书店经销

*

2016年7月第 一 版 开本：720×1000 1/16

2016年7月第一次印刷 印张：17 3/4 插页：2

字数：360 000

定价：148.00元

（如有印装质量问题，我社负责调换）

《中小河流洪水预警指标确定与预报技术研究》

编委会

主　编

刘志雨　李致家　杨大文　侯爱中　巨兴顺

成　员

刘志雨　侯爱中　胡健伟　尹志杰　孙　龙

李致家　姚　成　黄鹏年　安　冬　姜婷婷

刘玉环　刘开磊　杨大文　杨汉波　缪清华

巨兴顺　张艳玲　陶林威

研究组成员

刘志雨　侯爱中　胡健伟　尹志杰　孙　龙

赵兰兰　李　磊　李致家　姚　成　黄鹏年

安　冬　姜婷婷　刘玉环　刘开磊　顾玮琪

韩　通　梁　珂　杨大文　杨汉波　缪清华

徐翔宇　李　哲　张树磊　巨兴顺　张艳玲

陶林威　顾　钊

前　　言

近年来，由局地强降水造成的山丘区中小河流（3000km^2以下）洪水频繁发生，引起的泥石流、滑坡等山区性洪水（简称山洪）灾害防不胜防，造成的死亡人数占全国洪涝灾害死亡人数的比例通常高达2/3以上。2010年，甘肃舟曲等地暴发特大山洪泥石流灾害，当年全国因中小河流和山洪灾害造成2824人死亡，占洪涝灾害死亡总人数的87.6%。中小河流洪水及其引发的山洪灾害是当前我国自然灾害中造成人员伤亡和经济损失的主要灾种，严重制约着广大山丘区经济社会的发展和人民群众的脱贫致富，影响全面建设小康社会目标的实现。

由于中小河流洪水、山洪灾害的严重性，加上影响因素比较复杂，目前尚难以完全治理，因此开展中小河流洪水、山洪灾害的监测预警预报工作，使处于灾害危险区的居民可以及时得到预警信息，从而提前采取预防措施，减轻灾害损失，对于保障山区人民的生命财产安全具有重要的现实意义。2010年起，国家先后启动了全国山洪灾害防治县级非工程措施项目（一期、二期）、全国中小河流水文监测系统建设项目，计划用3~5年，初步建成覆盖山洪灾害易发区和重点防治区县的非工程措施体系，全面提高我国山洪灾害防御能力；使有防洪任务的5186条重点中小河流在发生洪水时能及时预警，为我国中小河流防洪减灾提供决策依据。如今，这些项目正在发挥着作用，为山丘区民众的生命安全设置山洪警戒线。

由于我国大部分中小河流洪水、山洪灾害易发区地处山丘区，历史观测水文资料缺乏，中小河流洪水及山洪灾害具有暴雨强度大、洪水历时短、突发性强、难预报、难预防的特点，因此山区中小河流洪水和山洪灾害的预警预报和防御已成为目前防洪减灾工作中突出的难点。为加强我国中小河流洪水和山洪灾害的监测、预警、预报技术研究，在财政部、水利部等有关部门的支持下，水利部水文局（水利信息中心）组织开展了“中小河流突发性洪水监测与预警预报技术研究[水利部公益性行业科研专项经费资助项目（200701001）]”，并主要参与了“山洪灾害监测预警系统标准化研究[水利部公益性行业科研专项经费资助项目（201201058）]”工作。

项目总目标是针对当前各地在山洪灾害防御非工程措施和中小河流洪水监测预警预报系统建设中遇到的洪水预警指标确定方法与分级标准不统一，洪水预报方法与模型选择缺乏技术指导的问题，研究适合我国国情的山区中小河流洪水预警指标体系与确定方法，研制开发适合我国不同气候、不同下垫面条件下的中小河流洪水预报方法与模型，为我国山区中小河流洪水的防洪管理提供关键技术支撑。为此，本书选择南北方不同气候区、不同下垫面条件下的多个山区中小河流流域为研究示范区域，开展山洪预警指标体系及确定方法研究，并根据典型区域的资料数据，提出适合我国的中小河流洪水预报办法与模型并进行数值计算模拟，对研究成果进行总结并提出了有关建议。

本书旨在总结国内外中小河流洪水和山洪灾害预警预报技术研究进展，介绍山区中小河流洪水预警指标确定、洪水预报模型与方法选择，不同气候区中小河流洪水预报模型应用以及无资料地区水文预报方法、集合预报与洪水实时校正等方面的研究成果。全书共分11章，第1章由胡健伟、陶林威编写，第2章由侯爱中、杨大文及巨兴顺编写，第3章由刘志雨、侯爱中编写，第4章由尹志杰、李致家、安冬、姜婷婷编写，第5章由尹志杰、李致家、姚成、黄鹏年编写，第6章由孙龙、李致家、安冬编写，第7章由杨汉波、缪清华、侯爱中编写，第8章由张艳玲、孙龙、刘玉环编写，第9章由韩通、梁珂编写，第10章由刘开磊、顾玮琪、胡健伟编写，第11章由刘志雨编写。全书由侯爱中统稿，刘志雨审定。

本书研究工作得到了水利部有关部门和地方相关省份防汛、水文单位的支持和帮助。陕西省水文水资源勘测局、江西省水文局、湖南省水文水资源勘测局、中国水利水电科学研究院等单位为本书研究提供了大量宝贵的资料和意见。本书部分研究成果得到国家自然科学基金（41130639、51179045）的资助。在此向对本书研究工作给予关心、支持、指导和帮助的所有领导、专家和同行朋友表示衷心的感谢。

由于本书内容的广泛性，研究问题的复杂性，加之作者时间和精力有限，不当之处敬请广大读者批评指正。

编著者
2015年8月于北京

目　　录

第 1 章　绪论 …………………………………………………………… 1

1.1　中小河流洪水预警预报研究背景与意义 ………………………… 1

1.2　国内外中小河流洪水预警预报研究进展 ………………………… 4

1.3　中小河流洪水预警预报研究目标与内容 ………………………… 8

第 2 章　中小河流洪水预警指标确定方法 ………………………… 15

2.1　预警指标体系 …………………………………………………… 15

2.2　指标确定方法 …………………………………………………… 16

2.3　指标确定示例 …………………………………………………… 21

2.4　预警雨量指标评价 ……………………………………………… 33

2.5　小结 ……………………………………………………………… 34

参考文献 ……………………………………………………………… 34

第 3 章　中小河流洪水预警预报模型与方法选择 ………………… 36

3.1　预报模型与方法选择原则 ……………………………………… 36

3.2　选择步骤 ………………………………………………………… 36

3.3　预报模型与方法 ………………………………………………… 38

3.4　小结 ……………………………………………………………… 43

参考文献 ……………………………………………………………… 43

第 4 章　湿润地区中小河流洪水预报模型应用 …………………… 46

4.1　新安江模型 ……………………………………………………… 46

4.2　TOPMODEL 模型 ……………………………………………… 54

4.3　BP-KNN 模型 …………………………………………………… 71

4.4　模型在山洪预报中的应用 ……………………………………… 75

4.5　小结 ……………………………………………………………… 79

参考文献 ……………………………………………………………… 79

第 5 章　半湿润地区中小河流洪水预报模型应用 ………………… 83

5.1　河北雨洪模型 …………………………………………………… 84

5.2　增加超渗产流的新安江模型 …………………………………… 87

5.3　新安江–海河模型 ……………………………………………… 92

5.4　基于网格的蓄满与超渗空间组合的水文模型 …… 97
5.5　模型在山洪预报中的应用 …… 108
5.6　小结 …… 122
参考文献 …… 122
第6章　半干旱地区中小河流洪水预报模型应用 …… 124
6.1　超渗产流模型 …… 124
6.2　SAC模型 …… 128
6.3　IHACRES模型 …… 131
6.4　模型在山洪预报中的应用 …… 136
6.5　小结 …… 143
参考文献 …… 144
第7章　GBHM模型在中小河流洪水预报中的应用 …… 145
7.1　GBHM模型的建立 …… 145
7.2　水文模拟及模型参数 …… 153
7.3　GBHM模型在山洪预报中的应用 …… 155
7.4　小结 …… 191
参考文献 …… 191
第8章　TOPKAPI模型在中小河流洪水预报中的应用 …… 193
8.1　TOPKAPI模型的建立 …… 194
8.2　资料需求及基本参数 …… 203
8.3　模型的率定和验证 …… 204
8.4　模型应用的尺度问题 …… 205
8.5　TOPKAPI模型在山洪预报中的应用 …… 213
8.6　小结 …… 230
参考文献 …… 231
第9章　应急水文预报实用方法 …… 234
9.1　降雨径流区域规律 …… 234
9.2　流域汇流预报 …… 242
9.3　小结 …… 247
参考文献 …… 248
第10章　水文集合预报应用 …… 249
10.1　概述 …… 249
10.2　集合预报 …… 250
10.3　实时校正 …… 258

10.4　模型的不确定性分析 …… 262
10.5　小结 …… 268
参考文献 …… 268
第 11 章　主要研究成果与展望 …… 271
11.1　主要研究成果 …… 271
11.2　展望 …… 272

第1章　绪　　论

1.1　中小河流洪水预警预报研究背景与意义

1.1.1　中小河流洪水和山洪灾害

我国幅员辽阔，中小河流众多。除大江大河外，流域面积在$100km^2$以上的河流约有5万多条，流域面积在$200km^2$以上有防洪任务的中小河流（包括大江大河支流、独流入海河流和内陆河流）有9000多条，这些河流大多分布在重要城镇及广大农村地区，其中85%的城市濒临中小河流。由于长时间缺乏系统地治理，我国中小河流普遍防洪标准偏低，洪灾损失严重。据统计，一般年份中小河流的水灾损失占全国水灾总损失的70%～80%，近10年水灾造成的人员死亡人口有2/3以上发生在中小河流。

山洪灾害是指山丘区由降雨引起的中小河流洪水灾害、泥石流灾害和滑坡灾害。我国主要处于东亚季风区，山丘区暴雨频发，地形地质条件复杂，加之人类活动的影响，导致山洪灾害发生频繁。近年来，由局地强降水造成的中小河流突发性洪水频繁发生，引起的泥石流、滑坡等山洪灾害防不胜防，已成为人员伤亡的主要灾种，严重制约着广大山丘区经济社会的发展和人民群众的脱贫致富，影响全面建设小康社会目标的实现。据统计，1950～2010年洪涝灾害死亡人数为26.3万，其中山丘区死亡人数为18万，占总死亡人数的68.4%；2010年以后因中小河流洪水和山洪灾害造成的死亡人数占全国洪涝灾害死亡人数的比例较高，特别是在2010年这一比例达87.6%（图1-1），中小河流洪水和山洪灾害仍是人员死亡的主要原因，随着山洪防治、中小河流治理等项目的开展，2010年后因山洪灾害造成的死亡人数占全国洪涝灾害死亡人数的比例逐年降低，但比例仍超过2/3。

1.1.2　全国山洪灾害防治非工程措施建设

我国山丘区因降雨引发的山洪灾害问题日益突出，每年都造成大量的人员伤亡，严重影响山丘区的社会安定和经济发展。为了全面落实国家实施可持续发展

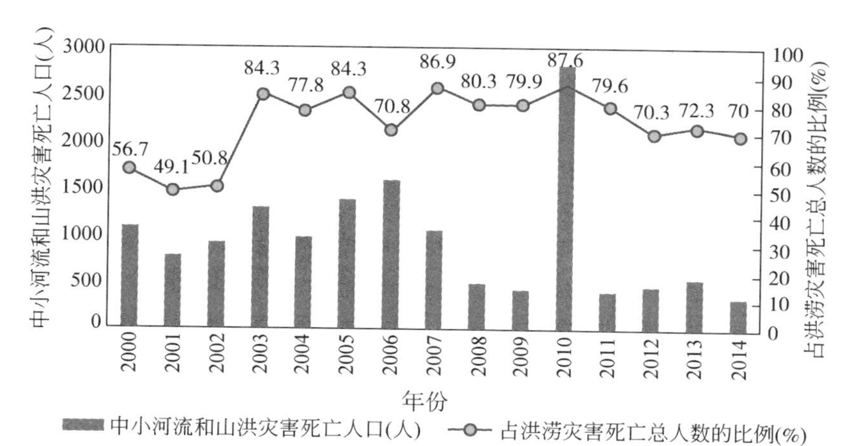

图 1-1　2000～2014 年中小河流和山洪灾害死亡人口及其占洪涝灾害死亡总人数的比例

战略的要求，保障山丘区人民生命和财产安全，实现我国经济社会的全面发展，2010 年 11 月水利部会同财政部、国土资源部、中国气象局全面启动了全国山洪灾害防治县级非工程措施建设项目，计划用 3 年左右的时间，在有山洪灾害防治任务的 1836 个县级行政区，初步建成以监测预警为主的防灾非工程措施体系，尽快提高基层防御山洪灾害能力，最大程度地减少人员伤亡和财产损失，尤其是有效避免群死群伤事件的发生。

山洪灾害防治县级非工程措施建设内容主要包括如下几方面。

1）山洪灾害普查。普查所有小流域自然和经济社会基本情况、人口分布情况、山洪灾害类型、历史山洪灾害情况、受山洪灾害威胁的人口及主要经济设施分布情况。

2）划定危险区。根据普查的结果，划定山洪灾害防治区内危险区、安全区，并以自然村或小流域为单位，标绘在预案图件上。

3）确定临界雨量和水位等预警指标。根据历史降雨及山洪灾害情况，结合地形、地貌、植被、土壤类型等，确定每个小流域或乡村各级临界雨量、水位等预警指标，并在实际运用中修订完善。

4）建设雨水情监测站点。包括自动雨量站建设、简易雨量站建设、自动水位站建设和简易水位站建设。同时，充分利用气象、水文等部门此前已经建设的站点信息，提高暴雨洪水的监测密度。

5）建设县级监测预警平台。县级平台应用软件具有基础信息查询、水雨情监测查询、气象国土信息服务、水情预报服务、预警发布服务、应急响应服务、系统管理等功能。同时建设国家、省、市山洪灾害监测预警管理系统，自下而上实现雨水情和灾害管理信息的联网共享。

6）配备必要的预警设施。预警方式除采用手摇报警器、人工敲锣、鸣哨等传统方法外，还包括电话、传真、短信、无线预警广播、电视等。

7）建立群测群防体系。建立县、乡（镇）、村、组、户五级山洪灾害防御责任制体系，完善乡（镇）、村一级的群测群防组织指挥机构，明确各级责任人员和相应职责；按照《山洪灾害防御预案编制大纲》要求编制基层防御预案；落实基层责任制、开展宣传培训演练等。

在前期实施山洪灾害防治县级非工程措施项目的基础上，水利部、财政部又确立了2013～2015年进一步补充完善非工程措施体系、山洪灾害调查评价、重点山洪沟防洪治理建设任务。如今，这些项目正在发挥着作用，为山丘区民众的生命安全设置起山洪警戒线。

1.1.3 全国中小河流水文监测系统建设

随着我国经济社会的快速发展以及近年来极端天气事件的明显增多，中小河流洪涝灾害频繁发生，已成为我国洪涝灾害损失的主体。为贯彻落实中央一号文件和中央水利工作会议对水文工作的一系列重要决策和部署，加快推进《全国中小河流治理和病险水库除险加固、山洪地质灾害防御和综合治理总体规划》（简称《总体规划》）中监测预报预警体系建设，2011年国家启动全国中小河流水文监测系统建设。

中小河流水文监测系统建设目标：通过充实完善水文站、水位站、雨量站等监测站点，加强巡测能力建设，基本建成覆盖我国中小河流的水文监测体系。对《总体规划》中确定的流域面积在200～3000km^2的5186条中小河流水文监测控制率达到100%，提高中小河流水文信息的采集、传输、处理水平和预警、预报能力，确保水雨情信息在20分钟内到达各级水文信息中心站，为我国中小河流防洪抗旱减灾、中小水库的安全运行、水资源管理以及水生态与环境的保护修复等提供决策依据。

中小河流水文监测系统建设任务：力争用3年时间完成《总体规划》中确定的水文建设任务。一是水文测站建设与改造，包括建设4697处水文站（其中改造1171处），3553处水位站（其中改造162处），30 617处雨量站（其中改造4400处）；二是水文巡测与应急监测能力建设，包括229处水文巡测基地和39支应急监测队建设，这39支应急监测队是指各流域水文机构和各省（自治区、直辖市）水文机构都建立一个应急监测队，配备应急测验设备，提高应对紧急或突发事件的快速反应能力；三是水文预报系统建设，建设408处水文中心站和5186个河流水文预报软件系统，为中小河流防洪提供及时、快速、准确的预警预报信息。

近年来，中小河流水文监测系统建设顺利推进，成效初步显现。截至2014

年，全国累计建成水文站2239处、水位站3025处、雨量站28 713处、水文信息中心站340处、水文巡测基地72处、水文应急监测队26支、预警预报软件866套，在中小河流雨水情监视预警、防洪指挥决策中发挥了重要的信息支撑作用。

1.1.4　中小河流洪水预警预报研究意义

由于我国大部分中小河流洪水、山洪灾害易发区地处山丘区，历史观测水文资料缺乏，中小河流洪水及山洪灾害具有暴雨强度大、洪水历时短、突发性强、难预报、难预防的特点，因此中小河流洪水和山洪灾害的预警预报和防御已成为目前防洪减灾工作中突出的难点。

针对当前各地在山洪灾害防御非工程措施建设和中小河流洪水预报预警系统建设中遇到的洪水预警指标确定方法与分级标准不统一、山洪预报方法与模型选择缺乏技术指导的问题，急需研究适合我国国情的山洪预警指标体系与分级标准，研制开发适合我国的中小河流洪水预报方法与模型。

为加强我国中小河流洪水和山洪灾害的监测、预警和预报技术研究，在财政部、水利部等有关部门的支持下，水利部水文局（水利信息中心）自2007年起先后组织开展了“中小河流突发性洪水监测与预警预报技术研究［水利部公益性行业科研专项经费资助项目（200701001）］”，并主要参与了“山洪灾害监测预警系统标准化研究［水利部公益性行业科研专项经费资助项目（201201058）］”工作。

1.2　国内外中小河流洪水预警预报研究进展

近年来，中小河流洪水和山洪灾害的加剧与发展，已引起世界防灾减灾领域关注。面对越来越严重的山洪灾害，很多国家已经或正在研发有效的山洪监测预警预报系统和洪水管理方法，力求使灾害程度达到最小。例如，美国水文研究中心（Hydrologic Research Center，HRC）研发了山洪预警指南系统（flash flood guidance system，FFGS），已广泛应用于美国、中美洲七国、韩国、湄公河委员会成员国（泰国、柬埔寨、老挝、越南）、南非、罗马尼亚等国家和地区；美国马里兰大学与国家河流预报中心研制了分布式水文模型山洪预报系统（HEC-DHM）；日本国际合作社（JICA）开发了在加勒比海地区以社区为基础的山洪早期警报系统等。世界气象组织（World Meteorological Organization，WMO）也在积极推进一体化洪水管理理念，并在南亚地区孟加拉国、印度和尼泊尔三国成功地开展了“社区加盟洪水预警与管理”的示范区项目。

目前，国内外山洪预警预报采取的技术途径通常是通过对山洪的危险性预测判别，研究山区山洪灾害威胁程度，划分山洪易发区和危险等级；结合先进的监测和预报技术，实时监视暴雨山洪情况，预测山洪发生的时间和危害程度，从而做出准确预测预报。

中小河流洪水预报可以采用常规的水文气象模型，但由于其具有流速快、预见期短以及资料短缺等特点，所以中小河流洪水预报具有其特殊性，与常规水文预报的思路略有不同。目前，国外常用的中小河流洪水预报预警方法有两种，其一为高分辨率分布式水文模拟法，如意大利 ProGEA 公司开发的基于 TOPKAPI（topographical kinematic approximation and integration）分布式水文模型的中小河流洪水预报系统、美国马里兰大学与国家河流预报中心共同研发的分布式水文模型山洪预报系统；其二为动态临界雨量值法，如美国水文研究中心研制的山洪预警指南系统。此外，对具有一定水文系列资料的小流域常采用经验方法。例如，可根据历史上本地区内中、小流域特大暴雨条件下的流域面积-量-峰关系的整理与应用，或依据本流域观测资料建立降雨总量与洪峰相关的预报预警方案。

1.2.1 山洪危险性预测判别

山洪危险性预测判别技术主要是在调查历史山洪灾害的基础上，结合气候、水文、地形、地貌、地质条件、人员分布，分析山洪灾害可能发生的类型、程度及影响范围，按照历史洪水位等合理划定危险区，以便政府和人们采取必要的针对措施，从而达到预警目的。日本、美国、奥地利、瑞典、德国等是国际上较早开展山洪灾害危险区划与预测的国家。

日本采用短历时降雨的有效降雨量和降雨强度等因子来研究山洪和泥石流发生的可能性，据此开展山洪灾害的危险性预测工作。美国加利福尼亚-内华达河流预报中心（California Nevada River Forecast Center，CNRFC）采用打分方法，构建了山洪危险性预测评价的基本框架，选用地形特征、土壤特性、植被覆盖、森林覆盖、土地利用等主要影响因子，采用因子叠加分析、加权平均方法，划分1~10共十个等级，并计算山洪潜在危险指数（flash flood potential index，FFPI），完成了山洪危险度预测评估。瑞典利用危险区图来表示山洪灾害类型的判别和灾害规模的估计，以山丘区的洪水灾害为例，根据危险等级将山洪易发区分为 4 个不同的危险区，每个区又分为 1~5 个亚区，从而确定洪水的发生范围。

我国根据山洪的基本特点，用临界雨量系数作为降雨诱发山洪灾害易发程度指标来区划山洪易发区。临界降雨系数即为时段暴雨均值与同时段临界雨量（强）的比例系数。通过绘制全国临界雨量分布图和多年最大 6 小时点雨量均值等值线图，综合分析计算临界降雨系数并确定全国山洪灾害易发区等级，临界降雨系数大于1.2 为高易发区，1.0~1.2 为中易发区，小于 1.0 为低易发区。对于历史上发生大暴雨、诱发严重山洪灾害的区域，根据暴雨笼罩范围划为高易发降雨区。据此，编制了全国降雨诱发山洪灾害易发程度分布图，又根据形成山洪灾害的降雨、地形地质和经济社会因素，将山洪易发区划分为山洪灾害重点防治区和一般防治区，以利突出重点，按轻重缓急，逐步实施山洪灾害防治措施。

1.2.2 中小河流洪水预警预报技术

目前，国内外常用的山洪预警预报方法有 3 种，即山洪临界雨量法、中小河流洪水预报模型与方法、经验预报法。

（1）山洪临界雨量法

临界雨量法一般主要是根据历史山洪发生的降雨情况分析，结合形成条件，通过回归、统计、水文模型等方法，确定山洪临界雨量。通过天气预报和降水实际情况，以临界雨量为依据，或根据预报模型，确定山洪发生的可能性。山洪的流量大小除了与降雨总量、降雨强度有关外，还与流域土壤饱和程度［或前期影响雨量指数（antecedent precipitation index，API）］密切相关。当土壤较干时，降水下渗大，则产生地表径流小；反之，如果土壤较湿，降水入渗少，易形成地表径流。因此，在确定山洪临界雨量指标时，应该考虑山洪防治区中小流域土壤饱和情况，给出不同初始土壤含水量条件下的临界雨量值，这种方法称为“动态临界雨量法”。土壤含水量指标可以采用土壤饱和度，也可以用前期影响雨量指数（API）表示，其中土壤饱和度可以由分布式水文模型输出。

美国水文研究中心研发的动态临界雨量值法（或山洪预警指南法），即基于动态临界雨量的山洪指南法，其思路是以小流域上已发生的降雨量，通过水文模型计算分析，得到流域实时土壤湿度，并反推出流域出口断面洪峰流量要达到预先设定的预警流量值所需的降雨量，这个降雨量称为“山洪指南值”（flash flood guidance，FFG）或动态的“临界雨量值”。当实时或预报降雨量达到“山洪指南值”时，即发布山洪预警或警示。概言之，在分析当前的土壤湿度时，因为时间允许，运用了水文模型，得到了 FFG；在发布未来预报或预警时，因时间仓促，不运行水文模型，只对比当点（或小范围的面）雨量是否达到及超过 FFG，决定是否发布预警。

（2）中小河流洪水预报模型与方法

根据中小河流洪水预报的不同要素（水位、流量）以及流域资料情况，选用不同的预报模型与方法。所运用的模型与方法有降雨径流预报方法、流域水文模型（集中式概念性水文模型、分布式水文模型）、统计回归模型、人工神经网络模型等。对于降雨径流预报方法，产流可根据各地实际情况采用折减系数（径流系数）、降雨径流关系、初损后损等方法计算。汇流根据流域山坡的实际情况，可采用单位线（经验单位线、瞬时单位线、综合单位线）、汇流系数（曲线）等方法计算。有条件时，可利用数字高程模型（DEM和GIS）提取的小流域特征，建立分布式洪水预报模型。

基于分布式水文模型的中小河流洪水预警预报方法的基本思路是利用高精度DEM生成数字流域，在每个小的子流域（或DEM网格）上应用现有的水文模型（如萨克拉门托模型、新安江模型等）来推求径流，再进行汇流演算（瞬时地貌单位线法、等流时线法等），最后求得每个子流域（或网格）出口断面的流量过程、峰值流量及其出现时间等洪水预报数据；根据实时监测的水文数据，结合计算所得的各小流域（或网格）的降雨径流情况，一旦达到预警限值，通过网络系统和防汛短消息平台向相关责任人员发送预警信息。例如，河南省水利厅2005年起通过对美国陆军工程师团HEC-HMS① 流域预报模型的深入研究，采用新型地貌单位线等水文分析最新成果，为山丘区无水文资料地区进行洪水预报预警，从技术手段上为山洪灾害防御开辟了新途径。

人工神经网络模型是根据神经网络原理，将降雨、流量、水位等水文要素作为训练对象的一种数学模型，可用于缺乏流量观测资料而直接进行水位预报的断面。模型输入应具备降雨、水位或流量等观测资料。将流域前期降雨和预报断面的前期流量（或水位）作为神经网络的输入因子，预报断面当前流量（或水位）作为网络的输出因子。神经网络模型参数采用试算的方法加以确定。一旦网络参数确定，即可运用建立的模型对洪水进行实时预报。

（3）经验预报法

对于上、下游有水位（文）站的河流，则可运用历史水位、流量资料，建立上游水位、流量和下游水位、流量相关关系。对于上游有水位（文）站，下游（或灾害点上游）没有水位（文）站的河流，如果下游可以调查到较大洪水的洪峰水位，则可利用上游的实测水文资料和下游的调查资料，建立上下游水位相关关系。对具有一定水文系列资料的流域，可根据历史上本地区中、小流域特大暴雨条件下的流域面积-量-峰关系的整理与应用，或依据本流域观测资料建立降雨总量与洪峰相关的预警预报方案。

对于流域面积小、汇流时间短的山洪沟，根据实测或调查的降雨量和灾害点上游实测或调查的水位（流量）资料建立流域降雨与灾害点上游的水位（流量）相关关系。

---

① HEC-HMS是美国陆军工程师团水文工程中心（Hydrologic Engineering Center，HEC）研究的流域水文模拟系统（hydrologic modeling system，HMS）.

1.3 中小河流洪水预警预报研究目标与内容

1.3.1 研究目标

针对当前各地在山洪灾害防御非工程措施建设中遇到的山洪预警指标确定方法与分级标准不统一，中小河流洪水预报方法与模型选择缺乏技术指导的问题，研究适合我国国情的山洪预警指标体系与分级标准，研制开发适合我国的中小河流洪水预报方法与模型。基于陕西省3个典型流域（板桥河、灞河、周河）和2个对比流域（屯溪、伊河）的DEM、土地利用、土壤、植被和气象、水文等资料，通过现场调查、资料分析以及分布式水文模型等综合手段，分别构建3个典型流域的GBHM（geomorphology based hydrological model）分布式水文模型，提出乡镇和小流域的山洪预警指标体系（水位、流量和雨量指标）、山洪预警分级标准和推广研究成果的建议。

1.3.2 研究内容

本书主要研究内容包括山洪预警指标体系及确定方法研究、流域间水文相似性规律研究、不同类型水文模型原理和模拟分析对比研究和分布式水文物理模型在山区中小河流洪水预报中的应用研究。

（1）山洪预警指标体系及确定方法研究

建立山洪预警指标是流域山洪预警系统建设的核心之一。建立山洪预警指标的目的是，利用流域山洪预报模型，在山洪发生之前协助判断山洪的可能危险性及发生的时间，以便通知受保护地区的人员及时转移避险，最大限度地保护人民的生命安全。为了满足判断山洪灾害发生和通知避险转移的要求，该指标需要考虑两个因素：①多大的降雨量会导致山洪暴发，也就是临界雨量；②从发出预警到山洪暴发的时间是否足以让受保护地区的人员转移，也就是汇流时间。本书主要围绕第一个因素，分析并提出周河流域、灞河流域以及板桥河等流域的山洪预警指标。

（2）流域间水文相似性规律研究

由于山区性中小河流水文资料一般比较匮乏，常规的水文模型率定缺乏必要的资料，因此必须寻找流域间水文相似性的区域规律。本书主要通过流域或嵌套流域间降雨-径流关系区域规律、流域地貌特征等研究，解决不同流域降雨径流关系的空间移用问题，最终为实现不同流域间降雨径流相关图的移用提供支撑。

（3）不同类型水文模型原理和模拟分析、对比研究

经过几十年的发展，国内外的水文模型数量庞大，构思也各有千秋。从过往

的洪水模拟与预报的经验看来，各种水文模型广泛应用于湿润半湿润流域，尤其是经典的概念性水文模型，都能得到很好的应用。而针对半干旱、干旱流域的水文模型很难开发、进展困难，因此出现了许多不同类型的水文模型，如数据驱动模型和基于物理基础的水文模型等，以便更好地适用于半干旱、干旱流域。本书通过对国内外几十种水文模型在不同流域的模拟研究，对比选出更加适用于中小河流流域洪水预报的模型。

（4）分布式水文物理模型在山区中小河流洪水预报中的应用研究

GBHM、TOPKAPI 等分布式水文物理模型是典型的基于水文过程的物理机制而构建的流域水文模型。GBHM 模型利用描述流域地貌的面积方程和宽度方程将流域产汇流过程概化为“山坡-沟道”系统，一方面可以反映流域下垫面条件和降雨输入的空间变化，同时还采用了描述产流和汇流过程机制的数学物理方程来求解，使模型既得到了简化又保持了分布式水文模型的优点，使之能适用中小河流洪水预警预报的特点。TOPKAPI 模型是一个以物理概念为基础的分布式流域水文模型，主要模拟水文循环中最重要的陆面水文过程，主要包括十个模块：植物截留、融积雪、蒸散发、降水下渗、壤中流、土壤水深层渗漏、地下径流、地表径流、河川径流、水库调洪演算等计算模块。TOPKAPI 模型在国外已有相当广泛的应用，包括洪水预报、洪水极值分析、无资料地区洪水计算等方面，这些应用的流域大小从几十平方公里到几千平方公里，网格尺度从几十米到 3km。

1.3.3　示范流域概况

1. 板桥河

板桥河位于丹江左岸，属丹江一级支流，发源于秦岭主脊南侧陕西省商洛市商州区马角山，流向由北向南，沿途有大荆河、黄川河、蒲峪河、石鸠河汇入，流程为 47.5km，至二龙山汇入丹江。板桥河流域面积为 588km^2，平均比降为 1.2%，流域内较大支流有大荆河。流域地形为西北高东南低，地质构造以片麻岩、石灰岩、碎屑岩为主。河床由沙砾石组成，冲淤变化较大。植被覆盖高山以森林为主，低山为荒山，耕地分布在河谷。

板桥水文站位于板桥河、大荆河交汇处，集水面积为 493km^2。多年平均降雨量为 729.0mm，年际变化较大，降雨季节变化明显，汛期 5～10 月的降雨量约占年降雨量的 80%～90%。多年平均径流量为 8752 万 m^3，输沙量为 96.3 万 t。历史调查最大流量为 1030m^3/s，发生时间为 1957 年 7 月 16 日；实测最大流量为 588 m^3/s，发生时间为 1988 年 8 月 14 日；最小流量为 0.025 m^3/s，发生时间为 1979 年 6 月 16 日。板桥水文站集水区域河流呈枝杈状，暴雨时由于山体坡度大、汇流快，很快形成洪峰，暴雨过后，河道流量迅速减少，洪水暴涨暴落，洪峰为尖瘦型的洪水过程，板桥水文站集水区域水系如图 1-2 所示。

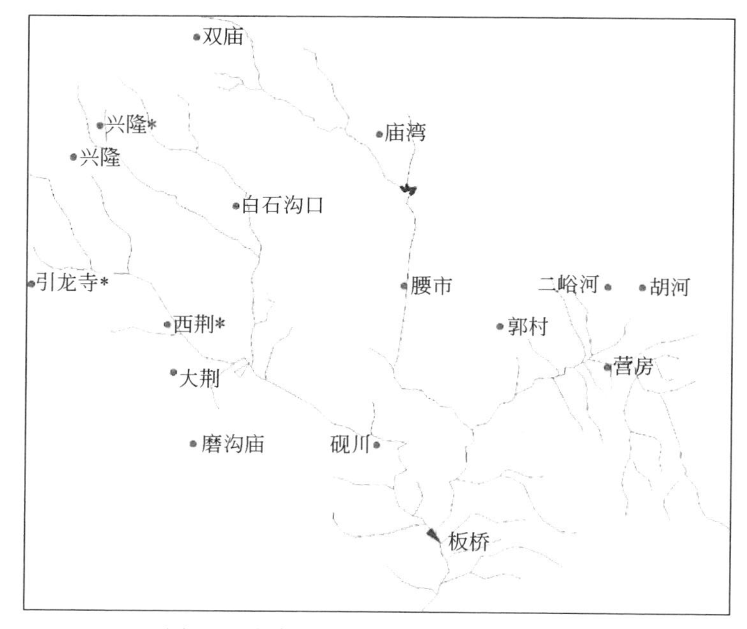

图 1-2　板桥水文站集水区域水系示意图

2. 灞河

灞河是黄河支流渭河的支流，古名滋水，全长为 109km，流域面积为 $2581km^2$，发源于蓝田县灞源乡麻家村以上的秦岭北坡。灞河为不对称水系，左岸支流少而长，右岸支流众多而短小，主要支流有辋峪河、浐河等。从源头到河口，高差为 1142m，比降为 1.05%，上游河床比降大，具有山溪性河流的特点，洪水期水流湍急，河水陡涨陡落，夏半年多水，冬半年干燥。灞河洪水均由夏季暴雨和初秋连阴雨形成。最早发生在 4 月上旬，最迟在 10 月下旬，7、8 两月洪水大，峰型瘦，洪峰涨落急剧；沙峰一般比水峰先出现，主要是上游红河来沙。灞河流域内植被较好，农业发达，灌溉历史悠久，新中国成立后建有较完善的堤防系统和辋灞渠、跃进渠、蓝桥渠、普惠渠、灞惠渠、团结渠、立新渠等诸多引水工程。

马渡王水文站是灞河的控制站，集水面积为 $1601km^2$，属渭河南岸中等区域代表站，国家基本二类站。测验河段顺直，复式河槽，河中靠右岸有一鸡心滩。河床为砂卵石，冲淤变化大。实测最大流量为 $1555m^3/s$，实测最小流量为 $0.060m^3/s$，多年平均降水量为 630.9 mm，多年平均蒸发量为 949.7 mm，多年平均径流量为4.931亿 m^3，多年平均输沙量为214万t，马渡王水文站集水区域水系如图1-3所示。

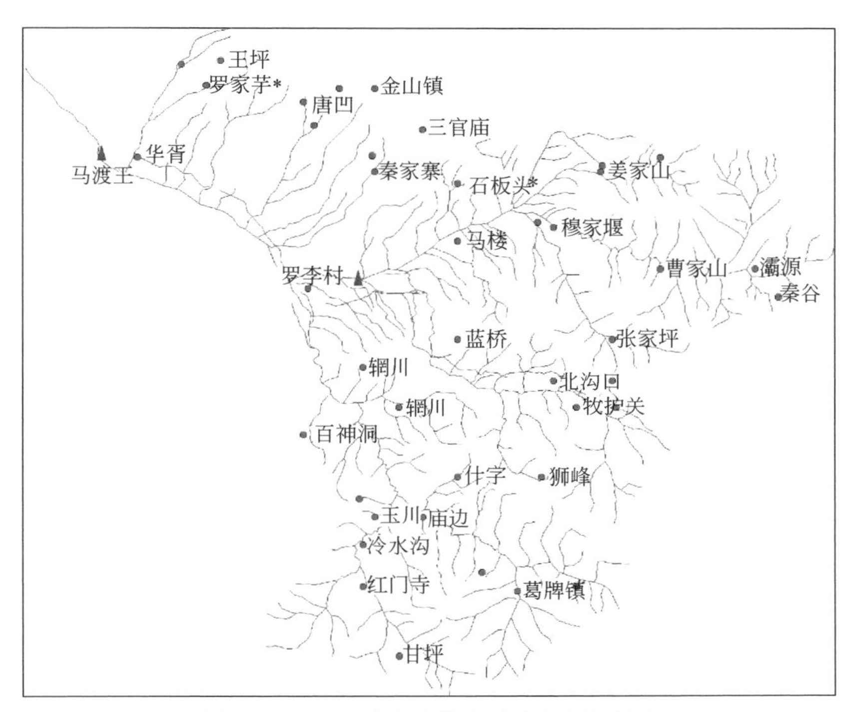

图1-3 马渡王水文站集水区域水系示意图

3. 周河

周河是黄河流域北洛河上游支流，发源于靖边县周家嘴的饮马坡。上游地形分布有高山、峡谷及荒滩，坡度变化大，流域植被较差，水土流失严重。河流两岸地表为黄绵土、淤沙土、盐碱土等。区域气候属于中温带半湿润–半干旱区，具有明显的大陆性季风气候特征，冬季寒冷干燥，春季干旱多风，夏季旱涝相间，秋季温凉湿润。

志丹水文站是周河的控制站，位于陕西省志丹县城关镇，设于1960年8月，属省级重要水文站。该站集水面积为774km²，河长为81.3km，距河口距离为31km。志丹水文站多年平均气温为7.8℃，多年平均降水量为509.8mm，多年平均径流量为0.323亿 m^3，多年平均输沙量为0.102亿t，实测最大洪峰流量为2610m^3/s（1977年7月6日）。洪水由暴雨形成，涨落较快，峰型尖瘦，历时较短，中高水时受涨落影响，水位流量关系一般呈绳套型，低水受断面冲淤变化影响严重，一般较散乱。洪峰过程与沙峰过程基本同步或沙峰稍滞后，峰型相似，志丹水文站集水区域水系如图 1-4 所示。

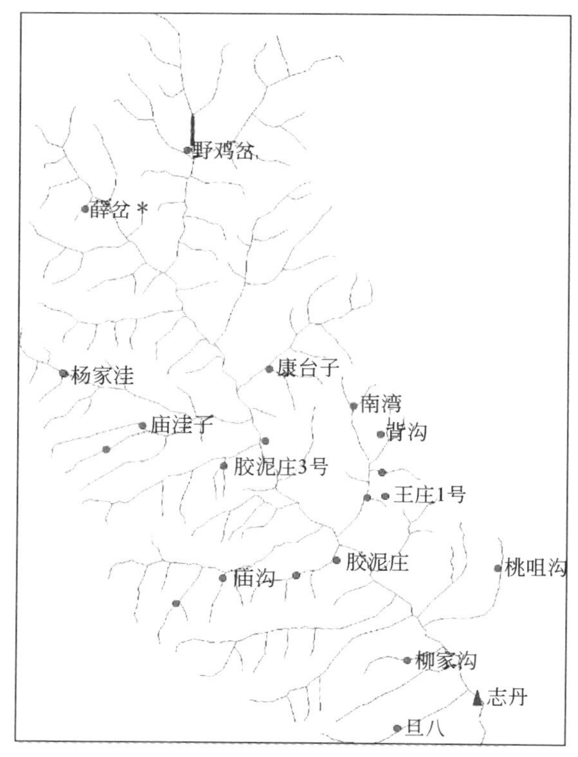

图 1-4　志丹水文站集水区域水系示意图

4. 屯溪

屯溪位于钱塘江支流新安江的上游，屯溪水文站是新安江水库的重要入库站，设于 1950 年，集水面积为 2670km^2，由横江和率水两流域汇合而成，且两流域河道坡度和流域面积有很大差异。其中横江流域面积为 1000km^2，率水流域面积为 1670km^2，两支流在近屯溪处汇合，率水南依浙赣边境的山区，河长为 157km，河道坡度为 1.5‰，植被较好，流速小，而横江位于黄山西南侧，流程短，河长约为 70km，河道坡度大约为 5‰，是率水 3.3 倍，流速约比率水大一倍。山区中小流域河流，洪水暴涨暴落，前峰退而未平，再遇暴雨，后峰又接踵而至，多为连续复峰。屯溪水文站实测最大洪峰流量为 6500m^3/s（1996 年 7 月 1 日），屯溪水文站集水区域水系如图 1-5 所示。

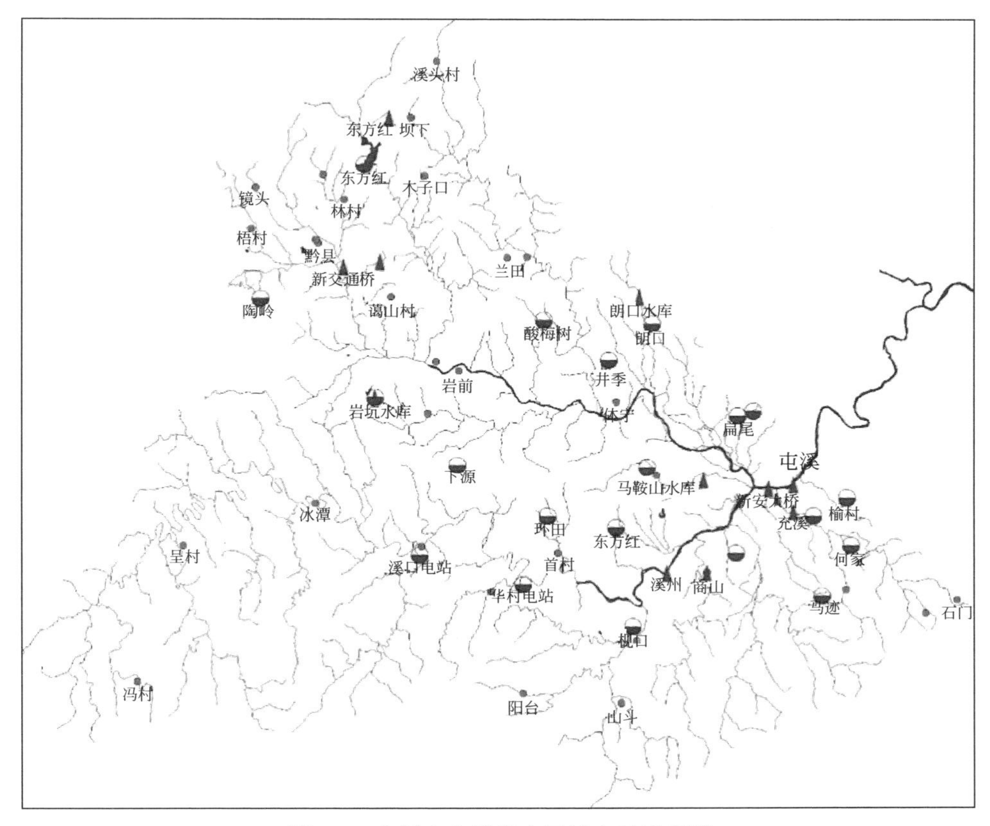

图1-5　屯溪水文站集水区域水系示意图

5. 伊河

伊河发源于熊耳山南麓的栾川县陶湾乡的闷敦岭，流经嵩县、伊川，穿伊阙而入洛阳，至偃师杨村注入洛水。伊河干流全长为264.8km，流域面积约为6100km²，多年平均径流量为12.96亿m³。流域地势总体是自西南向东北逐渐降低。气候类型属暖温带山地季风气候，冬季寒冷干燥，夏季炎热多雨。区内降水为500～1100mm，年降水量随地形高度增加而递增，山地为多雨区，河谷及附近丘陵为少雨区，年内降雨时间分布不均，7～9月降水量占全年的50%以上，年最多降水量为年最少降水量的2.4～3倍。流域内洪水多由暴雨产生，具有陡涨陡落、洪峰高、历时短等特点，对中下游的防洪安全具有较大影响。

东湾水文站位于伊河上游，陆浑水库的入库控制站，集水面积为2856km²，实测最大洪峰流量为4200m³/s。流域内降水量的分布极不均匀，年降水量随地形高度增加而递增，因而山地为多雨区，河谷及附近丘陵为少雨区。降水年际变化较大，年最大降水量是年最小降水量的 2 倍左右，且年内分配极为不均，每年 7 ~ 9 月流域的降水量占年降水总量的一半以上，东湾水文站集水区域水系如图 1-6 所示。

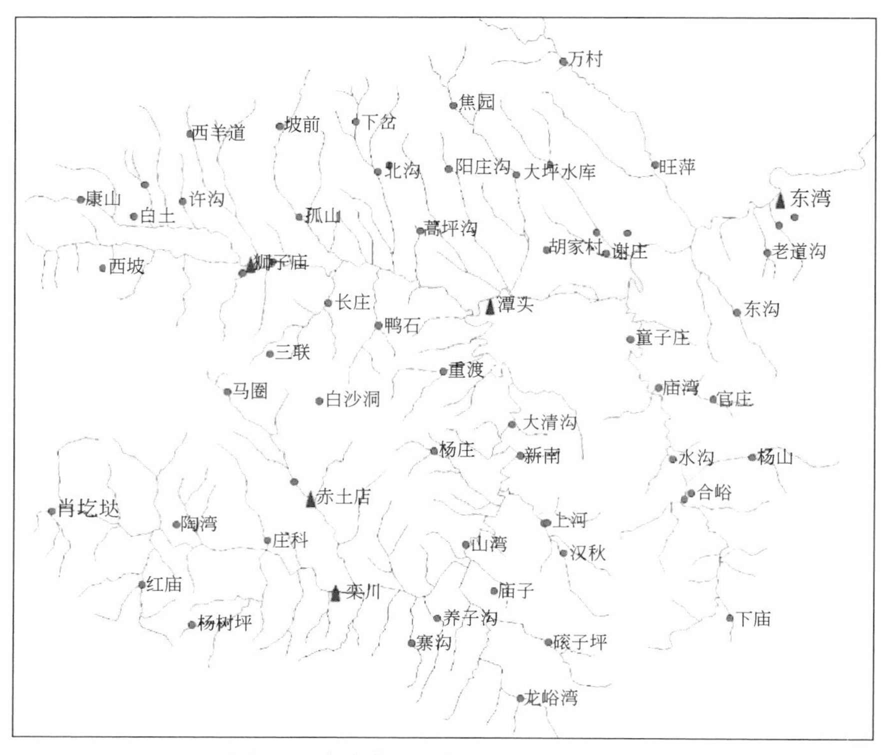

图 1-6　东湾水文站集水区域水系示意图

第 2 章　中小河流洪水预警指标确定方法

目前我国在中小河流洪水和山洪灾害防治县级非工程措施方面实行监测预警和群测群防相结合的体系框架，县、乡、村等基层干部群众基于雨水情测报信息和预警指标，判断是否可能发生山洪，从而做出是否转移避险等决策，其根本目的是使个人和乡村能够恰当地对重大山洪威胁做出响应，减少人员伤亡和财产损失。因此，建立山洪预警指标体系是流域山洪预警系统建设的核心之一，其主要任务是针对不同气候分区以及下垫面条件，提出一套指标阈值，当预警指标达到该阈值时，需要启动相应的山洪防御工作。本章提出了一套预警指标体系，给出了预警指标的通用计算方法，并以陕西省 3 个典型流域为例说明了预警指标的计算方法。

2.1　预警指标体系

山洪预警主要取决于河流临界水位或降水量等“预警阈值”，这些预警阈值意味着洪水就要发生或是变得更加严重，要启动特定响应行动或是向外部人群提供相应信息。根据预警阈值，可以决定在洪水期间何时该采取行动，所以设定预警阈值时，应给采取响应行动留出充分的时间。例如，当河流水位达到特定预警水位时，可能意味着某一地区或社区几小时后将被淹没，应采取疏散撤退等响应行动。

与降雨相关的预警阈值包括如下 3 个方面。

1）给定时段内累计降雨超过临界值，如 6 小时降雨超过 100mm；根据不同季节，需要对这一临界值进行调整；

2）累计降雨量和流域湿润情况；

3）降雨强度超过特定值，如 1 小时降雨量超过 50 mm 等。

与水位有关的预警阈值包括如下两个方面。

1）河流水位上涨到接近设定的预警水位，如低于危险水位 1m；

2）水位上涨速度超过临界值，如每小时上涨 25cm 等。

设定山洪预警指标时，要考虑到现实状况不能频繁达到这一阈值，以免启动不必要的响应行动或是造成混乱。频繁触发预警还会导致管理者和公众思想懈怠，不重视预警。如果发布过多的假预警，也会存在同样问题。因此，在提前预警和因为害怕出错而不愿意发布预警这两者之间寻求平衡便很关键。分级预警指标在一定程度上可以解决这些问题，但前提是基层干部群众要充分理解不同的预警等级及其代表的含义。

综合考虑我国的山洪灾害监测预警和群测群防体系，同时参考国内外先进经验，将山洪预警指标分两个等级三项指标。两个等级为警戒级和危险级，三项指标为雨量、水位和流量指标。

1）警戒雨量、水位、流量：发生山洪可能性较大，需要提前做好转移准备的临界雨量、水位、流量。

2）危险雨量、水位、流量：发生山洪可能性极大，必须立即转移的临界雨量、水位、流量。

将预警等级分为警戒和危险两级，有利于基层干部群众理解和掌握，并提供了一定的响应时间，在警戒信号发出后居民就开始进行转移前的准备工作。一旦形势继续恶化，达到危险等级，则可以马上实施转移。如果形势转好，则可以不进行转移，从而达到避免频繁触发转移指令的目的。

从预警指标来讲，雨量、水位、流量是辩证统一的关系。对于同一个流域而言，降雨量与河道水位、流量之间存在一定的响应关系，因此可以认为三个指标在本质上是一致的。但是，对于防护对象而言，水位、流量是最直接的影响因素，但是预见期比较短，往往观测到涨水的时候留给转移的时间已经所剩无几。如果再往前推，能知道达到这个水位、流量需要多少毫米的降雨，则可以在监测到对应的降雨量时就发出预警，从而延长预见期（即流域汇流时间），给受保护地区的人员转移多留出一段时间。从这个意义上讲，雨量与水位、流量之间的关系又是辩证的。因此，在设定预警指标时，应首先设定预警水位、流量指标，然后给出对应的降雨量指标。

2.2 指标确定方法

2.2.1 预警水位（流量）的确定方法

设定预警阈值时，需要对当地情况进行仔细研究，因此当地的建议和理解非常重要。预警阈值不能随意设定，也不能是某个机构制定的标准，而是要结合当地情况和风险特点。若是考虑水位标准，则需要结合重要事件，如洪水溢出河道进入洪泛平原的水位、洪水淹没家畜养殖地区或是低洼地面的水位、重要区域，包括住宅和商业区以及通信系统受影响的水位、同时考虑水深和水流速度时，会对工程和人类生命造成威胁的水位等。

一般情况下，山洪暴发时，河道水位快速上涨，水位超过河岸高度形成漫滩，上滩洪水可能会对农田造成安全威胁。因此，可以将漫滩水位定为警戒水位。根据上滩水位，结合实测河流断面资料估算出对应的流量，即为警戒流量。如果水位继续升高，则有可能会冲毁房屋，造成人员生命和财产损失，可将该水位定为危险水位，对应流量为危险流量。

实际操作时，应结合当地实际情况确定水位（流量）预警指标，充分听取当地干部群众的建议，选取适当的水位作为警戒水位和危险水位，并通过河道断面测量或水力学计算方法，建立河道水位与流量之间的对应关系，确定与警戒水位和危险水位对应的警戒流量和危险流量指标。这里所说的是流域中有长系列水位和流量资料时的方法；当流域缺少长系列水位资料时，则需根据一定频率的重现期，对洪峰流量进行频率计算，确定预警流量。对于缺少长时间序列实测流量资料的地区，只能根据实测降雨信息，驱动水文模型，对模拟的流量值进行频率计算，确定预警流量。值得注意的是，根据模拟流量而不是实测流量来估算预警流量的方法，不仅仅适用于无流量观测地区，即使是在有流量观测的地区，也可以应用模拟流量进行预警流量的计算，因为其可以在一定程度上减少模型的系统偏差，减小预警雨量值的不确定性（Reed et al. , 2007；Norbiato et al. , 2008）。

2.2.2　预警雨量的确定方法

由于径流是由降雨产生的，从达到预警水位（流量）的时间开始往前推，在一定时间之内的累计降雨量称为预警雨量。根据所能掌握的资料的情况，提出以下三种预警雨量估算方法（水利部水文局（水利信息中心），2010）。

1. 有长系列水文、降雨资料的地区

建立流域降雨产汇流模型，利用长系列降雨、水文观测资料进行参数率定，得到能反应流域产汇流特征的模型参数。利用所建模型对历史水文过程进行模拟，找出达到预警水位（流量）的洪水场次，从达到预警水位（流量）的时间往前推，累计场次降雨量，即为该场次洪水对应的预警雨量。

传统的预警雨量确定方法，是按照“最大中找最小”的原则，找出多场洪水多个预警雨量中的最小值，即为所求的预警雨量指标（但要注意的是该方法获得的预警雨量值会明显偏小，不是本书推荐的方法）。具体计算过程如下。

1）计算研究流域（或水文站以上的集水区域）内的面平均降水量；

2）选取所有场次洪水中洪峰流量超过预警流量的洪水过程作为研究对象，选取各自的洪峰流量及其洪峰出现时间，分别得到系列值 $\{Q_i\}$ 和 $\{t_i\}$（角标 i 代表某一场洪水）；

3）选取 $\{Q_i\}$ 对应的降水过程，取洪峰出现时间 t_i前一段时段内的最大连续面平均降雨得到系列值 $\{PT_i\}$ ——这个连续时段一般可选取 1 小时、3 小时、6 小时、12 小时等；

4）在所有的 $\{PT_i\}$ 当中选取最小值，即为该流域对应于预警水位（流量）的预警雨量。

这种“最大中取最小”的方法，对应于产生预警洪水最有利的条件，是出于安全考虑的。实际情况中，达到这一预警雨量的降水，未必会发生预警水位（流量）的洪水，因为流域前期影响雨量在很大程度上决定了流域的产流量。前期影响雨量高，则冠层截留、地表截留等相对较少，土壤层易达到饱和或者降水强度容易超过土壤下渗能力，容易产流或产流量更大；反之，前期影响雨量低，则不容易产流或产流小。

按照“最大中找最小”原则确定的预警雨量应为前期影响雨量较高时对应的雨量，偏于安全，实际应用中可能造成较高的误报率。更好的方法是，应将前期影响雨量纳入山洪预警指标的考虑体系当中，即认为预警雨量不是一成不变的，应该是动态的，从而引出“动态预警雨量”的概念，下面给出“动态预警雨量”的确定方法。

1）计算研究流域（或水文站以上的集水区域）内的面平均降水量；

2）识别一场洪水过程（本书采用的方法如下，如果某一时刻的流量 q_t 为相邻时段内的最大值，即大于前一时刻与后一时刻的流量 q_{t-1}、q_{t+1}，并且前七天内没有大于这一时刻流量 q 的流量，就将它作为一场洪水的洪峰流量），选取洪峰流量值及其对应的时间得到系列值 $\{Q_i\}$ 和 $\{t_i\}$（角标 i 代表某一场洪水）；

3）选取 $\{Q_i\}$ 对应的降水过程，取洪峰出现时间 $\{t_i\}$ 前一段时段内的最大连续面平均降雨量得到系列值 $\{PT_i\}$ ——这个连续时段一般可选取 1 小时、3 小时、6 小时、12 小时等，如图 2-1 所示。

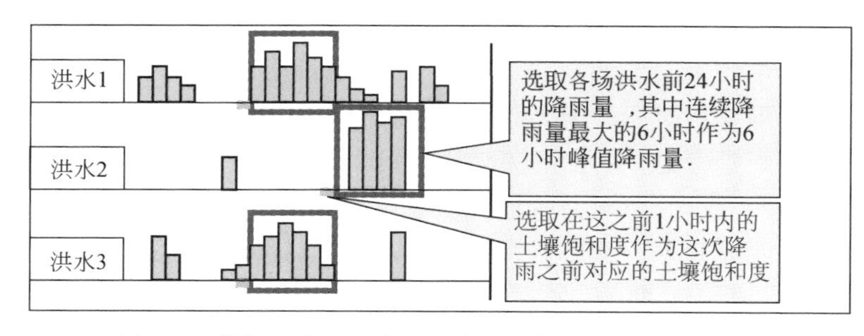

图 2-1　前期土壤饱和度及最大时段降雨组合的选择方法

4）取上一步中“连续时段”的前一个时段的土壤饱和度作为这场降水前的前期影响雨量指标（本书将分布式水文模型输出的流域平均土壤饱和度作为前期

影响雨量的指标)，得到系列值 $\{ST_i\}$；

5）以最大时段雨量 $\{PT_i\}$ 为纵坐标、土壤饱和度 $\{ST_i\}$ 为横坐标画出散点图，其中超过预警流量的 Q_i 对应的点与不超过预警流量的 Q_i 对应的点作为两个系列；

6）采用基于最小方差准则的 W-H 算法（Widrow and Hoff，1960），画一条直线将两个不同系列尽可能分为两个部分，直线以上的组合为超过预警流量的组合，直线以下的组合为不超过预警流量的组合。这一直线显示了不同土壤饱和度下的预警雨量。当然，这一步骤的算法可以由诸多算法进行替代，如应用“支持向量机”的方法进行分割曲线。这里仅对基于最小方差准则的 W-H 算法做一简单介绍。

如图 2-2 所示，如果存在一条直线将两个不同的系列完全分割，则我们称为线性可分的，否则为非线性可分的。其中，我们将系列值称为模式集，每一个点为一个模式，直线成为解矢量。实际问题中，对于线性可分的实际问题，则要求推求的解矢量完全分割不同系列；对于非线性可分的问题，则要求按照解矢量推求的错分模式最少。

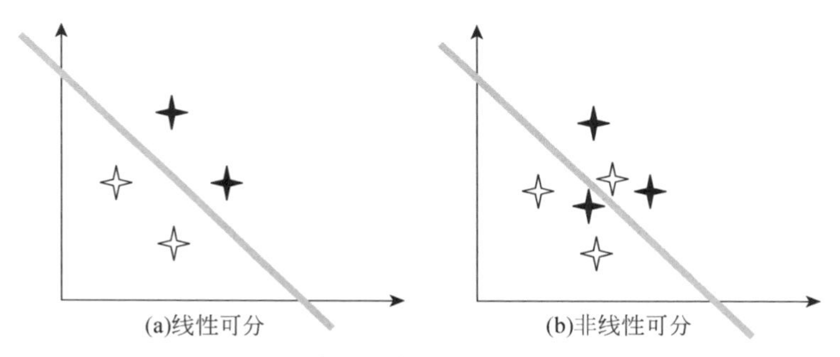

图 2-2　线性可分或非线性可分问题

在本书中，定义训练模式集 x_1，x_2，⋯，x_N，每个模式的增广特征矢量 $X = (X_1，X_2，1)'$，线性判别函数 $d(X) = w_1X_1 + w_2X_2 + w_3 = WX$。$d(X) > 0$ 表示未超过预警流量，$d(X) < 0$ 表示超过预警流量。对于超过预警流量的模式在其增广特征矢量上乘以−1，则有：

$$d(X) = wX = \begin{cases} > 0 \rightarrow \text{分类正确} \\ \leqslant 0 \rightarrow \text{分类错误} \end{cases} \tag{2-1}$$

于是，我们的问题转变为推求权矢量 w。

引入余矢量（2-2）和方差基准函数（2-3）：

$$Xw = b \tag{2-2}$$

$$J(w) = (Xw - b)'(Xw - b) = \sum_{i=1}^{N} (w' x_i - b_i)^2 \tag{2-3}$$

当余矢量取为 $b = (1，1，⋯，1)$，即通过可求解最优化问题确定权矢量 w；

此时在样本数 $N \to \infty$时，最大似然解以最小均方误差逼近贝叶斯判别函数。

采用梯度下降法求解上述问题，方差基准函数 $J(w)$ 的梯度为

$$\nabla J(w) = 2X'(Xw - b) \tag{2-4}$$

2. 只有较长系列降水资料的地区

在这种地区可分为两种情况来计算预警雨量：①假定降雨与洪水频率一致，直接对降雨进行频率分析，选定一定的重现期降雨量作为预警雨量，比如警戒雨量采用2年一遇的降雨量，危险雨量采用5年一遇的降雨量；②假设降雨与洪水频率不一致，则可以采用水文模型模拟得到长系列流量资料，然后选取一定期的重现期，根据模拟的径流进行频率计算，确定预警流量，再根据上节所述的方法确定预警雨量。

3. 无资料和资料不足地区

对于无资料或资料不足地区，可以在有资料地区通过分析洪峰流量与流域地貌特征以及降雨的关系，建立预警流量与流域面积、坡度的经验关系（即推理公式），然后推广应用于无资料地区。例如，假定上述指标存在如下的相关关系：

$$Q = b_1 A^{b_2} S^{b_3} \tag{2-5}$$

式中，Q 为警戒流量（m^3/s）；A 为流域面积（km^2）；S 为河床平均坡度；b_1，b_2，b_3 为待定参数。对式（2-6）两边取对数，得到：

$$\ln Q = \ln b_1 + b_2 \ln A + b_3 \ln S \tag{2-6}$$

令 $y = \ln Q$，$b_1' = \ln b_1$，$x_1 = \ln A$，$x_2 = \ln S$，则公式间化为多元线性回归的标准形式：

$$y = b_1' + b_2 x_1 + b_3 x_2 \tag{2-7}$$

即可用常见的线性回归方法确定参数。

2.2.3　预警雨量的评价方法

尽管位于不同地形和气候区流域的预警雨量在不同状况下的表现可能并不完全一致，一般而言，理论上划分得到的预警雨量应该是随前期土壤饱和度的增加而降低，且随时段的增加而增加的；同时，短时段下的预警雨量分割曲线斜率应该大于长时段下的分割曲线斜率。

但在实际情况中，由于各种原因，计算的结果可能并不符合以上规律。例如，当计算的样本点较少（即洪峰流量超过预警流量的洪水场次较少）时，划分的曲线可能并不符合实际情况，导致在前期土壤饱和度较高时，预警雨量甚至更高；

又如，由于降雨资料的限制，1 小时的降雨量可能为多小时累积降雨量取平均所得，此时可能在上节所述的最大时段降雨的选取步骤中引入误差，导致短时段中的预警雨量划分曲线不合理。实际应用中，在遇见上述情况时，需要水文学家依靠本身的水文预警预报经验和水文学知识理论，结合实际对划分曲线进行一定修改，使其尽量符合理论规律。

本书引用以下三种指标来评价预警的效果，分别为命中率（probability of detection，POD）、误报率（false alarm rate，FAR）和综合评价指标（critical success index，CSI）（Schaefer，1990）：

$$\text{POD}=\frac{X}{X+Y};\ \text{FAR}=\frac{Z}{X+Z};\ \text{CSI}=\frac{X}{Y+X+Z}=\frac{1}{\text{POD}^{-1}+(1-\text{FAR})^{-1}-1} \tag{2-8}$$

式中，X 为实际发生了灾害并且成功预警的洪水场次；Y 为实际发生了灾害但没有发出预警的洪水场次，Z 为实际没有发生超过警戒流量的灾害但发出了预警的洪水场次。以上三种指标的范围都在 0～1，命中率和综合评价指标越高表示预警效果越好，误报率越低则预警效果越好。

2.2.4　预警响应时间的确定方法

本书将最大雨强出现时刻与流域出口处洪峰出现时刻之间的这段时间称为汇流时间。由于流域的集水面积不同，从降雨发生到洪峰出现的时间不尽一致，这一时间决定了在发布山洪预警时，能否采用实测降雨来驱动水文模型进行预报和预警，采用实测降雨量还是预报降雨量作为预警雨量。在一个集水面积很小的流域，其汇流时间也很短，如果采用实测降雨来驱动水文模型进行山洪预报，则无法提供足够的时间用于发布预警和实施避险转移，因此预警失去应用价值。如果根据实测降雨发布预警不能提供足够的转移时间，这种情况下需要根据预报降雨而非实测降雨来发布预警。反之，如果流域面积较大，汇流时间较长，一般不会出现上述问题。但在特殊情况下，如降雨集中在流域出口附近，或者集中在河道两侧，汇流时间很短，也应当酌情提前发布预警。

2.3　指标确定示例

2.3.1　灞河流域山洪预警指标的确定

1. 流域山洪特征

流域属暖温带半湿润大陆性季风气候，四季冷暖干湿分明。夏季炎热、高温，常发生暴雨；秋季温和湿润，时有阴雨、秋淋，亦有秋旱出现。

降水量由北向南逐渐增加，趋势明显，山区在 830mm 以上，台塬丘陵区为 710 ~ 830mm，川道平原区一般为 600 ~ 700mm。多年平均水面蒸发量为 776mm，干旱指数为 1.6。

流域暴雨有两种类型：一是锋面雨，历时长、强度均匀、笼罩面积大；二是雷暴雨，雨量集中、历时短、强度大、笼罩面积小，一次暴雨历时一般约为 24 小时，其主峰雨约为 6 小时。

每年暴雨最早出现在 4 月，最晚可推迟至 10 月，但量级和强度较大的暴雨一般发生在 7 ~ 9 月。从多年资料来看，灞河洪水一般陡涨陡落，洪水历时一般 1 ~ 3 天。暴雨中心多集中在流域的中上游，流域平均降雨历时在 30 小时左右。

2. 预警流量的确定

如前所述，流域山洪预警指标不能随意设定，也不能是某个机构制定的标准，而是要结合当地情况和风险特点，经各利益相关方讨论确定。

本书主要目的在于给出预警指标及其确定方法，不涉及指标的具体确定过程，因此陕西省境内三个典型流域主要控制站的预警流量指标暂由陕西省水文水资源勘测局根据经验给出，如灞河流域内主要控制站罗李村水文站将现设的警戒流量当做预警指标中的警戒流量，马渡王水文站将保证流量当做预警指标中的危险流量，见表 2-1。流域内其他子流域的预警流量重现期假定与罗李村和马渡王的预警流量重现期相同，然后根据模拟流量频率曲线分析给定（假设各子流域的流量系列符合皮尔逊Ⅲ型分布），如图 2-3 和表 2-1 所示。

表 2-1　部分子流域预警流量值

子流域	子流域面积（km^2）	警戒流量（m^3/s）	危险流量（m^3/s）
罗李村水文站	806	500	
马渡王水文站	1626	800	1500
蓝桥水文站	222	117	
黄土砭水文站	505	238	
李家河水文站	362	191	

3. 预警雨量的确定

（1）考虑前期土壤饱和度（S）的预警雨量

首先按照 2.3 节中的方法对雨量-土壤饱和度系列值进行模式划分，得到蓝桥水文站、李家河水文站、黄土砭水文站、罗李村水文站和马渡王水文站警戒流量对应的警戒雨量或危险雨量划分结果，如图 2-4 ~ 图 2-9 所示。

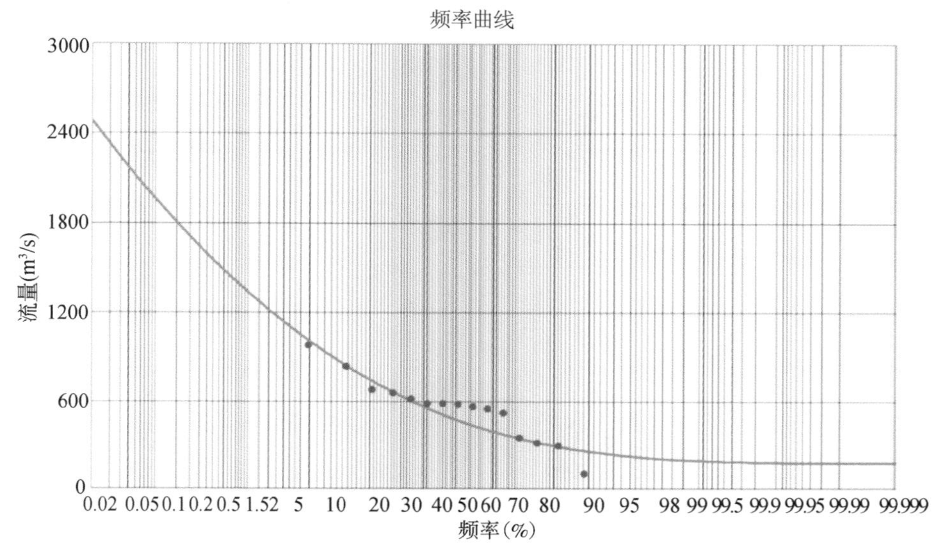

图 2-3　某子流域洪峰流量频率曲线

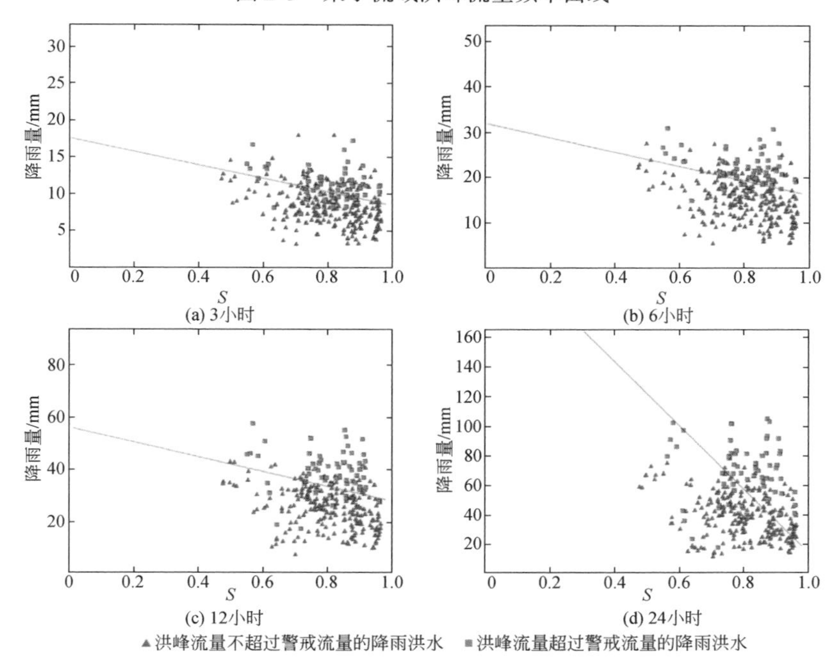

图 2-4　蓝桥站 3 小时、6 小时、12 小时、24 小时警戒流量对应的警戒雨量划分结果

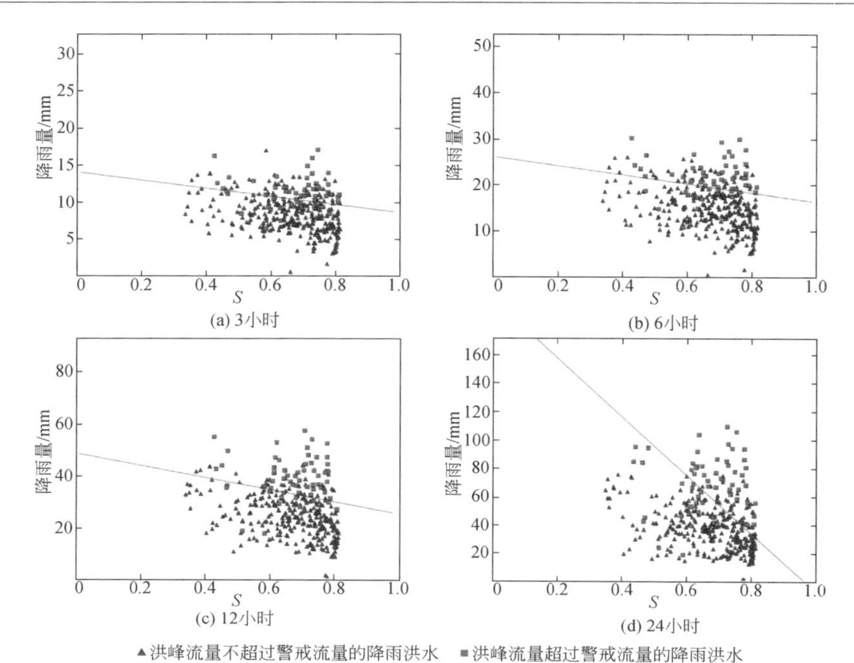

图 2-5　李家河水文站 3 小时、6 小时、12 小时、24 小时警戒流量对应的警戒雨量划分结果

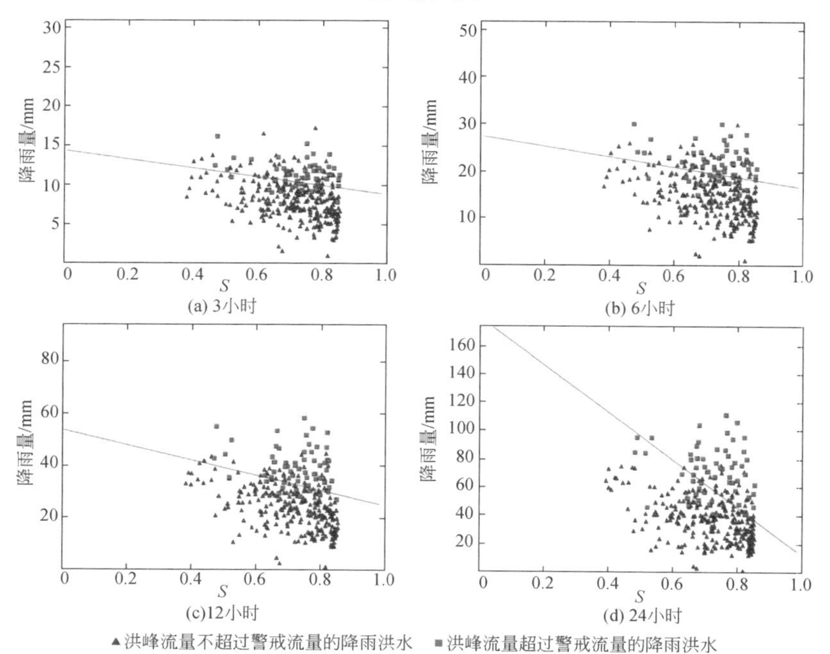

图 2-6　黄土砭水文站 3 小时、6 小时、12 小时、24 小时警戒流量对应的警戒雨量划分结果

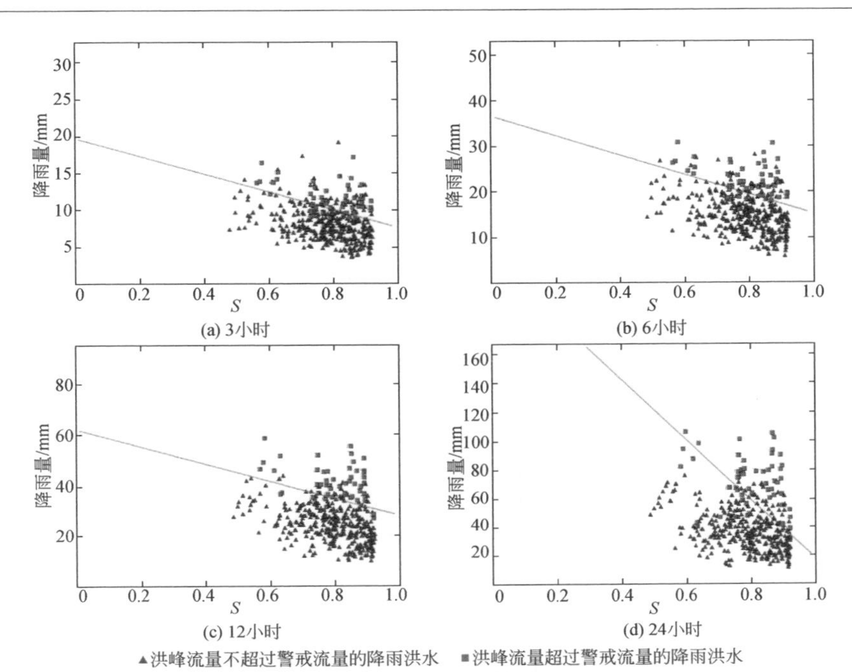

图 2-7 罗李村水文站 3 小时、6 小时、12 小时、24 小时警戒流量对应的警戒雨量划分结果

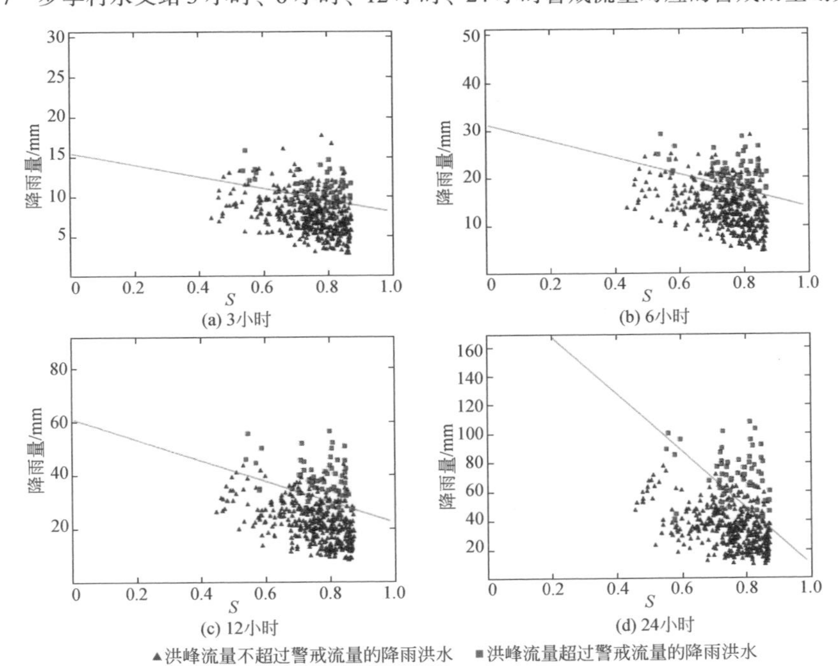

图 2-8 马渡王水文站 3 小时、6 小时、12 小时、24 小时警戒流量对应的警戒雨量划分结果

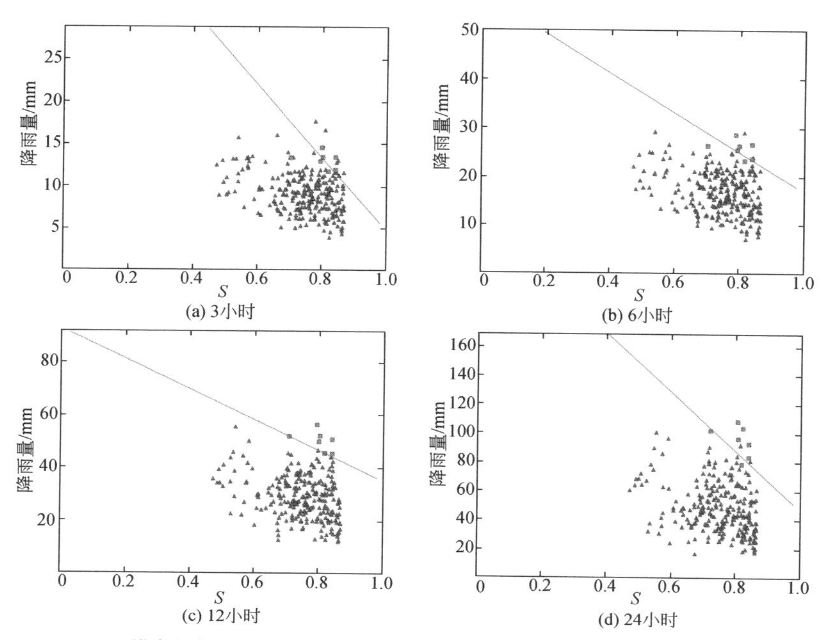

图 2-9　马渡王水文站 3 小时、6 小时、12 小时、24 小时危险流量对应的危险雨量划分结果

得到此类划分后，计算不同土壤饱和度下不同时段考虑前期影响雨量的警戒雨量及危险雨量，具体结果见表 2-2 ~ 表 2-7。

表 2-2　蓝桥水文站不同时段考虑前期影响雨量的警戒雨量

时段	饱和度		
	0. 25	0. 5	0. 75
3 小时	15. 3	13. 0	10. 7
6 小时	28. 0	24. 0	20. 1
12 小时	49. 2	42. 1	35. 1
24 小时	176. 1	122. 3	68. 5

表 2-3　李家河水文站不同时段考虑前期影响雨量的警戒雨量

时段	饱和度		
	0. 25	0. 5	0. 75
3 小时	12. 6	11. 2	9. 9
6 小时	23. 6	21. 1	18. 7
12 小时	42. 7	36. 8	31. 0
24 小时	146. 5	94. 9	43. 4

表 2-4　黄土砭水文站不同时段考虑前期影响雨量的警戒雨量

时段	饱和度		
	0. 25	0. 5	0. 75
3 小时	12. 8	11. 5	10. 1
6 小时	24. 4	21. 7	19. 0
12 小时	46. 2	38. 9	31. 6
24 小时	137. 8	95. 7	53. 6

表 2-5　罗李村水文站不同时段考虑前期影响雨量的警戒雨量

时段	饱和度		
	0. 25	0. 5	0. 75
3 小时	16. 7	13. 7	10. 6
6 小时	31. 1	25. 7	20. 3
12 小时	53. 2	44. 7	36. 2
24 小时	172. 8	120. 8	68. 7

表 2-6　马渡王水文站不同时段考虑前期影响雨量的警戒雨量

时段	饱和度		
	0. 25	0. 5	0. 75
3 小时	13. 8	11. 3	8. 8
6 小时	27. 4	22. 0	16. 5
12 小时	57. 4	43. 1	28. 8
24 小时	115. 4	81. 0	46. 6

表 2-7　马渡王水文站不同时段考虑前期影响雨量的危险雨量

时段	饱和度		
	0. 25	0. 5	0. 75
3 小时	36. 9	26. 2	15. 4
6 小时	47. 4	37. 3	27. 2
12 小时	78. 4	64. 0	49. 7
24 小时	199. 3	148. 5	97. 6

（2）不考虑前期土壤饱和度的预警雨量

按照前述最大中取最小的方法，得到灞河流域部分子流域不同时段不考虑前期影响雨量的警戒雨量，部分结果见表 2-8。

表 2-8　灞河流域部分子流域不同时段不考虑前期影响雨量的警戒雨量

（单位：mm）

子流域	警戒雨量			
	1 小时	3 小时	6 小时	12 小时
罗李村水文站	2.7	8.0	16.0	26.8
马渡王水文站	2.4	7.1	14.2	25.7

（3）两种预警雨量指标的比较

以 6 小时的预警雨量为例，比较不考虑前期土壤饱和度的预警雨量以及在前期土壤饱和度为 25%、50%、75%时的预警雨量分布，发现不考虑前期土壤饱和度的预警雨量明显偏小，而不同前期土壤饱和度条件下的预警雨量有一定差异，即前期土壤饱和度越低，预警雨量越大。

2.3.2　周水河流域山洪预警指标的确定

1. 流域山洪特征

周水河流域属于中温带半湿润半干旱区，具有明显的大陆性季风气候特征，冬季寒冷干燥，春季干旱多风，夏季旱涝相间，秋季温凉湿润。志丹水文站多年平均气温为 7.8℃，多年平均降水量为 509.8mm，洪水由暴雨形成，涨落较快，峰型尖瘦，历时较短。多年平均径流量为 0.284 亿 m^3，多年平均输沙量为 0.102 亿 t。

2. 预警流量的确定

如前所述，流域内主要控制站志丹水文站的警戒流量暂定为 1000m^3/s，危险流量暂定为 2000 m^3/s。

3. 预警雨量的确定

志丹水文站不同时段警戒流量和危险流量对应的预警雨量的划分情况如图 2-10和图 2-11 所示。

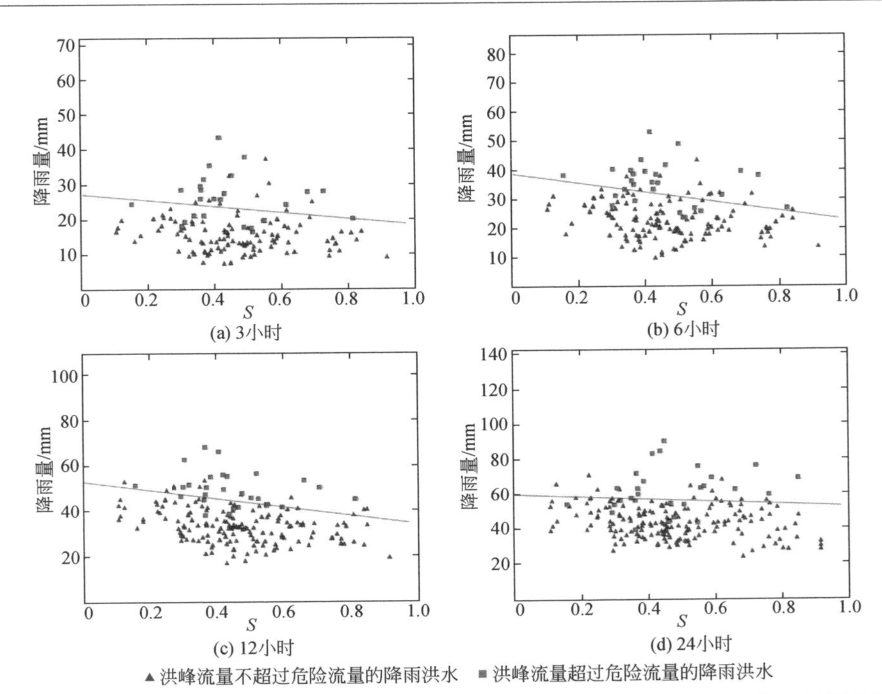

图2-10　志丹水文站3小时、6小时、12小时、24小时警戒流量对应的预警雨量划分结果

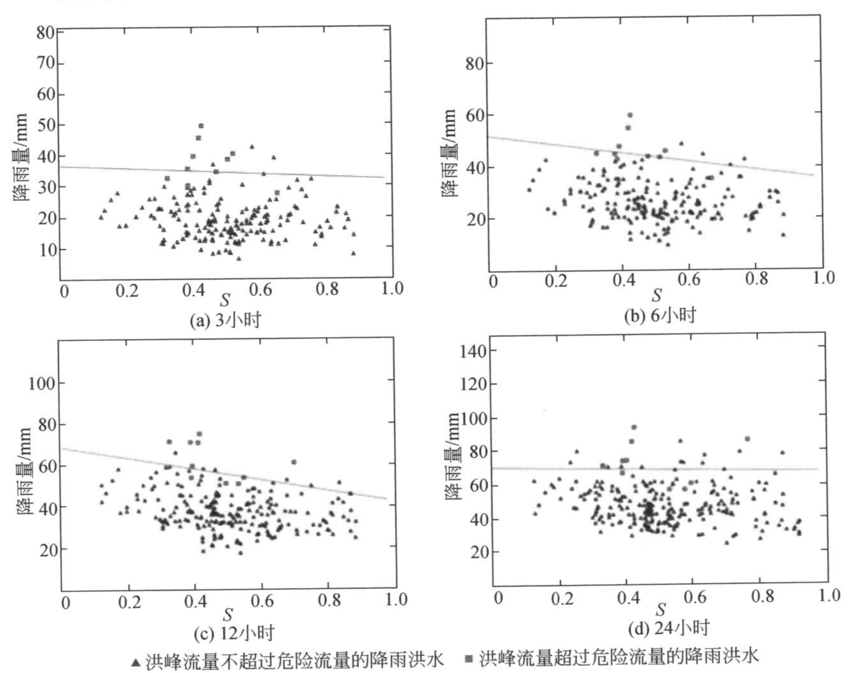

图2-11　志丹水文站3小时、6小时、12小时、24小时危险流量对应的预警雨量划分结果

计算得到志丹水文站不同时段不同土壤饱和度下考虑前期影响雨量的警戒雨量和危险雨量，见表 2-9 和表 2-10。

表 2-9　志丹水文站不同时段考虑前期影响雨量的警戒雨量

时段	饱和度		
	0. 25	0. 5	0. 75
3 小时	25. 1	22. 9	20. 8
6 小时	34. 7	30. 8	26. 8
12 小时	48. 5	43. 7	38. 8
24 小时	57. 9	56. 1	54. 3

表 2-10　志丹水文站不同时段考虑前期影响雨量的危险雨量

时段	饱和度		
	0. 25	0. 5	0. 75
3 小时	35. 4	34. 3	33. 1
6 小时	48. 3	44. 1	40. 0
12 小时	62. 4	55. 8	49. 2
24 小时	70. 0	69. 3	68. 6

2. 3. 3　板桥河流域山洪预警指标的确定

1. 流域山洪特征

流域为典型秦岭山地地貌，山大谷深，森林覆盖率在 63% 以上，流域内山洪沟分布较广。流域气候属北亚热带温润、半湿润气候，具有春暖干燥、秋凉湿润并多连阴雨的特点。

由于北部有秦岭高山阻挡，夏季东南及南部的暖湿气流常会带来大量的水汽，加上地势起伏悬殊，相对高差大，受地形抬升作用，常常形成局部暴雨。

流域呈枝杈状，河道洪水多由降雨形成，暴雨时由于山体坡度大，汇流快，很快形成洪峰，暴雨过后，河道流量迅速减少，常形成峰尖型瘦的洪水过程，充分体现了河源段山区性洪水暴涨暴落的特点。

2. 预警流量的确定

如前所述，流域内主要控制站板桥水文站的警戒流量暂定为200m³/s，危险流量暂定为500 m³/s。

3. 预警雨量的确定

板桥水文站3小时、6小时、12小时、24小时警戒流量和危险流量对应的预警雨量的划分结果分别如图2-12和图2-13所示。

计算得到板桥水文站不同时段不同土壤饱和度下考虑前期影响雨量的警戒雨量和危险雨量，见表2-11和表2-12。

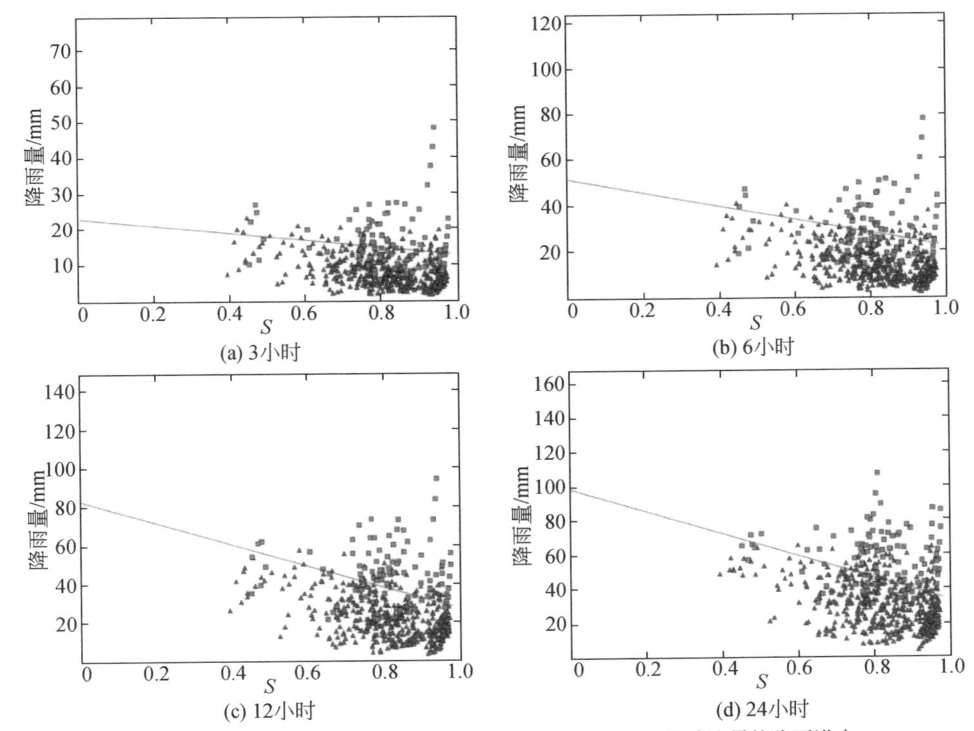

图2-12 板桥水文站3小时、6小时、12小时、24小时警戒流量对应的预警雨量划分结果

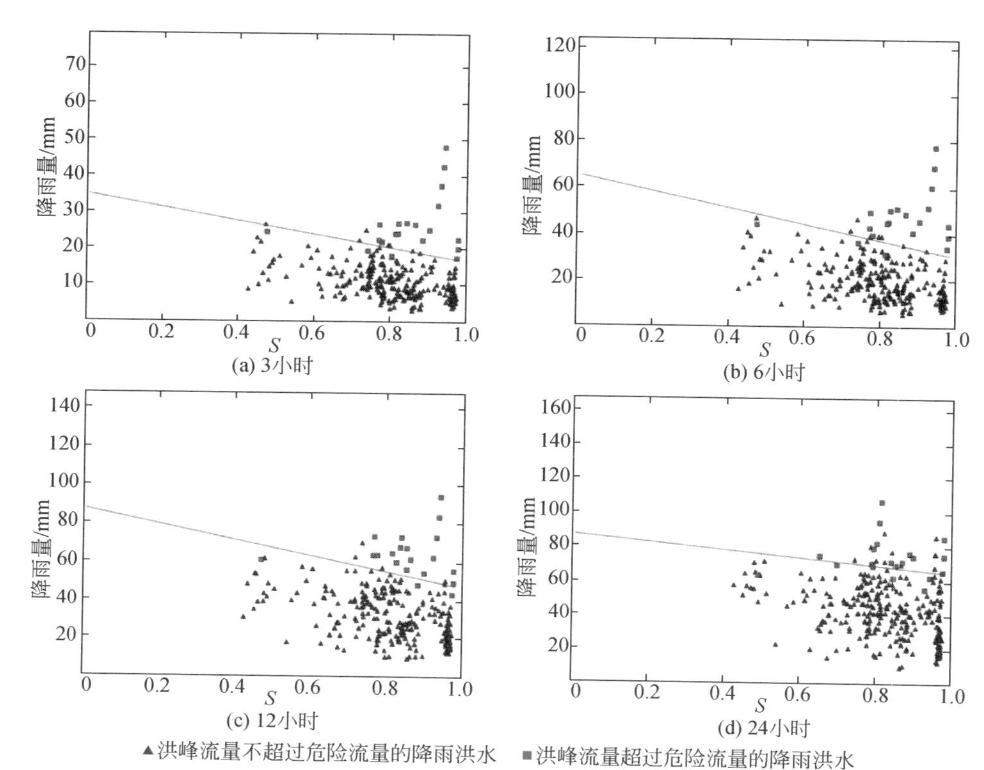

图 2-13　板桥水文站 3 小时、6 小时、12 小时、24 小时危险流量对应的预警雨量划分结果

表 2-11 板桥水文站不同时段考虑前期影响雨量的警戒雨量

时段	饱和度		
	0. 25	0. 5	0. 75
3 小时	20. 1	17. 5	15. 0
6 小时	44. 0	36. 6	29. 2
12 小时	69. 0	55. 0	41. 0
24 小时	82. 0	65. 7	49. 4

表 2-12　板桥水文站不同时段考虑前期影响雨量的危险雨量

时段	饱和度		
	0. 25	0. 5	0. 75
3 小时	30. 3	25. 7	21. 1
6 小时	56. 4	47. 7	39. 0
12 小时	77. 5	67. 4	57. 3
24 小时	81. 6	76. 1	70. 5

2.4　预警雨量指标评价

按照 2.3.3 节所述的方法，基于考虑前期土壤饱和度的警戒雨量，分别计算了四个水文站以上流域的命中率、误报率和综合评价指标，见表 2-13（由于仅有 2000～2010 年的实测流量数据，故这里假定将 2 年一遇的雨量作为警戒流量进行评价）。可以看到，大多数水文站处的命中率均在 0.5 以上，而误报率均在 0.5 以下，说明该预警雨量用于山洪预警具有较好的效果。

表 2-13　各水文站评价指标统计

水文站	1 小时			3 小时			6 小时			12 小时		
	POD	FAR	CSI	POD	FAR	CSI	POD	FAR	CSI	POD	FAR	CSI
志丹	0.60	0.18	0.53	0.53	0.11	0.50	0.53	0.11	0.50	0.56	0.10	0.53
板桥	0.67	0.73	0.24	0.67	0.64	0.31	0.80	0.67	0.31	0.78	0.68	0.29
罗李村	0.25	0.50	0.20	0.25	0.60	0.18	0.33	0.40	0.27	0.85	0.21	0.69
马渡王	0.50	0.00	0.50	0.75	0.45	0.46	0.92	0.37	0.60	0.92	0.25	0.71

为了比较不同气候区预警雨量划分的异同，选取上述三个流域出口处水文站与《中小河流突发性洪水监测及预警预报技术研究》(项目编号：200701001) 中遂川江流域的结果进行对比，四个流域 3 小时预警雨量划分结果如图 2-14 所示。从图中可以发现，从湿润区的滁州水文站，到半湿润区的板桥和马渡王水文站，再到半干旱区的志丹水文站，划分结果得到的线性判别曲线越来越平缓，即预警雨量随前期土壤饱和度增加而增加的量值明显减少。这可能是由于不同气候区流域的不同产流机制所导致的，在湿润区产流以蓄满产流为主，流量与土壤饱和度的关系较为明确；而在相对干旱地区，超渗产流占主要地位，流量更多地与降雨强度相关，而与前期土壤饱和度的关系减弱。

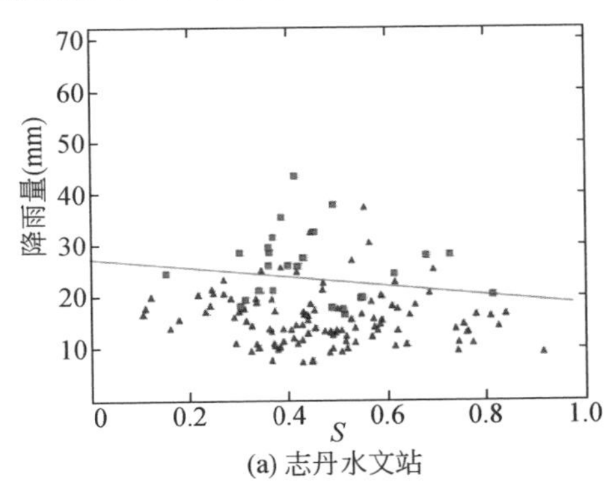

(a) 志丹水文站

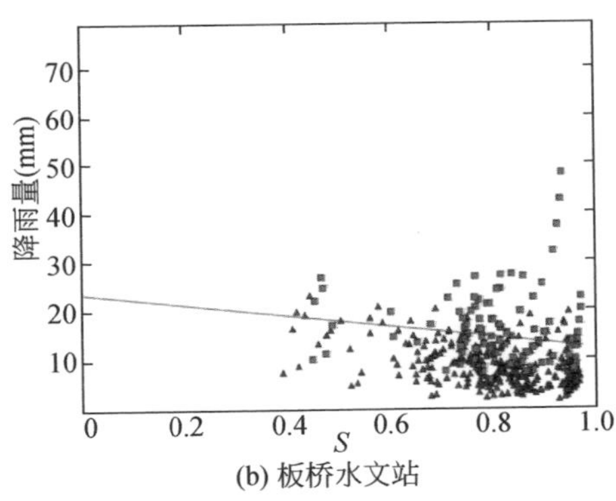

(b) 板桥水文站

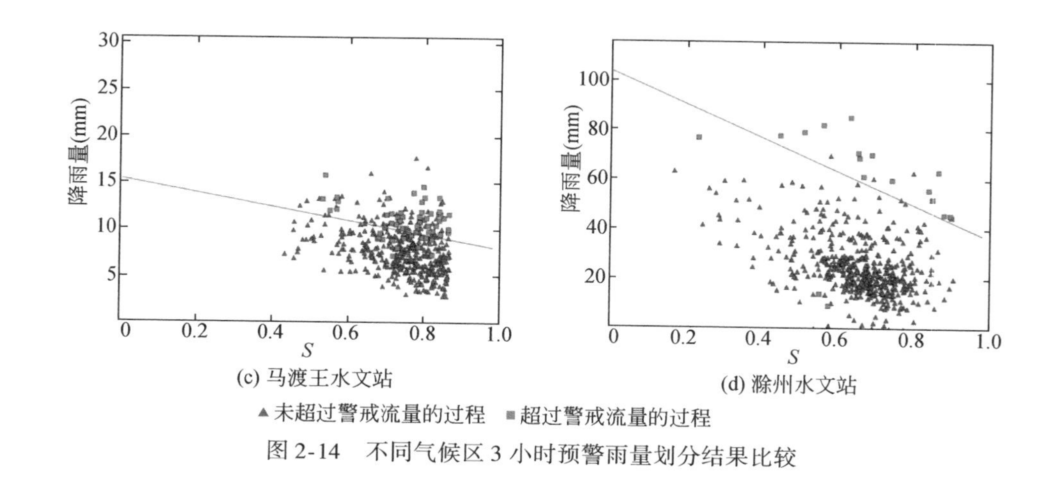

图 2-14 不同气候区 3 小时预警雨量划分结果比较

2.5 小 结

本章将山洪预警指标分两个等级三项指标，两个等级为警戒级和危险级，三项指标为雨量、水位和流量指标，给出了预警指标在三种不同资料情况下的确定方法：①有长系列水文资料的地区；②没有水文资料、只有长系列雨量资料的地区；③无资料和资料不足地区；并以陕西省三个典型流域为例，给出了预警流量、预警雨量的计算结果。

山洪是否发生以及山洪量级大小不仅由降水决定，还与下垫面植被情况、土壤类型、土壤湿度等诸多条件有关。由于不考虑前期土壤饱和度的预警雨量的选取原则为“最大中取最小值”，相当于是在所有发生过的洪水中选取最容易产生山洪的情况，因此，这种指标往往是偏于保守的，在实际应用中很可能产生误报。而考虑前期土壤饱和度的预警雨量，能够根据土壤饱和度选取不同的预警指标，前期土壤饱和度高，则冠层截留、地表截留等相对较少，土壤层易达到饱和或者降水强度容易超过土壤下渗能力，容易产流或产流更大；反之，前期土壤饱和度低，则不容易产流或产流小。因此，建议在实践应用中应更多地使用考虑前期土壤饱和度的预警雨量指标。

参 考 文 献

刘志雨，杨大文，胡健伟．2010. 基于动态临界雨量的中小河流山洪预警方法及其应用．北京师范大学学报（自然科学版），03：317-321.

水利部水文局（水利信息中心）．2010. 中小河流山洪监测与预警预测技术研究．北京：科学出版社.

Norbiato D, Borga M, Esposti S D, et al. 2008. Flash flood warning based on rainfall thresholds and soil moisture conditions: An assessment for gauged and ungauged basins. Journal of Hydrology, 362 (3-4): 274-290.

Reed S, Schaake J, Zhang Z. 2007. A distributed hydrologic model and threshold frequency-based method for flash flood forecasting at ungauged locations. Journal of Hydrology, 337 (3-4): 402-420.

Schaefer J T. 1990. The critical success index as an indicator of warning skill. Weather and Forecasting, 5: 570-575.

Widrow B, Hoff M E. 1960. Adaptive switching circuits. Proc. of Wescon Conv. Rec., 4: 96-140.

第3章　中小河流洪水预警预报模型与方法选择

山洪实时预报主要是通过运用水文气象、径流模型进行预报。由于山洪具有流速快、预见期短以及资料短缺等特点，所以山洪预报具有其特殊性，与常规洪水预报的思路有所不同，其目的是为了预警，即“预警预报”，避免或减少山洪灾害的损失。山洪预警预报技术一般主要是在对雨量、洪水资料进行统计分析的基础上，研究暴雨山洪发生规律，确定山洪临界雨量。也有通过研究山洪的运动机理和径流过程，确定山洪临界水量（如上滩流量或水位），进行山洪实时预警预报。

3.1　预报模型与方法选择原则

山洪往往具有洪水突发性强、汇流时间短、新建站点多、观测资料缺乏等特点，这就决定了山洪预报有效预见期短、方案编制困难、方案精度评定有别于大江大河。因此，山洪预报应充分调查分析流域产汇流特性，考虑观测资料的情况，选择适宜的预报模型和方法。

选择山洪预警预报模型或方法需要考虑以下基本问题：①流域特性，如流域产汇流特性、暴雨山洪相应时间等；②预报要素，如水位、流量等水文要素峰值或水文要素过程；③预报时效和精度要求，如山洪预报主要目的是预警，一般需要至少半小时到一小时的预警时间；④可利用的历史资料，包括水文气象资料、历史灾害资料等；⑤进行作业预报时能得到的实时资料。

山洪预报模型和方法的选用应坚持“实用可靠、建设先进”的原则。应以实际业务需求为出发点，结合山洪预警预报的专业特点、工作方式、业务流程，选用当前成熟、实用的预报模型和方法。对于不同流域面积、不同汇流时间和不同资料条件的山丘区河流，所采用的模型和方法还应有侧重性。此外，应在实用的前提下力求技术方向的高起点和先进性，并适应技术的发展趋势。

3.2　选择步骤

预报模型和方法的选用是山洪预报方案编制的核心内容，应在对预报流域收集的资料进行认真分析论证的基础上，根据流域汇流平均时间选择适用的预报模型或方法。

3.2.1　资料收集

资料收集工作主要包括基础资料的收集、查勘与调研、整理与分析等内容。

基础资料的收集主要包括收集流域自然地理资料（土地利用、土壤类型、地形地貌、数字高程数据、面积、坡度等）、水文气象资料（雨量、蒸发、水位、流量、大断面资料、水位流量关系线、设计洪水计算成果、特大洪水调查资料、社会经济情况等）等。

流域查勘与调研主要包括预报断面情况查勘与调研（预报断面基本情况、河道行洪能力和河道防洪标准等）、流域内水利工程查勘与调研（流域内水库、堰闸以及其他蓄水工程的基本情况及调度规则、水保工程等基本情况）。

根据资料收集和查勘调研情况，整理典型暴雨洪水场次资料，包括洪水摘录资料、洪水日资料、降雨摘录资料、降雨日资料和蒸发日资料；分析流域降雨径流关系、产汇流特征参数，如场次洪水径流系数、瞬时单位线参数、推理公式法参数等。

3.2.2　汇流时间确定

流域汇流时间是山洪预报模型和方法选取的判别依据，也可以看做是山洪预警预见期。由于山洪监测系统处于建设初期，大量新建水文监测站点缺乏长系列历史观测资料，故可采用生产实践中应用较为广泛的推理公式法，推求计算流域汇流时间。具体推求方法详见《水利水电工程设计洪水计算手册》或参见各地水文手册。

如果有条件，也可采用分布式水文模型分析计算取得暴雨山洪响应时间，以此作为山洪预警时间。设定典型暴雨作为分布式水文模型的输入，给出相应的径流过程，计算最大雨强与洪峰出现时间的差值即得到预警响应时间。由于流域的集水面积不同，从降雨发生到洪峰出现的时间不尽一致，这一时间决定了在发布山洪预警时，能否采用实测降雨来驱动水文模型进行预报和预警，采用实测降雨量还是预报降雨量作为临界雨量。在一个集水面积很小的流域，其预警响应时间也很短，如果采用实测降雨来驱动水文模型进行山洪预报，则无法提供足够的时间用于发布预警和实施避险转移，因此预警失去了应用价值。如果根据实测降雨发布预警不能提供足够的转移时间，这种情况下需要根据预报降雨而非实测降雨来发布预警。反之，如果流域面积较大，预警响应时间较长，一般不会出现上述问题。但在特殊情况下，如降雨集中在流域出口附近，或者集中在河道两侧，汇流时间很短，也应当酌情提前发布预警。

3.2.3　预报模型和方法选取

对于流域汇流时间小于1小时的流域，应采用临界雨量预警方法（详见《山洪灾害临界雨量分析计算细则》），建立临界雨量预警模型，推荐使用降雨量指标和前期影响雨量指标（用土壤饱和度指标表示）共同确定临界雨量，临界雨量的时段尺度建议为30分钟、1小时、2小时、3小时、6小时。

对于流域汇流时间大于1小时，有雨量、流量、水位资料（历史观测资料不少于5年）的流域，可以选取降雨径流相关图法、经验单位线法、马斯京根河道演算法、API模型、新安江模型、陕北模型、人工神经网络以及分布式水文模型等模型或方法。

对于流域汇流时间大于1小时，有雨量和水位观测资料（历史观测资料不少于5年）但无流量资料，同时无法建立水位流量关系曲线的流域，可直接选用神经网络模型、多元回归统计模型等数学模型建立雨量和水位的关系，进而直接预报水位；在有条件建立水位-流量关系曲线的流域，可以通过水位-流量关系曲线查得流量后，采用降雨径流相关图法、经验单位线法、马斯京根河道演算法、API模型、新安江模型、陕北模型等模型或方法。

若流域内建有小（一）型以上水库时，应考虑水库的调蓄影响，增加水库的入库流量和出库流量预报节点，或建立入库洪水预报和水库调度模块。

对于无资料或缺资料流域，可以根据已收集的场次洪水资料初步建立预报方案，或对现有资料进行延展、移用流域水文特性相近的其他流域水文模型参数建立预报模型方案，待观测资料逐步完善后重新率定参数或建立新的预报方案。

3.3　预报模型与方法

在用于洪水预报的降雨-径流水文模型研究方面，国际上进行过三次比较：第一次是在1974年，世界气象组织（WMO）曾对当时有代表性的十个模型进行验证对比，参与比较的模型有概念性模型和黑箱模型，如萨克拉门托模型（sacramento model，SAC）、水箱模型（tank model）、HBV模型（hydrologiska fyrans vattenbalans modell）、包夫顿模型以及CLS模型（constrained linear simulation model）等，通过验证对比，主要结论如下：①在湿润地区，各种模型都能适用；②模型结构中包括土湿计算方案的，对旱季模拟有利；③资料条件不好时，有土湿计算的模型还不如没有土湿计算的模型好，如水箱模型；④结构不定的模型如水箱模型，适应性较好，能用于各种气候与地形条件。最后，并不能根据这些对比结果，肯定推荐使用某一种模型（WMO，1975；赵人俊，1983）。第二次是在 20 世纪 90 年代中期，从实时洪水预报的角度对水文模型进行过比较研究，结论之一是采用水文资料可以率定的水文模型参数一般是 4～5 个（Refsgaard and Knudsen，1996；Beven，2002；WMO，2011）。第三次是在 21 世纪初，随着计算机与遥感科学的飞速发展，分布式水文模型成为水文学研究的热点，国际上研究出了很多分布式水文模型，同时公众对水文预报提出了更高的要求，因此如何评价分布式水文模型在水文预报中的应用，是一个需要研究的问题。为此，在 2002～2004 年，美国国家海洋和大气管理局（National Oceanic and Atomospheric Administration，NOAA）组织了该比较研究工作。参加比较的分布式水文模型有 13 个，能够用于洪水预报的有 8 个，如美国气象局基于 SAC 模型的 HL-RMS，美国 Utah 大学开发的基于 TOPMODEL 的 TOPNET，丹麦的 MIKE 11，Massachsetts 大学开发的 tRIBS，加拿大 Waterloo 大学开发的 WATERFLOOD。这次比较选择了 7 个流域，流域面积为 65～2484km^2，在流域内还有多个实测的流量站，便于比较，流域年雨量均为 1200mm，属于湿润地区。测雨天气雷达覆盖了这些流域，流域内有 4km×4km 的网格雷达测雨资料。经过比较研究有几个主要的结论：①按照现在的标准，虽然对于大多数情况集总模型优于分布式模型，但是率定过的分布式模型优于或者至少相当于率定过的集总模型；②通过仔细的模型率定可以发挥分布式水文模型的优点；③分布式水文模型不但可以预报流域出口的流量过程，也可以预报流域内某个没有率定的子流域的流量过程；④研究显示对于大部分的流域，采用概念性的降雨-径流模型和基于物理基础的汇流模型的分布式水文模型较好，但特别小的流域除外；⑤对于精度较高的雨量资料，分布式水文模型能够得到很好的预报成果（Ivanov，2002；Reed et al.，2004；Smith et al.，2004；Koren et al.，2004；Ivanoni et al.，2004a，2004b；Carpenter and Georgakakos，2004；Bandaragoda et al.，2004）。

近十几年来基于物理基础的分布式水文模型一直是国际上水文学家研究的热点，虽然有不少争论和分歧，但有几点还是可以肯定的（Beven and Binley，1992；Beven，2002；Abbott and Refsgard，1996；Singh，1996；Reggiani et al.，1998；Ivanov，2002；Reed et al.，2004；Smith et al.，2004；Koren et al.，2004；Ivanoni et al.，2004a，2004b；Carpenter and Georgakakos，2004；Bandaragoda et al.，2004）：

1）由于土壤的各向异性，Freeze 和 Harlan（1969）提出的基于物理基础的分布式水文框架应当被摒弃或者至少被修改，应当考虑采用积分形式的控制体积的物质和能量守恒方程作为物理基础的框架；

2）分布式水文模型的参数与单元流域尺度有关，目前还没有找到不同尺度之间的转换规律；

3）分布式水文模型能够用于洪水预报。适用于洪水预报的分布式水文模型是概念性的降雨-径流模型和基于物理基础的分布式汇流模型；

4）用于洪水预报的分布式水文模型的单元流域划分，可为自然子流域，也可以采用网格型，可以是正交的网格，也可以是任意三角形的网格，模型参数可以通过遥感和 GIS 提取；

5）不同的参数组合可能会得到相同的精度，使模型具有一定的不确定性。

下面对模型单元子流域划分、参数的率定方法和资料要求及模型的不确定性几个问题进行简要介绍。

3.3.1　模型单元子流域划分

在处理流域内水文要素空间分布不均而进行单元子流域划分时，气象和地理部门习惯采用空间正交网格的处理方法，水文部门则采用流域分块或自然子流域的方法。本节不讨论如何进行单元流域划分，主要讨论单元流域应该划分多大。在采用 API 模型预报时不进行流域分块，一般认为流域面积不宜超过 1000km^2（长江水利委员会，1993）。采用概念型分布式降雨-径流水文模型，单元流域面积应该是多大？有些学者研究流域分块对汇流参数的影响，得出以下结论（李致家等，2014）。

1）流域分块数变化，导致模型产流量的变化。流域分块数少，则降雨资料均化程度高，相同参数下模型产流量少，反之亦然。因此，模型分块数变化，产流及分水源参数必然发生变化，具体到新安江模型，就是参数 SM（自由水蓄水容量）发生变化。本书研究可得，流域分块数增加，SM 增大。

2）流域分块数变化，引发汇流串并联数目变化，串联数指马斯京根分段连续演算河段数目，并联数指子流域数目。经本研究验证，流域分块数增加，CS（子流域河网消退系数）值呈减小趋势，CG（地下水坡面汇流消退系数）值及 CI（壤中流）值保持稳定。

3）随着流域分块数增加，屯溪、东湾及王快流域的洪量、洪峰合格数及确定性系数都呈增长趋势，这说明 3000km^2 左右的流域，当分块数小于雨量站数时，分块数的增加能够提高模拟精度，无论是在湿润流域还是在半湿润及半干旱流域。

4）屯溪、东湾及王快流域分块数从 1 块增加至 3 块时，模拟精度明显改善；大于 3 块时，模拟精度有改善但不明显。分 3 块时，子流域面积约为 1000km^2，这也说明，流域分块子流域面积不宜大于 1000km^2，这样才能有较好的模拟效果。

3.3.2　模型参数的率定方法和资料要求

山洪预报模型与方法的参数大体上可分为以下两类：过程参数和地理参数。

过程参数是模拟水文过程的数学方程式中的待定常数，如土壤蓄水容量、蒸散发能力、稳渗率、壤中流及地下水的蓄泄系数、河槽汇流系数等。这些参数有明确的物理意义，大多可由水文、气象、地理、地质等资料分析初定，有的必须经过优选确定。地理参数是表示地理特征或量度的一些参数，如面积、高程、地形类别、植被覆盖、土地利用、地面坡度、河槽坡度及长度，不透水面积等。这些参数大多可以根据自然地理资料或地形图测定。

参数率定方法有人工试错法和自动优选法两种。人工试错法是根据人的分析判断来修改参数，最后使目标函数为最小。自动优选法采用数学优化方法，自动求解参数的最优值（赵人俊，1983；Singh，1996）。

对于无资料或缺流域，可采用水文比拟法通过对已有观测资料进行延展分析，对流域地形资料进行参数提取构建地貌瞬时单位线，或采用基于水文模型的参数移植法建立预报模型等方法确定预报方案参数，待资料完善后再对方案进行修订。

（1）参数优化方法

模型参数的率定有人工试错法和自动优化法。人工试错法率定模型参数，即根据实测与模拟的过程，主观地评估模拟结果，挑选模拟效果较好的一组模型参数值作为优选的参数值，这样确定的参数，可能不是最优的模型参数，这种方法调试时间长，参数的率定因人而异，在很大程度上依赖调试人员的经验，增加了模型的不确定性。随着计算机技术的发展和人们对数学方法的进一步应用，模型参数自动优化方法逐渐发展起来，这一类方法是根据数学优化法则通过自动寻优计算，确定参数的最优值，只要事先给出优化准则和参数初始值就能自动完成整个寻优过程，因此具有寻优速度快、寻优结果客观等优点。

应用于模型参数自动优化的方法很多，主要可以分为局部优化方法和全局优化方法。常见的局部优化方法有单纯形法及 Rosenbrock 法等。由于流域水文模型大多都是非线性的，在参数范围中具有很多使函数值“局部最小”的点，而局部优化方法受起始点的影响，对于不同的起始点，会在不同的点结束运算，即找到函数的“局部最优解”。赵人俊（1983）在进行新安江模型的参数率定时发现由于参数之间的相关最优不是一个点，而是一个面。Duan 等在 1992 年研究发现在概念性流域水文模型——萨克拉门托模型的函数响应面上有成百上千个函数局部最优解，如果这个结果对于其他的水文模型也适用，那么局部最优化方法将明显不适于此类模型的率定而必须用全局最优化方法进行计算，为此研究了参数的全局优化方法 SCE-UA（Singh，1996）。

（2）优化所需资料

模型参数要进行率定和检验。把水文资料分为两组，一组用于率定，另一组用于检验，一般 60% ~70% 的资料进行率定，30% ~40% 用于检验。资料要有一定的长度与代表性，代表性的要求是能够反映流域的水文特性，如日模型，要有反映丰、平和枯水年的资料；如次洪模型，要有大、中和小洪水资料。至于资料的长度，对于湿润地区，一般需要 8 年资料和 35 次左右的洪水。对于半干旱流域有时冬季可能会结冰，全年的日模型模拟可能会出现问题，很难找到 20 次以上的大、中洪水，只能尽可能利用全部的洪水资料。如果可用的资料比较少，就只能全部用来率定，检验只能等待于新的资料。

3.3.3 模型不确定性问题

由模型引起的预报不确定性有以下三个方面。

1. 水文气象资料引起的误差

模型率定时需要雨量、蒸发能力和流量等水文资料。由于水文资料问题引起的水文模型的不确定性可以从两个方面进行分析

（1）水文资料的代表性问题

资料的代表性涉及时间和空间的代表性。水文模型有多种参数，如涉及蒸散发、产流、地下水或者枯水的，需要不同种类的水文资料来率定。水文资料的代表性涉及两个方面，其一是要多种水文资料，如率定蒸散发的参数，就需要以日为时段完整的水文年资料，如果只是次洪水资料，就很难可靠地率定出涉及蒸散发的参数。其二对于一种水文资料要有足够的代表性，如涉及深层蒸散发的参数一定要有连续的枯水资料才能率定。资料的空间代表性主要是指流域内要有一定数量的站网，对于雨量站网，要能控制暴雨中心和走向。

（2）水文资料的误差

资料的误差包括水文资料的观测误差等，关于资料观测误差引起的模型不确定性问题在 20 世纪 80 年代之前有过很多研究，这里不再细述。

2. 水文模型的结构

典型的水文模型结构问题是蓄满产流模型没有能考虑超渗产流，如每年第一场洪水由于发生在久旱之后，如果雨强较大时预报的洪峰可能偏小。关于模型结构引起的预报不确定性问题在 20 世纪有过很多研究，这里也不再细述。

3. 水文模型的参数

水文模型参数引起的预报误差及不确定性是一个综合的问题，一方面是由上面提出的资料问题引起的，另一方面是模型结构引起的，典型的如异参同效问题，即不同参数组合可以得到同样的模拟结果，新安江模型和美国 SAC 模型都有类似

的问题（赵人俊，1983；Singh，1996）；再者是由模型率定方法引起的误差，在于数学优化方法，如上所述，对于局部优化方法如单纯形法可能得到的不是全局最优解，而是局部的。

对于模型不确定性（或者可靠性）分析至少有三种方法。

1）其一是美国水文学者 Melching 提出的模型可靠性估计方法（Singh，1996）。该方法主要采用蒙特卡罗方法（Monte Carlo simulation，MCS）对模型输出的结果进行一、二阶矩分析。

2）其二是美国 Krzysztofowicz 等学者采用贝叶斯估计方法对模型进行的不确定性分析。

3）其三是英国学者 Beven 采用综合似然不确定估计（generalized likelihood uncertainty estimation，GLUE）（Beven and Binley，1992）。

第一种方法在水文设计中用的较多，第三种在水文模型分析中用得较多。

3.4　小　　结

当前，我国已全面实施了山洪灾害防治县级非工程措施建设及中小河流洪水预报系统建设项目。展望我国山洪预警预报技术的研究和应用趋势，在预警预报手段上，由单纯预报山洪临界降雨量或制作山洪可能性预报，向发布山洪预警指南、预报山洪临界雨量以及山洪危害范围和危害程度等多项功能方向发展；在预报模型与方法构建上，将由传统的经验相关方法、回归模型，逐步向采用降雨径流预报、神经网络预测、分布式水文模型以及计算机技术方向发展，由过去只采用历史统计资料和实测资料向采用高精度定点的数值天气预报产品相结合的方向发展；在山洪预警预报系统建设上，结合国情和山丘区实际情况，采用规范的数据通信方式和水情信息交换系统，形成集气象预报、雷达技术、网络和卫星数据传输、地理信息系统、数字流域模型、山洪预测模型等高新技术，与传统洪水预报系统相结合，建立实用、先进的流域性或区域性洪水预警预报系统。

参考文献

长江水利委员会．1993．水文预报方法．第二版．北京：水利电力出版社．

郭良，唐学哲，孔凡哲．2007．基于分布式水文模型的山洪灾害预警预报系统研究及其应用．中国水利，(14)：23-41.

国家防汛抗旱总指挥部，中华人民共和国水利水利部水文局．2011．中国水旱灾害公报2010．北京：中国水利水电出版社．

李致家，李兰茹，黄鹏年，等．2014．流域分块对汇流参数的影响．河海大学学报，(4)：283-288.

李中平，张明波．2005. 全国山洪灾害防治规划降雨区划研究．水资源研究，26（2）：32-34.
梁家志，刘志雨．2010. 中小河流山洪监测与预警预测技术研究．北京：科学出版社．
刘志雨，杨大文，胡健伟．2010. 基于动态临界雨量的山洪预警预报技术及其应用．北京师范大学学报（自然科学版），46（3）：317-322.
全国山洪灾害防治规划领导小组办公室．2003. 山洪灾害临界雨量分析计算细则．
赵人俊．1983. 流域水文模型——新安江模型与陕北模型．北京：水利电力出版社．
周金星，王礼先，谢宝元，等．2011. 山洪泥石流灾害预报预警技术述评．山地学报，19（6）：527-532.
Abbott M B, Refsgard J C. 1996. Distributed hydrological modeling. Dordrecht: Kluwer Academic.
Bandaragoda C, Tarboton D G, Woods R. 2004. Application of TOPNET in distributed model intercomparsion project. Journal of Hydrology, 298 (1): 178-201.
Beven K, 2002. Towards a coherent philosophy for modeling the A Manifesto for equifinality thesis. Journal of Hydrology, 320, 18-36.
Beven K, Binley A. 1992. The future of distributed models: model calibration and uncertainty prediction. Hydrological progresses, 6 (3): 279-298.
Beven K. 2002. Rainfall-runoff modeling-the Primer. Second Edition. Chichester: Wiley.
Beven. 2002. Towards an alternative blueprint for a physically based digitally simulated hydrologic response modeling system. Hydrological Processes, 16 (2): 189-206.
Carpenter T M, Georgakakos K P. 2004. Continuous streamflow simulation with the HRCDHM distributed hydrologic model. Journal of Hydrology, 298 (s 1-4): 61-79.
Carpentera T M, Sperfslage J A, Georgakakos K P, et al. 1999. National threshold runoff estimation utilizing GIS in support of operational flash flood warning systems. Journal of Hydrology, 224: 21-44.
Eldeen M T. 1980. Pre-disaster physical planning: Interpretation of disaster risk analysis into physical planning——A case study inTunisia. Disasters, 4 (2): 211-222.
Freeze R A, Harlan R L. 1969. Blueprint for a physically - based, digitally - simulated hydrologic response model. Journal of Hydrology, 9: 237-258.
Georgakakos K P, 2006. Analytical results for operational flash flood guidance. Journal of Hydrology, 317: 81-103.
Ivanoni V Y, Vivpni E R, Bras R L. 2004a. Catchment hydrologic response with a fully distributed triangulated irregular network model. Water Resources Research, 40 (40): 591-612.
Ivanoni V Y, Vivpni E R, Bras R L. 2004b. Preserving high-resolution surface and rainfall data in operation-scale basin hydrologic a fully-distributed physically-based approach. Journal of Hydrology, 298 (1): 80-111.
Ivanov V Y. 2002. A continuous real-time interactive basin simulator (RIBS) . Cambridge, USA: Massachusetts Institute of Technology.
Koren V, Reed S, Smith M. 2004. Hydrology laboratory research modeling system (HL-RMS) of the US national weather service. Journal of Hydrology, 291 (3): 297-318.
Liu Z, Martina M, Todini E. 2005. Flood Forecasting using a fully distributed model: Application to the

upper Xixian catchment. Hydrology and Earth System Sciences (HESS), 9 (4): 347-361.

O (WMO). 1975. Intercomparison of conceptual models used in operational hydrological forecasting. Technical Report Operational Hydrology Report 7, WMO 429. Geneva: Word Meteorological Organization.

O (WMO). 2011. Manual on Flood Forecasting and Warning. WMO- No. 1072. Geneva: Word Meteorological Organization.

O (WMO). 1981. Flash Flood Forecasting. Operational Hydrology Report No. 18 (WMO- No. 577). Geneva, 47.

Paolo R, Murugesu S, Hassanizadeh S M. 1998. A unifying framework for watershed thermodynamics: balance equations for mass, momentum, energy and entropy, and the second law of thermodynamics. Advances in Water Resources, 22 (4): 367-398.

Reed S, Koren V, Smith M. 2004. Overall distributed model intercomparsion project results. Journal of Hydrology, 298 (1-4): 27-60.

Refsgaard J C, Knudsen J. 1996. Operational validation and intercomparison of different types of hydrological. Wat. Resour. Res, 32 (7): 2189-2202.

Reggiani P, Sivapalan M, Hassanizadeh S M. 1998. A unifying framework for watershed thermodynamics: balance equations for mass, momentum, energy and entropy, and the second law of thermodynamic-s. Advances in Water Resources, 22 (4): 367-398.

Singh V P. 1996. Computer Model of Watershed Hydrology. Littleton and Colorado: Water Resources Publications, USA.

Smith M, Seo D J, Koren V. 2004. The distributed model intercomparsion project (DMIP): Motivation and experiment design. Journal of Hydrology, 298 (1-4): 4-26.

Theresa M C, Konstantine P G. 2004. Continuous stream flow simulation with the HRCDHM distributed hydrologic model. Journal of Hydrology, 298: 61-79.

United States Army Corp of Engineens (USACE). 2001. HEC- HMS hydrologic modeling system user's manual. Davis: Hydrologic Engineering Center.

Valeriy Y I, Enrique R V, Rafael L B. 2004. Preserving high-resolution surface and rainfall data in operation-scale basin hydrologic a fully-distributed physically-based approach. Journal of Hydrology, 298, 80-111.

Victor K, Seann R, Michael S. 2004. Hydrology laboratory research modeling system (HL-RMS) of the US national weather service. Journal of Hydrology, 291.

World Meteorological Organization (WMO). 1994. Guide to Hydrological Practices (WMO- No. 168), Geneva, 765.

第4章　湿润地区中小河流洪水预报模型应用

在湿润地区，各种降雨径流水文模型都适用，如概念性分布式水文模型（新安江模型、萨克拉门托模型等），基于物理基础的分布式水文模型，如GBHM模型、TOPKAPI模型、数据驱动模型、集总式水文模型。由于篇幅所限，本章首先从应用的角度介绍新安江模型，接着介绍TOPMODEL模型和数据驱动的水文模型——BP-KNN模型。

4.1　新安江模型

新安江模型是概念性的分布式降雨径流模型。在应用模型进行预报时，首先把流域进行单元流域划分，单元流域可根据GIS有多种划分方法，如按照流域内水系与水文站网分布划分为自然子流域、泰森多边形以及正交网格。其次，在每个子流域上分别采用新安江模型计算产汇流，得到总和后求得出口断面流量过程。新安江模型由蒸散发、产流、分水源和汇流四个模块组成，关于该模型有很多介绍，这里不再详述（赵人俊，1983；刘新仁，1997；李致家等，2007）。这里主要就介绍模型参数的率定和参数的地区规律及应用中注意的问题。

4.1.1　模型参数的率定

关于新安江模型的参数率定有很多研究（Nelder and Mead，1965；张行南，1985；包为民，1989；《赵人俊水文预报文集》编辑整理工作小组，1994a，1996b；刘新仁，1997；李致家等，2007）。模型率定有人工试错法、客观优选法及数学的最优化方法。数学优化有局部和全局优化方法，这里就客观优化法、局部与全局优化方法分别简要介绍。

1. *参数客观优选法*

新安江模型参数调试的客观优化法是由赵人俊教授提出的（《赵人俊水文预报文集》编辑整理工作小组，1994）。

流域水文现象按其性质可分几个层次。对于湿润地区，一般可分为蒸散发、产流、分水源、汇流四个层次。第一层蒸散发主要由气候因素决定，最为稳定，能决定长时段内的产流总量，但对产流过程的作用很小。第二层、第三层决定产流量在水源上与在时间上的分配，与降雨过程及流域条件的关系很密切，变化比蒸散发敏感得多。第四层把流域面上的各种水源的产流过程汇集成为流域出口的出流过程，流量变化十分敏感。上述层次的顺序也就是模型的计算步骤，根据上一层次的计算可作为下一层次的计算，交叉不多。每一个层次中有一定的公式与参数，以实现模拟计算。这种计算方法的前提是下一层次的参数值对上一层的计算结果影响很小。

参数层次可分为如下。

1）蒸散发：K，WUM，WLM，C；

2）产流：WM，B，IM；

3）分水源：SM，EX，KG，KI；

4）汇流：CG，CI，CS，L。

以上共有 15 个参数，如全流域分块就算，则需要进行河道演算，也增加了 XE、KE 及河道汇流段数 N，这几个参数可根据河段特性用水力学法求出，一般不需要优选。参数 WM、WUM、WLM、B 、C 、IM 都不敏感，按一般经验定值即可，不需要优选。EX 的变化范围不大，一般为 1 ~ 2，可令 EX = 1.5。KG + KI = 0.7。因此，在优选参数时待定的参数有 K 、SM、KG/KI、CG，CI，CS 共 6 个。其余参数在必要时可单独作调整。在这 6 个参数中，层次一中有 1 个，层次三中有 2 个，层次四中有 3 个。

层次一中由于只有 1 个参数，很易解出，所用目标函数为

$$\Delta R = \text{计算多年径流} - \text{实测多年径流} \tag{4-1}$$

层次三中 2 个参数可用网格交叉求解。层次四中 3 个参数都是线性水库的消退系数，但他们有量级的差别，CG 在 0.995 左右，相当于退水历时 200 天，CI 在 0.7 左右，相当于退水历时 3 天。他们分别表现于流量过程线的上、中、下段。因此这 3 个参数性质上是独立的，在优选时可以根据流量过程线的下、中、上段的不同特性定值。

参数 K、SM、KG/KI、CG 和 CI 常用日模型对资料进行多年连续计算来率定。但由于日模型的计算时段太长，不足以反映地面汇流的特性，所以还需用次洪模型来求解 CS 与 L。在采用日模型模拟时，为了减少洪水高水部分误差的作用，突出低水部分的作用，应采用误差的对数为目标函数，即

$$\mathrm{OB} = \sum_{i=1}^{M} \mathrm{ABS}\{\log[\,|M(I)/Q(I)|\,]\} / \sum_{i=1}^{M} M(I) \tag{4-2}$$

式中，$M(I)$ 与 $Q(I)$ 是实测与计算的日流量过程。

采用次洪模型模拟时，低水点据较多，为突出高水部分的作用，则采用误差的绝对值为目标函数，即

$$OB = \sum_{i=1}^{M} ABS\left[\log(|M(I) - Q(I)|)\right] / \sum_{i=1}^{M} M(I) \tag{4-3}$$

新安江模型的参数率定包括日模型与次洪模型，相应的包括日模型与次洪两个程序，参数率定采用人机对话方式。

2. 单纯形方法

单纯形法由 Splendyd 等于 1962 年提出，它是以待率定的 n 个模型参数构造一个（n-1）边的多边形，在优化过程中，该多边形按照一定规则逐步向最优目标函数移动，循环搜索直至给定的优化条件满足。在参数率定中单纯性法与客观优选联合应用。在实际应用中，常用改进的单纯形方法通过加大或缩小反射点距离的算法来加速优化计算的速度（Nelder and Mead，1965）。单纯形法属于局部优化方法，通过设定参数初值、搜索步长与目标函数，逐步用较优的点代替次优的点，在给定终止条件的前提下，反复试算逐步确定参数最优点。但局部优化方法受模型参数初始值的设定影响较大，算法会根据设定的初始值生成不同的随机参数，不同的参数初始值会搜索到不同的局部最优解，而不能搜索到全局最优解，因此需要进行多次优选，在众多局部最优解中选择相对最优解来逼近全局最优解。

新安江模型参数优化包括日模型参数的优化和洪水模型参数的优化。在利用单纯性法优化模型参数时，需要依据参数的物理意义以及研究流域的特性确定各个优化参数的范围。在优化算法中，仍利用了新安江模型的结构性约束，即 KG+KI=0.7。河网汇流滞时一般可以根据流域的最大降雨出现时间与最大洪峰流量出现时间的时差进行确定，可以将其上、下限参数值设为一致，或者不参加参数优化。

在进行次洪模型单纯形优化算法时，需要优化的主要参数为 SM 和 CS，其余参数与日模型单纯形优化算法一致，而且每次洪水的前期土湿均取采用日模型单纯形优化算法的结果。在对次洪模型 SM 和 CS 参数值设置上、下限时，应与日模型有所区别，下限应该略高于日模型对应的参数结果。

3. 全局优化方法

全局优化方法可以分为三类：确定性优化方法、随机性优化方法以及确定性和随机性结合的优化方法。由于水文模型非线性的特点，目前只有随机性优化方法和随机性与确定性相结合的优化方法用于水文模型的率定当中（Singh，1996）。

SCE-UA 算法是一种全局优化算法，这种方法以信息共享和自然界生物演化规律的概念为基础，是 Duan 等在亚利桑那州大学发展的一种更为复杂的基于非线性单纯形法的混合方法（Singh，1996）。其概念如下：首先在可行域随机生成一个点群，将该点群分成几个部分，每一部分包含 $2n$+1 个点，n 表示该问题的维数。

每一个部分根据统计再现的方法加以演化，用单纯形的几何形状引导改进的方向。其次，在周期性的不断演化中，总体的点群是混合在一起的，并且所有的点将重新分成几个部分从而保证信息的共享。随着过程的演变，如果起始点群相当大的话，整体的点群将趋向于全局最优。

SCE-UA 算法将全局搜索的过程视为一个自然生物不断竞争进化的过程。它的提出基于以下四种概念：①确定性和随机性方法相结合的综合性优化方法；②不断进化的复合形的点构成了在整体寻优方向上的参数空间；③竞争进化；④复合形混合。以上这四个特点保证了 SCE-UA 方法搜索的全局性及灵活性，使之成为十分有效的全局优化方法。SCE-UA 算法被认为是流域水文模型参数优选中最有效的方法，在流域水文模型参数优选中应用十分广泛。

新安江模型一般可以分为日模型和次洪模型，日模型主要是对日实测资料进行研究，率定的参数都是与时段长没有关系的，如 *K*、*B*、*C*、WUM、WLM、WDM 等参数；次洪模型主要是对场次洪水进行研究，率定的参数都是与时段长有关的，如 KG、KI、CG、CI、SM、CS 等参数。由于两个模型研究的对象不同，因此目标函数的选取也有差异，对于日模型目标函数的选取要侧重于体现水量平衡，而对于次洪模型目标函数的选取在注意体现水量平衡外还要侧重于体现洪峰模拟的好坏。SCE-UA 算法用于新安江模型参数率定中可以搜索到全局的最优参数组，但由于实测资料误差等原因，算法搜索结果的精度受到参加优化资料长度的影响。通过研究，在通常的资料质量情况下，算法要搜索到稳定的全局最优参数组通常需要 16 年以上的资料（李致家等，2004）。

就新安江模型参数的客观优选法而言，主要是根据水文特性，把参数分成几个独立的层次，并相应地采用几个合适的目标函数，大为改善了解题条件；就单纯形法而言，一方面，由于单纯性算法是一种局部优化方法，在理想情况下该方法在不同的初始点将搜索到不同的参数组，并不能总是搜索到全局最优参数组；另一方面，单纯形算法具有很好的快速收敛能力，寻优速度快是它不容忽视的优点。根据客观优选法与单纯形法率定的新安江模型参数结果可以看出，两种方法所获得的参数略有不同，但都在参数适合的范围内。在利用单纯形法或 SCE-UA 算法优选新安江模型参数时，也可以根据文献（《赵人俊水文预报文集》编辑整理工作小组，1994）对不敏感参数按照一般经验定值，而不参加优选，对于敏感的参数，可分别采用这两个方法进行优化计算。

4.1.2　模型参数的地理规律

由于在无资料地区没有或缺乏历史水文资料，不能进行模型参数的率定与检验，因此，解决参数的确定问题是水文模型在无资料地区应用的关键所在。随着

GIS 技术的不断发展，无资料地区可用的多源数据信息也在逐步增加，如流域数字高程及下垫面地理特征度等空间信息，这为确定无资料地区水文模型参数提供了很好的研究平台。流域地貌特征不仅直接影响着流域的降雨、气温等气象条件，还影响降雨径流关系、汇流速度等水文因素。因此，分析流域的地貌特征有助于研究水文模型参数的物理基础，进一步明确参数的物理意义。同时，分析不同流域的地貌特征规律，有助于我们找到流域间的地貌相似性，从而可以考虑流域间的水文相似性，这将有利于提高无资料地区水文模型参数确定方法的精度与适应性。

（1）流域数字化及地貌特征提取

李致家（2008）、李致家等（2010）以 GIS 技术为基础，首先根据数字高程模型（DEM），对安徽皖南山区的 36 个流域进行了数字化并提取了相关的地貌特征信息，对这些流域的地貌特征规律进行了分析研究。姚成等（2013）利用地貌特征规律的分析结果，定量化研究了河网水流消退系数与马斯京根法汇流河段数的地理规律。

姚成等（2013）认为，首先要对原始 DEM 数据进行填洼预处理，保证从 DEM 数据中提取自然水系的连续性。然后再根据最陡坡度原则，如 D8 法，确定出每个栅格点的水流方向，并将每个栅格单元沿流向逐个累加，由此得出每个栅格点的上游累积汇水面积。在此基础上，再根据给定生成河网水系的阈值判断属于水系的栅格点，同时，按照水流方向，由水系的源头开始搜索出整个水系并进行自然子流域的划分，最后确定出研究流域的边界。生成研究流域边界后，可以根据相关算法提取出流域的地貌特征，如研究流域内栅格单元的坡度坡向、地形指数、流径长度、汇流演算次序、流域面积坡度、平均河道坡度等。

皖南山区地处安徽省长江以南，位于东经 116° ~ 120°，北纬 29° ~ 31°。该区域属于亚热带湿润季风气候，植被良好，雨量充沛，年降雨量可达 1100 ~ 2500 mm。降水年际变化大，汛期降雨集中，容易发生暴雨洪水，导致山洪灾害。本书研究的流域均位于皖南山区内，流域面积为 5 ~ 5941 km^2，平均海拔高程为 68 ~ 833 m。

研究的 DEM 数据采用由美国国家航空航天局（NASA）和国防部国家测绘局（NIMA）联合测量的 SRTM（shuttle radar topography mission）90m 分辨率的原始高程数据，数据来源于中国科学院计算机网络信息中心国际科学数据服务网站（http：//datamirror. csdb. cn）。

（2）地貌特征提取结果及规律分析

针对皖南山区内的 36 个流域，分别提取了流域面积坡度与河道平均坡度等特征，摘录的部分地貌特征结果见表 4-1。根据该表的统计结果，分别点绘流域面积-面积坡度、流域面积-河道坡度与流域面积-主河道长之间关系（图 4-1），可以看出，三者均呈幂函数关系，且关系较好。该结果表明，流域面积坡度、河道平均坡度与流域面积成反比关系，流域主河道长与流域面积成正比关系，即流域面积越大，面积坡度与河道平均坡度越小，主河道越长（姚成等，2013）。

表 4-1　研究流域地貌特征统计表

流域名称	流域面积(km²)	面积坡度(dm/km²)	河道坡度(‰)	主河道长(km)	平均高程(m)	流域名称	流域面积(km²)	面积坡度(dm/km²)	河道坡度(‰)	主河道长(km)	平均高程(m)
西河镇	5941	1.05	1.02	210.7	315.9	呈村	290	22.81	9.50	36.2	582.7
宣城	3411	1.63	1.30	145.0	288.9	丰乐	283	24.73	8.69	38.0	547.7
呈村	2768	2.43	1.72	115.2	399.1	三口	261	32.33	9.53	38.3	599.8
屯溪	2692	1.80	1.51	143.9	379.2	新亭	184	36.84	7.77	41.1	520.3
渔梁	1591	3.12	3.92	69.9	379.3	兰花	156	44.13	11.68	29.7	625.0
港口湾	1148	5.26	2.69	74.0	374.7	青阳	112	52.13	11.32	23.3	308.4
高坦	1079	6.11	2.02	84.2	358.9	流口	107	52.03	8.14	22.6	555.9
白茅岭	1063	1.91	2.14	63.5	119.5	梅溪	98.5	80.73	29.95	17.3	651.8
芦溪	992	4.12	1.73	70.4	284.8	榆村	96.0	64.83	15.33	22.1	452.7
月潭	952	5.70	2.11	109.8	428.0	下南	91.5	40.08	6.62	22.2	386.0
沙埠	889	5.61	2.88	52.7	314.8	霞坑	89.0	100.06	15.08	33.3	599.1
万安	865	4.89	4.03	56.1	363.6	东方红	62.7	81.57	20.67	15.7	534.7
雁塔	805	5.32	3.72	54.3	230.3	山岔	58.4	187.13	37.88	15.1	833.1
临溪	587	8.59	6.03	49.7	388.5	孙家桥	26.5	115.60	15.78	10.4	356.2
胡乐司	502	11.44	5.68	35.8	430.3	舒家	10.1	1040.08	141.05	8.1	822.1
东至	448	10.41	5.89	45.0	257.8	杨村	9.5	418.37	41.97	6.2	404.0
大河口	402	14.12	4.66	43.7	433.7	王干	5.5	839.74	89.53	4.1	487.4
南陵	393	2.92	1.35	47.9	68.3	金家	5.5	880.07	85.57	4.6	572.1

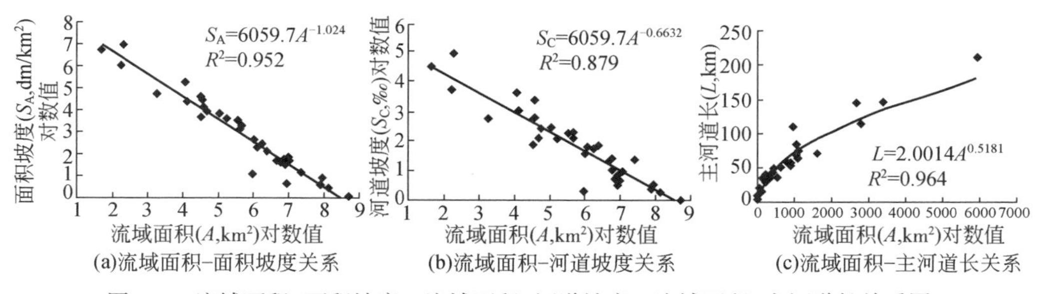

图 4-1　流域面积-面积坡度、流域面积-河道坡度、流域面积-主河道长关系图

通过对研究流域的地貌特征进一步分析发现，单元面积变化对于相关地貌特征值的影响幅度随着流域面积的减小而增大，尤其对于 100km² 以内的流域而言。根据表 4-1 和图 4-1 的统计结果可以看出，与流域面积坡度、河道平均坡度这两个特征要素最大值相对应的并非面积最小的金家流域，而是面积为 10. 1km² 的舒家流域，主要是由于舒家流域海拔较高所引起。舒家流域海拔高程为 294 ~ 1751m，平均海拔高程为 822. 1 m，相对其较小的流域面积，导致了两个特这要素极值的出现。总体而言，图 4-1 所建立的乘幂关系式精度较高，在皖南山区 5 ~ 5941 km² 的流域上可以移用，但对于面积小且海拔高的流域，移用时还需做一定的分析。

（3）水文模型参数的地理规律分析

由上面地貌特征规律分析可知，流域面积越大，流域坡度越小，此时受到的流域调蓄作用越大，则河网蓄水消退系数 CS 也相对越大；反之，流域坡度越大，汇流越集中，流域的汇流速率越快，受到的流域调蓄作用越小。以此规律为基础，即可建立水文模型汇流参数与流域面积坡度的定量关系。本章以新安江模型河网蓄水消退系数为例，根据已率定好的（表 4-1）屯溪、月潭、万安、呈村等流域的模型参数值，建立河网消退系数-面积坡度的定量关系［图 4-2（a），图中面积坡度 S_A 的统计范围为 1. 80 ~ 80. 73 dm/km²］，取得了较好的拟合精度。由图 4-2（a）也可以看出，新安江模型中的河网消退系数与面积坡度成反比关系（姚成等，2013）。

此外，还可以建立马斯京根法汇流河段数与河道长度、河道平均坡度的关系。河道平均坡度可以用于综合反映河道汇流速度的快慢，一般而言，河段 L 越长，河道平均坡度 S_C 越小，则马斯京根法汇流河段数 N 越大，即汇流河段数与河道长度成正比，与河道坡度成反比。用以上研究流域中的各个子流域河段数，与子流域的河长以及流域的平均河道坡度点绘成图 4-2（b）（图中河道平均坡度 S_C 的取值范围为 1. 51‰ ~ 29. 95‰），可以看出 N 与 $L/S_C^{0.2}$ 之间的关系较好，拟合精度较高。

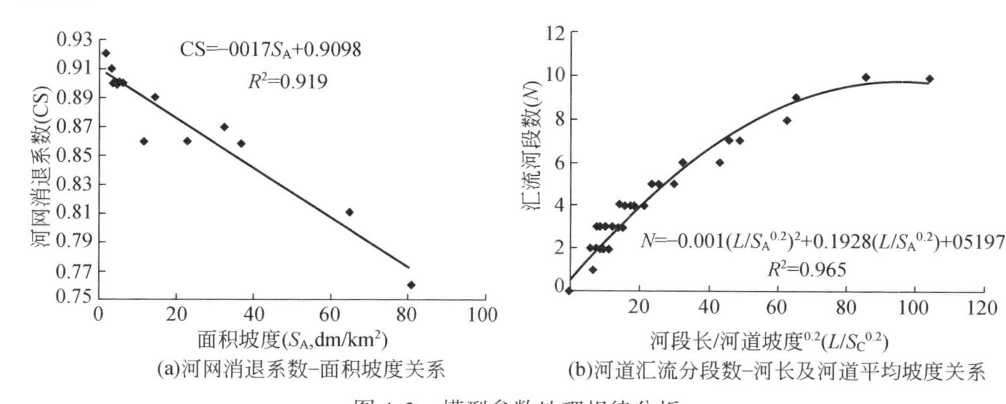

(a)河网消退系数-面积坡度关系　　(b)河道汇流分段数-河长及河道平均坡度关系

图 4-2　模型参数地理规律分析

4.1.3　国内部分流域的模型参数

赵人俊（1994）进行新安江模型参数地理规律研究时对我国部分流域进行了参数分析，得出了一些流域日模型的参数规律，见表 4-2。

表 4-2　国内部分流域日模型参数 SM 与 KG

流域	省	SM	KG
马口	江西	25	0. 35
杜头	江西	25	0. 35
岳城	广东	35	0. 45
林坑	江西	20	0. 25
蓝塘	广东	25	0. 4
滁州	江西	30	0. 35
凤凰山	广东	15	0. 3
小古箓	广东	15	0. 35
芦溪	江西	10	0. 15
南溪	江西	30	0. 45
高滩	福建	8	0. 1
濑溪	福建	10	0. 2
毛俊	湖南	25	0. 25
操箕潭	湖南	15	0. 3
汾市	广东	15	0. 2
密赛	浙江	10	0. 1
仁化	广东	35	0. 45
上包	浙江	8	0. 2
马屋	广东	45	0. 45
大庙峡	广东	30	0. 4
盐边	四川	30	0. 4
宜丰	江西	30	0. 45
瑞金	江西	15	0. 35
滃江	广东	20	0. 4
大象	广东	35	0. 35
汪口	江西	25	0. 35
麟潭	江西	25	0. 45

续表

流域	省	SM	KG
黄麋塘	广东	15	0. 3
挽鱼钩	湖北	10	0. 2
贾村	江西	15	0. 35
龙山	福建	35	0. 45
新田	江西	15	0. 25
清居口	浙江	12	0. 25
钱板	福建	20	0. 35
郭里集	山东	45	0. 65
枣庄	山东	55	0. 55
岩下	福建	10	0. 2
郑店	福建	30	0. 4
郴州	湖南	25	0. 25
石门坎	湖南	7	0. 2
潼塘	湖南	10	0. 35
黎家坪	湖南	10	0. 3
坑口	湖南	25	0. 43

4.2　TOPMODEL 模型

TOPMODEL 是 topography based hydrological model 的简称，即基于地形的半分布式流域水文模型，由 Beven 和 Kirkby 于 1979 年提出（Beven and Kirkby，1979）。TOPMODEL 模型的主要特征是利用地形指数来反映流域水文现象，即以地形指数的空间变化来模拟径流产生的变动产流面积，尤其是模拟地表或地下饱和水源面积的变动（熊立华和郭生练，2004）。它的主要特点就是考虑了流域地形、地貌、土壤等因素对径流形成的影响，并将集总式水文模型计算和参数方面的优点与分布式水文模型物理基础好的优点结合在一起（Beven et al.，1997）。该模型的结构简单，参数少，物理概念明确，因此自问世以来，得到了广泛的应用，并在应用中得到了不断的改进和完善，如 TOPKAPI 模型以及 TOPNET 模型（Liu and Todini，2002；Bandaragoda et al.，2004）。

4.2.1　模型原理和结构

1. 模型的结构

在利用 TOPMODEL 模型进行产流计算之前，首先对流域 DEM 数据进行填洼处理并提取相关的流域地理信息，包括流向判断、水系生成、流域边界确定、子流域划分等，然后对生成的各子流域进行最大河长计算、逐网格地形指数计算及提取“地形指数-面积分布函数”，在此基础上再进行 TOPMODEL 模型计算。

因为在 TOPMODEL 模型中，假定地形指数相同的区域具有水文相似性（Ambroise，1996），用“地形指数-面积分布函数”来描述水文特性的空间不均匀性，它表示了具有相同地形指数值的流域面积占全流域的比例。通常从 DEM 提取网格的地形指数，然后用统计方法计算出地形指数的面积分布函数。因此在模型计算中，首先按照地形指数分类，对每类地形指数对应的网格进行产汇流计算。网格内的产流计算包括植被根系区蒸发计算、非饱和区垂直下渗计算、饱和区壤中流计算和饱和坡面流计算。其次，根据地形指数所对应的面积比例，即可计算出某一类地形指数对应的所有网格的产流量。将每一类地形指数对应面积上的产流量进行累加，即可计算出时段内子流域的产流量。计算出的地面径流和地下径流均视为在空间上相等，可通过等流时线法进行汇流演算，求出子流域出口处的流量过程。子流域的计算流程如图 4-3 所示。然后将子流域出口流量通过河道汇流演算得出流域总出口断面流量过程。河道演算多采用近似运动波的常波速洪水演算方法。

2. 产流计算

由以上对 TOPMODEL 模型的基本介绍可知，该模型是降雨径流模式之一，水文过程主要用水量平衡和 Darcy 定律来描述。它采用变动产流理论，地表径流的产生主要是由于降雨使土壤达到饱和，而饱和区域的面积是受流域地形、土壤水力特性和流域前期含水量控制的。下面将对该模型中的基本方程及公式推导和计算流程做详细介绍（Beven and Kirkby，1979；熊立华和郭生练，2004；Ambroise et al.，1996）。

（1）蒸发计算

在流域内的任何一点 i 处，实际蒸发量 E_a 发生在植被根系区，由式（4-4）计算：

$$E_{a,i} = E_p\left(1 - \frac{S_{rz,i}}{S_{rmax,i}}\right) \tag{4-4}$$

式中，$S_{rz,\ i}$ 为 i 点处植被根系区缺水量；$S_{rmax,\ i}$ 为 i 点处根系区最大容水量；E_p 为蒸发能力。

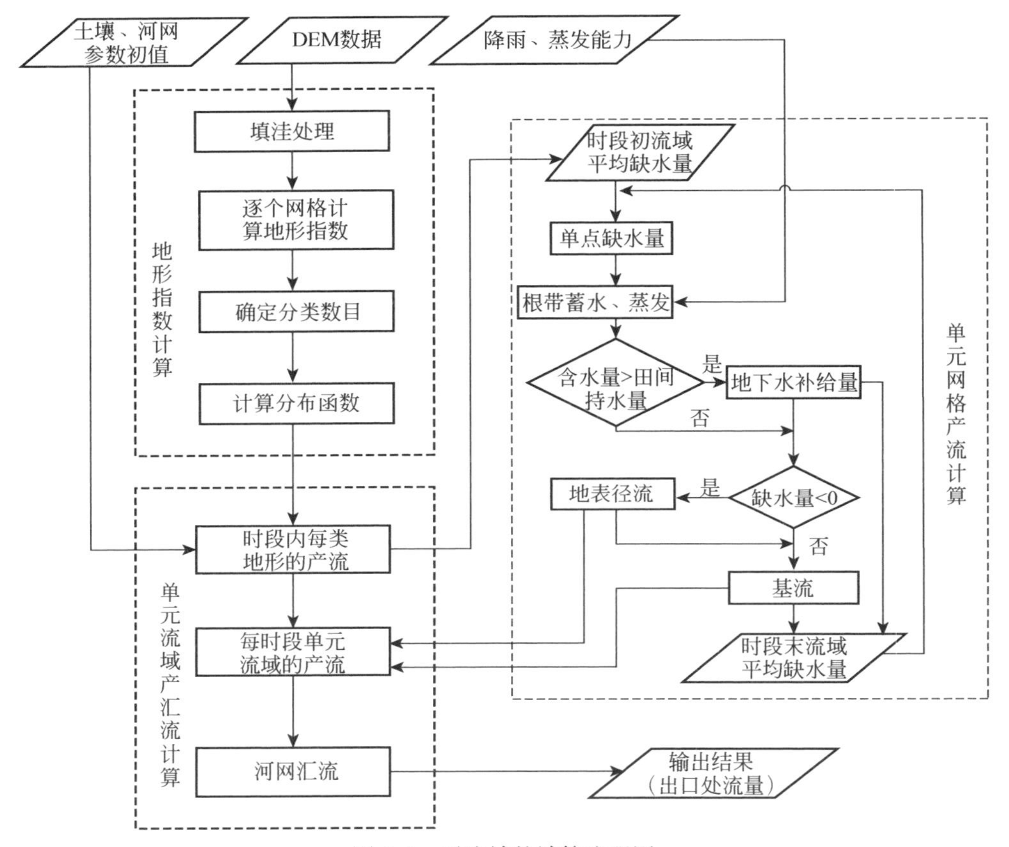

图 4-3　子流域的计算流程图

（2）非饱和区水分下渗运动方程

通常都假定土壤非饱和区中的水分运动是完全垂向的，即只考虑重力排水补给饱和地下水的那一部分水分运动，而且采用非饱和区排水通量的经验函数来描述这种流动。在以往的 TOPMODEL 模型中采用过两种形式。Beven 和 Wood（1983）提出对于任一点 i，下渗率 $q_{v,\ i}$ 的函数形式可用缺水量表示为

$$q_{v,\ i}=\frac{S_{uz,\ i}}{SD_i\cdot t_d} \tag{4-5}$$

式中，$S_{uz,\ i}$ 为 i 点处的非饱和区土壤含水量；t_d 为一个时间参数；SD_i 为该区要满足重力排水的缺水量，跟地下水埋深有关。

Beven 在达西定律的基础上提出了第二种形式（Beven and Wood，1983；

Beven，1986b)：

$$q_{v,i} = \alpha K_0 e^{-fZ_i} \tag{4-6}$$

式中，α 为有效的垂向水力梯度；K_0 为地表的饱和传导度；Z_i 为 i 点处地下水埋深。

式（4-5）是一个带有时间常数 $SD_i \cdot t_d$ 的线性蓄水等式，且时间常数随着地下水埋深增加而增加。式（4-6）是以传导性为基础的流体运动方程式。所建模型中采用式（4-5），并认为 SD_i 等于地下水表面距流域地表深度 D_i。整个流域的总下渗率 Q_v 通过加权平均计算求得：

$$Q_v = \sum_{i=1}^{n} q_{v,i} A_i \tag{4-7}$$

式中，A_i 为第 i 类地形指数占总流域面积的百分比，此值由地形指数在全流域的分布来决定。

（3）饱和产流面积的确定及饱和坡面流的计算

在 TOPMODEL 模型中，流域内某饱和地下水水面距流域表面的深度，即缺水量 D_i 决定了源面积的大小和位置。$D_i \leqslant 0$ 的位置所占有的面积即为饱和源面积，在这些面积上将产生饱和地面径流。TOPMODEL 模型采用了三个基本假定。

第一个基本假定，饱和地下水的水力梯度近似于局部表面地形坡度 $\tan\beta$。在绝大多数情况下，地下水的运动都符合达西线性渗透定律。因此，壤中流速率 q_i 可表示为

$$q_i = T_i \tan\beta_i \tag{4-8}$$

式中，q_i 为 i 点处的壤中流速率；T_i 为 i 点的导水率；$\tan\beta_i$ 为 i 点处的地形坡度。

一般情况下，潜水面不是水平的，而是向排泄区倾斜的曲面，起伏大致与地形一致而较缓和。所以这个假定比较符合饱和地下水的实际情况。但饱和表面上的地表径流却不一样，因此该模型将地表、地下径流分开计算。

第二个基本假定为导水率是饱和地下水水面深度的负指数函数（Ivanoni，2001），即

$$T_i = T_0 e^{-D_i/S_{zm}} \tag{4-9}$$

式中，T_0 为土壤刚达到饱和时的导水率；S_{zm} 为非饱和区最大蓄水深。

第三个基本假定为饱和地下水区的壤中流始终处于稳定状态，即任何地方的单位过水宽度的壤中流速率 q_i 等于上游来水量，即

$$q_i = ja_i \tag{4-10}$$

式中，j 为流域单位面积上的产流速率，假定在全流域均匀分布；a_i 为单宽集水面积。

联立式（4-8）、式（4-9）及式（4-10），得出

$$ja_i = T_0 \tan\beta_i e^{-D_i/S_{zm}} \tag{4-11}$$

从式（4-11）可以解出

$$D_i = -S_{zm}\ln\left(\frac{ja_i}{T_0\tan\beta_i}\right) \tag{4-12}$$

在整个对地下水位有贡献的流域面积上，对式（4-12）积分可得平均地下水面深度 $\overline{D}$：

$$\overline{D} = \frac{1}{A}\int_A D_i \mathrm{d}A = \frac{S_{zm}}{A}\int_A\left[-\ln\left(\frac{a_i}{T_0\tan\beta_i}\right) - \ln j\right]\mathrm{d}A \tag{4-13}$$

式中，A 为流域总的面积。

由式（4-11）可推求出 $j = \frac{T_0\tan\beta_i}{a_i}\mathrm{e}^{-D_i/S_{zm}}$，将其代入式（4-11）中，得

$$\overline{D} = S_{zm}\left[-\frac{1}{A}\int_A \ln\left(\frac{a_i}{T_0\tan\beta_i}\right) + \frac{D_i}{S_{zm}} + \ln\left(\frac{a_i}{T_0\tan\beta_i}\right)\right] \tag{4-14}$$

由式（4-14）得

$$D_i = \overline{D} - S_{zm}\left[\ln\left(\frac{a_i}{T_0\tan\beta_i}\right) - \frac{1}{A}\int_A \ln\left(\frac{a_i}{T_0\tan\beta_i}\right)\mathrm{d}A\right] \tag{4-15}$$

TOPMODEL 模型通常假设饱和导水率在全流域是均匀分布的，所以式（4-15）中的 T_0 可以消掉，则有

$$D_i = \overline{D} - S_{zm}\left[\ln\left(\frac{a_i}{\tan\beta_i}\right) - \lambda\right] \tag{4-16}$$

式中，$\lambda = \frac{1}{A}\int_A \ln\left(\frac{a_i}{\tan\beta_i}\right)\mathrm{d}A$，为流域地形指数空间分布的均值。

从式（4-16）中可以看出，流域内某点饱和地下水水面深 D_i 主要由该点处的地形指数 $\ln(a_i/\tan\beta_i)$ 来控制，所以地形指数相同的地方，D_i 也相同，即具有相同的水文响应。因此在计算饱和坡面流时，应首先计算出流域地形指数 $\ln(a/\tan\beta)$ 的分布曲线。

若式（4-16）算出的结果为负值或0，即饱和地下水水面深 $D_i \leqslant 0$，则将产生源面积，出现饱和坡面流，从而得出饱和坡面流的计算公式为

$$Q_s = \frac{1}{\Delta t}\sum_i \max\{[S_{uz,\,i} - \max(D_i,\ 0)],\ 0\}A_i \tag{4-17}$$

式中，Q_s 为饱和坡面流流量；Δt 为时间步长；A_i 为第 i 类地形指数占总流域面积的百分比，该值由地形指数分布曲线来决定。

（4）饱和地下水区水分运动方程——壤中流（基流）的计算

饱和地下水区的壤中流，从河道两侧汇入河流，计算公式为

$$Q_b = \int_L q_i \mathrm{d}L = \int_L T_0\tan\beta \cdot \mathrm{e}^{-D_i/S_{zm}}\mathrm{d}L \tag{4-18}$$

将式（4-16）代入式（4-18）中，得

$$Q_{\mathrm{b}} = \int_L T_0 \tan\beta \cdot \mathrm{e}^{[-\overline{D}/S_{\mathrm{zm}} - \lambda + \ln\frac{a}{\tan\beta}]} \mathrm{d}L = T_0 \mathrm{e}^{(-\overline{D}/S_{\mathrm{zm}})} \mathrm{e}^{(-\lambda)} \int_L a \mathrm{d}L \tag{4-19}$$

因为 $\int_L a\mathrm{d}L = A$ ，则式（4-19）可以进一步表示为

$$Q_{\mathrm{b}} = AT_0 \mathrm{e}^{(-\lambda)} \mathrm{e}^{(-\overline{D}/S_{\mathrm{zm}})} = Q_0 \mathrm{e}^{(-\overline{D}/S_{\mathrm{zm}})} \tag{4-20}$$

式中，Q_{b} 为壤中流流量；$Q_0 = AT_0\mathrm{e}^{-\lambda}$ ，为 $\overline{D}$ 为零时的流量；L 为宽度。

（5）流域平均地下水水深更新公式

由于非饱和区重力排水的下渗与饱和地下水区壤中流的出流，使得流域平均地下水水深时刻发生变化，其更新公式为

$$\overline{D}^{t+1} = \overline{D}^{t} - \frac{(Q_{\mathrm{v}}{}^{t} - Q_{\mathrm{b}}{}^{t})}{A}\Delta t \tag{4-21}$$

式中，t 为时刻。

初始时刻平均饱和地下水水深 $\overline{D}^1$ 的确定，可假设初始流量仅为壤中流 Q_b^1 ，从而对饱和区进行初始化：

$$Q_{\mathrm{b}}^1 = Q_0 \mathrm{e}^{-\overline{D}^1/S_{\mathrm{zm}}} \tag{4-22}$$

由式（4-22）得出

$$\overline{D}^1 = -S_{\mathrm{zm}} \ln\left(\frac{Q_b^1}{Q_0}\right) \tag{4-23}$$

总流域的产流量为饱和坡面流与壤中流之和，即

$$Q^t = Q_{\mathrm{s}}^t + Q_{\mathrm{b}}^t \tag{4-24}$$

3. 汇流计算

Beven 和 Kirkby（1979）在 TOPMODEL 模型结构中引入了地表径流滞时函数和河道演算函数，进行河网汇流演算。在考虑地表径流滞时现象时，给出了式（4-25）：

$$\sum_{i=1}^{N} \frac{x_i}{V\tan\beta_i} \tag{4-25}$$

式中，N 为某点到达出口断面水流路径的总段数；x_i 为地表坡度 $\tan\beta_i$ 上所对应的长度；$\tan\beta_i$ 为 N 段水流路径中第 i 段的坡度；V 为速度参数，视为常数。

式（4-25）代表了流域上任意一点到达流域出口断面所经历的时间。若给定一个 V 值，即可运用式（4-25）在任一集水面积上根据流域地形推导出唯一的滞时统计直方图。这一概念虽然与克拉克法（林三益，2001）的时间–面积曲线方法相类似，但能动态地表示径流滞时与源面积大小的关系。河道演算则采用河道平均洪峰波速的方法来考虑，使得与总出流呈非线性关系。这种方法显然近似运

动波河道洪水演算，但因为在计算中可能不稳定而不被推荐。很多实际运用中都采用简单的常波速洪水演算法。

在汇流计算时，如果将流域划分为若干个子流域（可按照自然流域划分法或泰森多边形法），则在每个子流域内将坡面流与壤中流同时刻相加得到总径流，并假定总径流在空间上相等，通过等流时线法进行汇流演算，求出子流域出口处的流量过程。

等流时线是一种经典的流域汇流曲线（詹道江和叶守泽，2000）。它从物理角度解释了流域水文系统是一个有“忆滞”功能的系统，其降雨–径流关系可由卷积方程来表达（詹道江，1979）。假设流域中水滴速度分布均匀，则其中任一水滴流到出口断面的时间仅取决于它到出口断面的距离。据此就可以绘制一组等流时线，如图 4-4 所示，相邻两条等流时线之间的流域面积成为等流时面积。按等流时线的概念，瞬时降落在同一条等流时线上的水滴必将同时流到出口断面，而瞬时降落在等流时面积上的水滴将在两条相邻等流时线的时距内流出出口断面（芮孝芳，2004；Maidment，1993）。

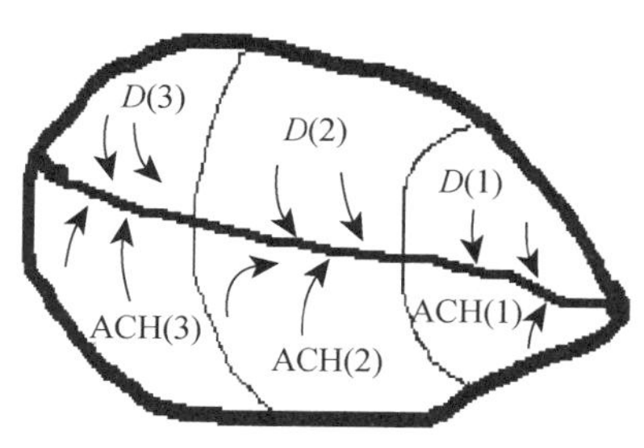

图 4-4　模型汇流示意图

根据等流时线提取法将主河道分为 m 级进行汇流，如图 4-4 所示（$m=3$）。图中，$D(i)$ 为 i 级河道到达出口断面的最远距离；$\mathrm{ACH}(i)$ 为 $D(i)$ 对应的流域面积占流域总面积的百分比。

假定坡面汇流和河道汇流的速度分别为 $\mathrm{CH_v}$ 和 R_v。则坡面汇流时间 t_0 为

$$t_0 = D(1)/R_v \tag{4-26}$$

第 i 级河道的汇流时间 t_i，$i=1,\cdots,m$

$$t_i = t_0 + [D(i) - D(1)]/\mathrm{CH_v} \tag{4-27}$$

如此，流域汇流时间为 t_m；第 i 级河道径流的滞后时段为 $\mathrm{TCH}(i)= t_i/\mathrm{d}t$；当 $t_0/\mathrm{d}t$ 为整数时最先到达出口的径流滞后时段，$j_0=\mathrm{int}(t_0/\mathrm{d}t)$，否则 $j_0=\mathrm{int}(t_0/\mathrm{d}t)+1$。当 $t_m/\mathrm{d}t$ 为整数时，最远点径流滞后时段 $n=\mathrm{int}(t_m/\mathrm{d}t)$，否则 $n=\mathrm{int}(t_m/\mathrm{d}t)+1$。如果汇流时间多于计算时段（$t_m > \mathrm{d}t$），在第 k 个时段产生的径流将在 $(k+j_0)\sim(k+n)$ 时段内陆续到达出口断面。

假定第 k 时段流域的产流量 $Q^k = Q^k{}_f + Q^k{}_b$，它在 $(k+j_0)\sim(k+j)$（$j=j_0+1,\cdots,n$）时段内，到达出口断面径流的比例 $A(j)$：

$$A(j) = \mathrm{ACH}(i-1) + [\mathrm{ACH}(i) - \mathrm{ACH}(i-1)] * [j - \mathrm{TCH}(i)]/\mathrm{TCH}(i) - \mathrm{TCH}(i-1) \quad [j < \mathrm{TCH}(i)] \tag{4-28}$$

第 $k+j$ 时段内，到达出口的径流比例为 $\Delta A(j)=A(j)-A(j-1)$；则第 $k+j$ 时段时 k 时段的产流在流域出口形成的流量为

$$Q_{k+j}=Q_k * \Delta A(j) \tag{4-29}$$

分别计算各时段产流量在流域出口形成的流量过程。在不考虑流域河槽的调蓄作用的情况下，将同时出现在出口的流量直接叠加，得到整个降水的模拟流量过程。

最后将子流域出口处的流量通过河道汇流演算至总流域出口处，再将各子流域的演算值进行同时刻叠加，从而得到总流域出口处的流量过程，河道演算采用近似运动波的常波速洪水演算方法，如马斯京根法。

4.2.2　模型参数和确定方法

1. 水文模拟

流域变动产流理论（variable source area concept，VSAC）是构成 TOPMODEL 模型产流机制的理论基础，是将动态非均匀的、复杂的水文物理现象概化为简单直观的水文过程的理论依据（Wolock，1993）。图 4-5 是 TOPMODEL 模型物理概念的示意图。

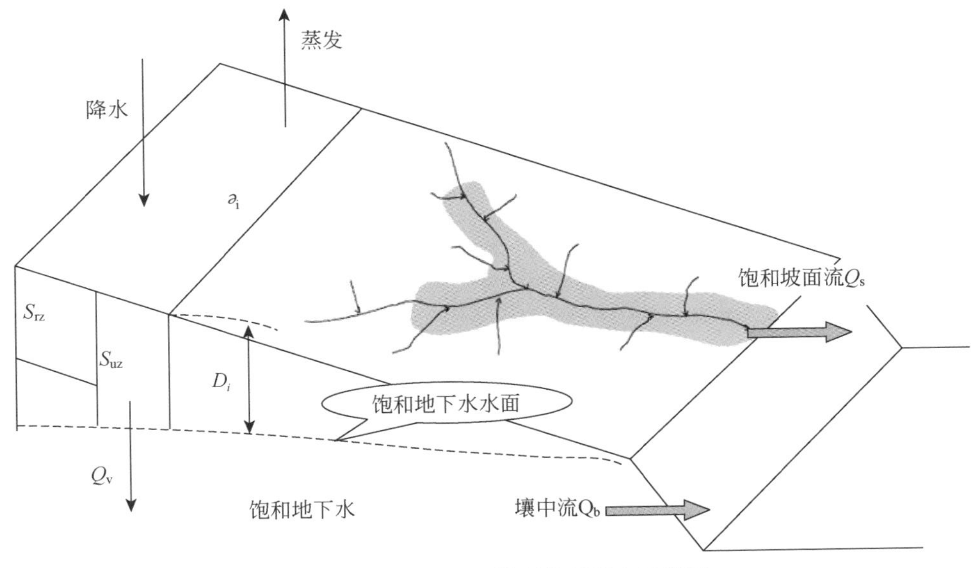

图 4-5　TOPMODEL 模型物理概念示意图

在该理论中，流域内任何一点的包气带被划分为三个不同的含水区：①植被根系区，用 S_{rz} 表示；②土壤非饱和区，用 S_{uz} 表示；③饱和地下水区，用饱和地

下水水面距流域土壤表面的深度 D_i 来表示，亦可理解为缺水深。若将流域划分为若干个单元网格，那么对于每一个单元网格，其水分运动规律如下（图 4-6）：降水满足植物冠层截留和填洼以后，首先下渗进入植被根系区来补给该区的缺水量，储存在这里的水分部分参加蒸散发运动，直至枯竭；而当植被根系区土壤含水量达到田间持水量时，多余的水分将下渗进入土壤非饱和区来补充非饱和区土壤含水量。在非饱和区中，水分以一定的垂直下渗率 q_v 进入饱和地下水区。在饱和地下水区中，水分通过侧向运动形成壤中流 q_b（亦称为基流）。q_v 的下渗与 q_b 的流出使饱和地下水水面不断发生变化，当部分面积的地下水水面不断抬升直至地表，形成饱和面，此时便会产生饱和坡面流 q_s。q_s 只发生在这种饱和地表面积（或者叫作源面积）上。将 q_b、q_s 分别在整个流域上积分，得到 Q_b 和 Q_s。因此，在 TOPMODEL 模型中，流域总径流 Q 是壤中流和饱和坡面流之和，表达式为

$$Q = Q_b + Q_s \tag{4-30}$$

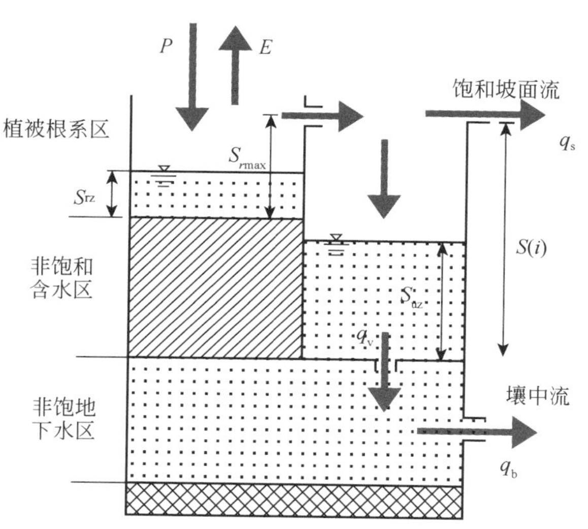

图 4-6　单元网格土壤水分运动示意图

在整个计算过程中，源面积是不断变化的，亦称变动产流面积。流域源面积的位置受流域地形和土壤水力特性两个因素的影响。当地下水向坡底运动时，将会在地形平坦的辐合面上汇集，而地形辐合的程度决定坡面汇水面积的大小，其坡度影响水坡向运动的能力。土壤水力特性、水力传导度和土壤厚度决定了某一地点的导水率，从而影响水分继续坡向运动的能力。源面积一般位于河道附近，随着下渗的持续，源面积向河道两边的坡面延伸，这种延伸同时受到来自山坡上部的非饱和区壤中流的影响（Muzik，1996）。所以，在一定意义上，变动产流面积可看作河道系统的延伸，如图 4-7 所示。

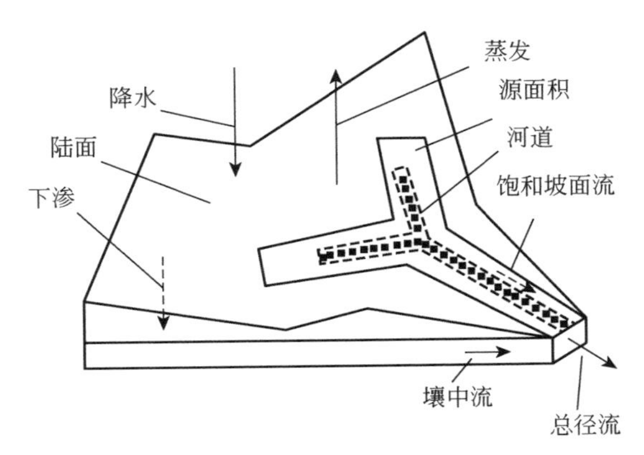

图 4-7　源面积发展示意图

TOPMODEL 模型主要通过流域含水量（或缺水量）来确定源面积的大小和位置。而含水量的大小可由地形指数 $\ln(a/\tan\beta)$ 来计算，并借助于地形指数 $\ln(a/\tan\beta)$ 来描述和解释径流趋势及在重力排水作用下径流沿坡向的运动（姚成等，2013）。因此 TOPMODEL 模型也被称为以地形为基础的半分布式流域水文模型（Beven and Kirkby，1979）。

2. 模型参数

$S_{r\max}$：植被根系区最大蓄水容量，单位为 m。该参数主要决定蒸发量的大小，进而也影响了总径流深的大小，是一个影响产流量计算较为重要和敏感的参数。其范围大约为 0.01 ~ 0.03m，视流域的土壤类型及土地覆盖情况而定。

Td：重力排水的时间滞时参数。该参数相对不敏感，其范围一般为 1 ~ 1.5。

（1）产流参数

S_{zm}：非饱和区最大蓄水容量，单位为 m。该参数是决定饱和坡面流和壤中流比重的重要参数，并且是影响洪峰值大小的敏感性参数。一般来说，该参数值越大，洪峰值就越小，退水曲线越缓慢；反之，该参数值越小，洪峰值就越大，退水曲线相对越陡。其范围大约为 0.01 ~ 0.1m

T_0：土壤刚达到饱和时导水率的自然对数的流域均值，单位为 $\ln(m^2/h)$，与式（4-9）中用到的 T_0 有所区别。在实际工作中，很难通过试验获得点的 T_0 值，通常都假定整个流域上均匀分布，并通过模型率定其值。参数 S_{zm} 与 T_0 有相互作用关系，一般来说，S_{zm} 值大并结合一个相对小的 T_0 时，则增加土壤剖面的活跃深度，导致洪峰值偏小，退水曲线较缓慢；反之，S_{zm} 值小并结合一个相对大的 T_0 时，则减小土壤剖面的活跃深度，此时传导率有显著的延迟，从而导致洪峰值偏大，产生相对较陡的退水曲线。所以该参数也较为敏感，一般为 5 ~ 10。

B：调整初始时刻根系区平均土壤缺水量的经验系数，主要用来确定植被根系区初始时刻的含水量 SR_0。该参数对洪峰的影响较为敏感，B 越大，洪峰值越大，B 越小，洪峰值也相对减小。其范围一般为 1 ~ 3。

（2）汇流参数

R_v：河道汇流的有效速率，单位为 m/h 。该参数主要对峰现时间的影响较为敏感。其值一般与 CH_v 对应成比例。

CH_v：假定线性汇流路径情况下，度量距离面积函数或者河网宽度函数的有效地表汇流速率，单位为 m/h 。该参数主要决定了洪水过程线的形状，CH_v 越大，涨洪段偏大，峰现时间提前，落洪段偏小、偏陡，退率大。该参数主要根据流域平均坡度来经验率定。

k 和 x：马斯京根法演算参数。k 为蓄量流量关系曲线的坡度，可视为常数，一般来说 k 的取值与计算步长 Δt 相同，单位为 h。x 为调蓄系数，取值范围为小于0.5。

NL：子流域出口断面距总流域出口断面的河段数。

3. 模型的参数识别与地区综合

（1）嵌套流域 TOPMODEL 模型参数规律初探

研究的流域中有大流域套小流域的现象，其中屯溪流域就包含月潭、万安、呈村、榆村这几个流域。为寻找嵌套流域的一些特点，特从流域的地理信息入手，初探其规律，虽然流域数量有限且所探究的规律的通用性还有待进一步验证，但也可以此对 TOPMODEL 模型在嵌套流域中的应用特征略窥一斑。

1）地形指数与面积的关系。将各流域的流域面积及地形指数均值和地形指数均方差值列于表 4-3 中，并根据表中的数据以流域面积为横坐标，分别以地形指数均值和地形指数均方差值为纵坐标，在图上点绘出来，如图 4-8（a）、图 4-8（b）所示。

表 4-3　各流域地形指数与面积的关系表

流域名称	流域面积（km^2）	地形指数均值	地形指数均方差
屯溪	2670	14.107	7.084
月潭	954	13.926	6.682
万安	869	13.572	6.693
呈村	290	13.231	6.249
榆村	96.4	12.484	6.074

做出这两条曲线的意义在于，若存在一个流域与这五个流域属于嵌套关系，且无

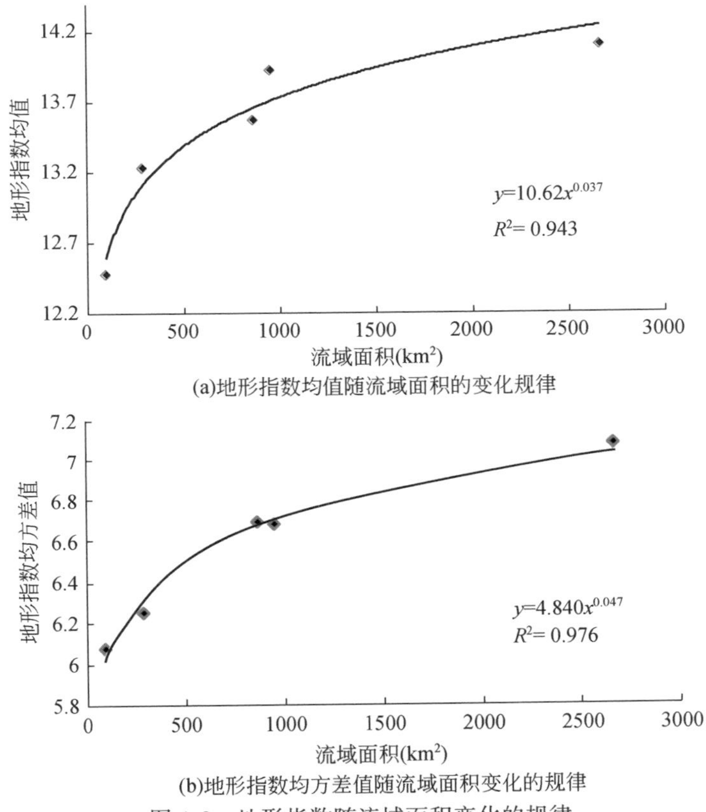

(a)地形指数均值随流域面积的变化规律

(b)地形指数均方差值随流域面积变化的规律

图 4-8　地形指数随流域面积变化的规律

DEM 资料，则可根据这两条曲线确定出地形指数均值和均方差值，从而可以由已知流域的地形指数分布曲线拟合出未知流域的地形指数分布曲线。

2）地形指数与 TOPMODEL 模型主要参数的关系。为探求地形指数与 TOPMODEL 模型几个主要参数的关系，现将 T_0（土壤饱和导水率）、S_{zm}（非饱和区最大蓄水容量）、S_{rmax}（植被根系区最大蓄水容量）在各流域中的率定值列于表 4-4 中，并通过表中数据点绘到图 4-9（a）、图 4-9（b）、图 4-9（c）中。

表 4-4　地形指数与 TOPMODEL 模型主要参数的关系表

流域名称	地形指数均值	T_0	S_{zm}	S_{rmax}
屯溪	14.107	5	0.021	0.023
月潭	13.926	6	0.0205	0.02
万安	13.572	6	0.02	0.02
呈村	13.231	6	0.0195	0.017
榆村	12.484	6	0.018	0.016

注：T_0、S_{zm}、S_{rmax} 在各流域的子流域中取值相同。

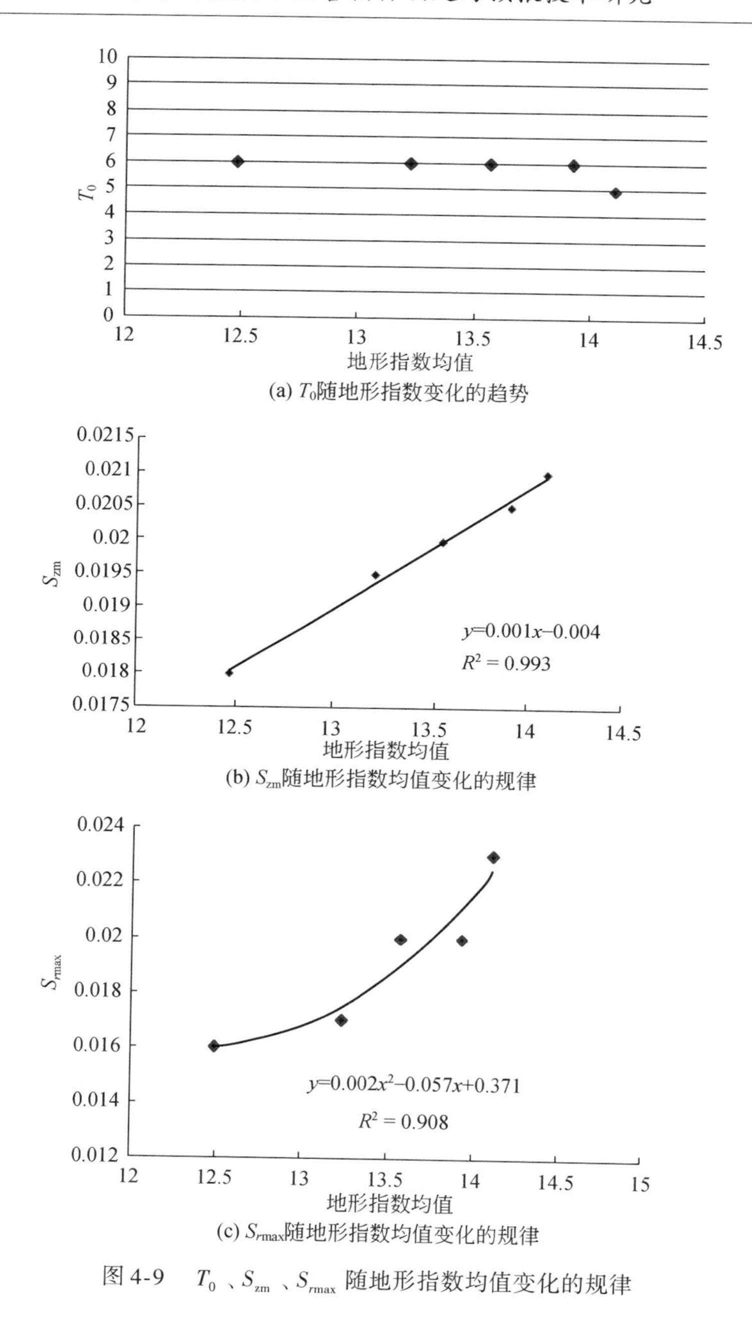

(a) T_0随地形指数变化的趋势

(b) S_{zm}随地形指数均值变化的规律

(c) S_{rmax}随地形指数均值变化的规律

图 4-9　T_0 、S_{zm} 、S_{rmax} 随地形指数均值变化的规律

从以上三个图中可以看出，T_0 在嵌套流域中的变化并不是很明显，除屯溪流域外，其他各流域取值相同。而 S_{zm} 和 S_{rmax} 却有明显的变化规律，其大体趋势均是

随地形指数均值的增大而增加，其中 S_{zm} 的变化规律是 $y=0.001x-0.004$，相关性系数为 0.993，$S_{r\max}$ 的变化规律是 $y=0.002x^2-0.057x+0.371$，相关性系数为 0.908。

综上所述，无论是地形指数还是各模型参数，在嵌套流域间还是有规律可循的，我们可以结合这些规律，初步确定出有嵌套关系的未知流域的各个参数，从而更加有效合理地优选出适合未知流域的一套参数。这对今后嵌套流域的研究也具有一定的实际意义。

（2）同一流域中地形指数与参数 T_0 的关系

1）关系推导。设在同一流域中分别使用两种地形指数分布，即分别会有两个地形指数均值 λ_1 和 λ_2（设 $\lambda_1>\lambda_2$），除 T_0 外保持其他参数不变，为使流域在两种地形指数分布下产生相同的径流过程，也就是所产生的壤中流和坡面流分别相同，即有以下推导：

两种状态下的壤中流分别为

$$Q_{b1}=AT_{01}\exp(-\lambda_1)\exp(-\overline{D}_1/S_{zm}) \tag{4-31}$$

$$Q_{b2}=AT_{02}\exp(-\lambda_2)\exp(-\overline{D}_2/S_{zm}) \tag{4-32}$$

因为 $Q_{b1}=Q_{b2}$，所以有

$$AT_{01}\exp(-\lambda_1)\exp(-\overline{D}_1/S_{zm})=AT_{02}\exp(-\lambda_2)\exp(-\overline{D}_2/S_{zm}) \tag{4-33}$$

$$\frac{T_{01}}{T_{02}}=\frac{\exp(-\lambda_2)\exp(-\overline{D}_2/S_{zm})}{\exp(-\lambda_1)\exp(-\overline{D}_1/S_{zm})} \tag{4-34}$$

即

$$q_i=T_i\tan\beta_i \tag{4-35}$$

进而

$$\ln T_{01}-\ln T_{02}=\lambda_1-\lambda_2+\frac{\overline{D}_1-\overline{D}_2}{S_{zm}} \tag{4-36}$$

又因为两种状态下的饱和坡面流也相同，就可认为 $D_{i1}=D_{i2}$

所以由式（4-16）可得

$$D_{i1}=\overline{D}_1-S_{zm}\left[\ln\left(\frac{a_i}{\tan\beta_i}\right)_1-\lambda_1\right]=D_{i2}=\overline{D}_2-S_{zm}\left[\ln\left(\frac{a_i}{\tan\beta_i}\right)_2-\lambda_2\right] \tag{4-37}$$

$$\overline{D}_1-\overline{D}_2=S_{zm}\left[\ln\left(\frac{a_i}{\tan\beta_i}\right)_1-\ln\left(\frac{a_i}{\tan\beta_i}\right)_2-(\lambda_1-\lambda_2)\right] \tag{4-38}$$

假定 $\ln\left(\frac{a_i}{\tan\beta_i}\right)_1-\ln\left(\frac{a_i}{\tan\beta_i}\right)_2\approx\lambda_1-\lambda_2$

因此可得 $\overline{D}_1-\overline{D}_2\approx 0$ 即

$$\overline{D_1} \approx \overline{D_2} \tag{4-39}$$

将式（4-38）代入式（4-35）中，最终得到

$$\ln T_{01} - \ln T_{02} = \lambda_1 - \lambda_2 \tag{4-40}$$

因此，当 λ_1、T_{01} 及 λ_2 已知时，就可以通过式（4-40）计算出 T_{02}。同样也说明了这样一种关系：将不同的地形指数分布应用到同一个流域中时，也就是集水面积相同时，地形坡度大者结合一个较小的 T_0，地形坡度较小者结合一个较大的 T_0，则可产生相同的径流过程（Marco et al.，1996）。虽然这只是在相同的 DEM 分辨率下所的得到结论，但也可以将其应用到推广到不同的 DEM 分辨率下，即

$$\ln T_0^{\text{gridsize}\cdots1} - \ln T_0^{\text{gridsize}\cdots2} = \lambda^{\text{gridsize}\cdots1} - \lambda^{\text{gridsize}\cdots2} \tag{4-41}$$

所以，当流域通过不同的网格大小来显示其地理信息时，可根据式（4-41）通过已知的 $T_0^{\text{gridsize}\cdots1}$、$\lambda^{\text{gridsize}\cdots1}$ 来获得不同网格大小下的 T_0 值。并且通过式（4-41）还可以看出，T_0 会随着网格的增大而有所增加。

2）关系的验证。本章以月潭、万安、呈村、榆村流域为例验证式（4-40），即将屯溪流域的地形指数分布曲线替换到这些流域中，并结合式（4-40）求出 T_0，代入模型中（其他参数不变），看其模拟精度如何。模型精度评价标准为洪峰相对误差、径流深相对误差、变化系数 EV、确定性系数 Dc 及相关系数 CC。各流域原始地形指数均值与替换后地形指数均值，以及原始 T_0 与计算后的 T_0 已列于表 4-5 中，替换地形指数并应用算后 T_0 的结果与原始结果的比较见表 4-6。

$$\text{Dc} = 1 - \frac{\sum_{i=1}^{n}(Q_{o,i} - Q_{c,i})^2}{\sum_{i=1}^{n}(Q_{o,i} - \overline{Q_o})^2};\ \text{EV} = 1 - \frac{\sum_i (\varepsilon_i - \overline{\varepsilon})^2}{\sum_i (Q_{o,i} - \overline{Q_o})^2};\ \text{CC} = (\text{Dc})^{1/2} \tag{4-42}$$

式中，$Q_{o,i}$ 为实测流量过程；$Q_{c,i}$ 为计算流量过程；$\overline{Q_o}$ 为实测流量过程的均值；n 为计算的时段数；$\varepsilon_i = Q_{o,i} - Q_{c,i}$，$\overline{\varepsilon}$ 为 ε_i 的均值。

表 4-5　各流域原始 T_0 与替换地形指数后计算得到的 T_0

流域名称	原地形指数均值	原 T_0	替换后地形指数均值	计算后 T_0
月潭	13. 926	6	14. 107	6. 181
万安	13. 572	6	14. 107	6. 535
呈村	13. 231	6	14. 107	6. 876
榆村	12. 484	6	14. 107	7. 623

从表 4-6 中可以看出，经式（4-40）计算后得到的 T_0 与替换的地形指数应用到模型中，所得到的结果与原来相差不大，从而验证了式（4-40）的合理性。当

然，通过这种方法所得到的结果将无法利用 TOPMODEL 模型所模拟的空间水文信息与实际流域的空间位置一一对应起来，从而减弱了 TOPMODEL 模型基于物理的特性，使其更趋于一种概念性水文模型。

此外，由于所获得的资料有限，暂时无法证明基于不同分辨率下地形指数与 T_0 的关系，所以在此仅能利用现有资料证明式（4-40），而对式（4-41）的证明还不能给出。

表 4-6　各流域替换地形指数前后模拟结果的比较

流域名称	洪峰相对误差均值		径流深相对误差均值		Dc		EV		CC	
	原	后	原	后	原	后	原	后	原	后
月潭	12.84	12.4	6.6	6.63	0.94	0.94	0.98	0.98	0.97	0.97
万安	13.83	13.96	10.4	10.33	0.93	0.93	0.97	0.97	0.96	0.96
呈村	11.55	11.74	6.3	6.35	0.94	0.94	0.98	0.97	0.97	0.97
榆村	10.14	9.9	4.62	4.64	0.93	0.93	0.98	0.98	0.96	0.96

4.2.3　模型估算与模型校验

在屯溪流域的模型参数率定见表 4-7，计算结果见表 4-8。

表 4-7　屯溪流域率定参数表

SubNo	Nac	AREA	S_{zm}	T_0	Td	$S_{r\max}$	B	CHV	RV	X	NL
1	20	0.058	0.021	5	1.1	0.023	2	5000	2000	0.2	0
2	20	0.051	0.021	5	1.1	0.023	2	5250	2200	0.2	2
3	20	0.105	0.021	5	1.1	0.023	2	5250	2200	0.2	3
4	20	0.160	0.021	5	1.1	0.023	2	5500	2300	0.2	2
5	20	0.090	0.021	5	1.1	0.023	2	5500	2400	0.2	6
6	20	0.094	0.021	5	1.1	0.023	2	5750	2500	0.2	5
7	20	0.134	0.021	5	1.1	0.023	2	5750	2500	0.2	5
8	20	0.106	0.021	5	1.1	0.023	2	6000	3000	0.2	6
9	20	0.101	0.021	5	1.1	0.023	2	6000	3000	0.2	9
10	20	0.052	0.021	5	1.1	0.023	2	6000	3000	0.2	8
11	20	0.049	0.021	5	1.1	0.023	2	6000	3000	0.2	10

注：①SubNo 为子流域号；②Nac 地形指数分类数；③AREA 为子流域占总流域的面积比。

表 4-8 屯溪流域率定结果表

洪号	洪水起始时间	总雨量（mm）	实测径流深（mm）	预报径流深（mm）	实测洪峰（m³/s）	预报洪峰（m³/s）	洪峰相对误差（%）	径流深相对误差（%）	峰现时段误差	确定性系数
1	1982050108	515. 7	326. 1	390. 8	4280	5109. 5	-19. 38	-19. 84	0	0. 97
2	1983051108	79. 2	56. 4	59. 2	1300	1196. 7	7. 95	-4. 96	0	0. 97
3	1983051422	76. 9	82. 2	82. 2	1510	1461. 5	3. 21	0	-3	0. 99
4	1983052908	215. 2	175. 1	173. 4	2490	1706	31. 49	0. 97	2	0. 88
5	1983060906	121. 4	74. 2	76. 9	2170	1582. 8	27. 06	-3. 64	5	0. 86
6	1984050108	423. 1	278. 9	313. 3	1570	1503	4. 27	-12. 33	3	0. 94
7	1984082620	172. 6	110. 9	130. 6	2512. 857	2402. 3	4. 4	-17. 76	0	0. 95
8	1986061108	511	350. 9	392. 6	2260	2408. 3	-6. 56	-11. 88	2	0. 96
9	1987050108	78. 1	53	61. 7	633	622. 6	1. 64	-16. 42	0	0. 91
10	1987061908	120. 4	93	86. 1	944. 6667	996. 1	-5. 44	7. 42	-3	0. 92
11	1988050704	152. 5	98. 6	100. 9	1390	874. 2	37. 11	-2. 33	2	0. 87
12	1988061101	191. 3	118	112. 4	1000	946. 4	5. 36	4. 75	1	0. 92
13	1989050108	313. 2	264. 1	251. 8	1740	1518	12. 76	4. 66	1	0. 95
14	1989061206	192. 5	160. 3	160. 6	2273. 636	2016. 6	11. 31	-0. 19	2	0. 97
15	1989063023	157. 6	150. 3	153. 6	1740	1366. 2	21. 48	-2. 2	3	0. 95
16	1989072208	129. 3	55. 4	68. 2	1470	1205. 5	17. 99	-23. 1	2	0. 88
17	1990050108	89. 1	108. 7	118	1700	1392. 2	18. 11	-8. 56	2	0. 97
18	1990061108	350. 3	274. 5	288	2500	2150. 4	13. 98	-4. 92	0	0. 96
19	1991051724	511. 3	400. 5	431. 5	2220	1846. 8	16. 81	-7. 74	1	0. 92
20	1991063008	359. 8	209. 5	264. 5	2060	1983. 7	3. 7	-26. 25	0	0. 92
21	1992061924	355. 7	306. 5	306. 9	3150	3466	-10. 03	-0. 13	3	0. 96
22	1993052624	1081. 7	900. 6	978. 3	4700	5863. 2	-24. 75	-8. 63	2	0. 96
23	1994043024	780. 2	625. 2	662. 4	4160	4959. 1	-19. 21	-5. 95	2	0. 96
24	1995051424	1020. 3	912. 8	935. 7	4070	4234. 8	-4. 05	-2. 51	2	0. 88
25	1996053124	1219. 6	1019. 5	1078. 2	6490	7278. 8	-12. 15	-5. 76	-2	0. 98
26	1997060524	585. 9	350. 8	454. 8	2730	3199. 4	-17. 19	-29. 65	4	0. 88
27	1998050108	1122. 8	1009. 9	988	4270	4123. 9	3. 42	2. 17	4	0. 96
28	1999052108	211. 7	169	168	2960	3285. 1	-10. 98	0. 59	2	0. 88
29	1999062215	609. 6	647. 9	608. 4	3780	3928. 5	-3. 93	6. 1	-1	0. 96
30	1999082408	273. 3	251. 3	265	2890	3688. 6	-27. 63	-5. 45	2	0. 91
31	2001050108	101. 8	112. 1	129. 8	1410	1458. 1	-3. 41	-15. 79	3	0. 88
32	2001062008	300. 5	207. 4	247. 9	3640	4289. 1	-17. 83	-19. 53	2	0. 88
33	2002051308	550. 2	345. 3	404. 8	2120	2236. 1	-5. 48	-17. 23	-2	0. 83
合格率							82%	91%		0. 93

4.2.4 精度评定与误差分析

从模拟结果来看，TOPMODEL 模型在屯溪流域进行洪水模拟的效果比较好。其中，洪峰相对误差合格率为82%，径流深相对误差合格率为91%，所有33场洪水确定性系数值均超过0.8，其中有23场洪水的确定性系数值超过0.9，且均值为0.93。按照《水文情报预报规范》（GB/T 22482—2008），TOPMODEL 模型的模拟结果达到了甲级标准。

从模型模拟结果来看，33场洪水，平均洪峰相对误差为13%，平均径流深相对误差合格率为9%，可见模拟的结果精度高，因此 TOPMODEL 模型适用于屯溪这样的湿润流域。

4.3 BP-KNN 模型

4.3.1 模型原理和结构

1. 模型概述

水文模拟常用的模型有两种，一种是概念性模型，另一种是数据驱动模型，也称作黑箱模型（Leshno et al.，1993）。数据驱动模型可分为回归模型、时间序列模型、神经网络模型等。它的优势在于借以数学方法模拟任意复杂度的输入输出关系，故具有适应性强、应用范围广的特点。对数据驱动模型的结构和参数进行分析能够加深对系统的动态特性的了解。科学技术的发展推动了数据驱动模型的应用，一方面，随着现代测量技术的发展，我们能够获得的资料和信息越来越多，同时，随着计算机技术的发展，计算能力也越来越强大；另一方面，对各流域自身独特的产汇流机制的了解难以做到精确和深刻，因此，数据驱动水文建模技术在水文模拟研究中有着广泛研究价值。

人工神经网络（artificial neural networks，ANN）模型是一种结构灵活的数据驱动模型。ANN 模型可辨识出输入输出数据集间复杂的非线性关系，而不需要对任何物理机制进行描述。神经网络模型有多种构建方式，主要分为前馈网络、递归网络和耦合模型三类，多层感知器（multilayer perceptron，MLP）是最常见的前馈网络。水文系统是复杂的非线性动态系统，水文系统模型中包含许多状态变量，这些变量具有明显的时空变异性、关联性和不确定性，单一的神经网络模型构建方式通常无法取得满意的模拟效果。因此，将多模型、多方法和多技术耦合起来的耦合型模型构建方式被深入研究和广泛应用。

以往文献中大部分研究采用多层感知器的神经网络模型构建方式，其中以反向传播神经网络（BP 神经网络）使用最为广泛，理论和方法较为成熟。目前新型构建方式的研发主要通过耦合型模型这条途径进行探索，目的是使各类模型取长补短、优势互补。由于耦合方式多种多样，应用领域五花八门，目前为止，各类耦合方式的适用范围尚无理论指导和应用标准，这方面的问题是未来亟待解决的。可以肯定的是，多层感知器和耦合型模型构建方式是当前最为成熟、实用和有效的神经网络模型构建方式。

BP 神经网络模型，即反向传播神经网络模型，具有强大的非线性拟合能力，在水文建模应用中取得了良好的应用效果。然而，BP 神经网络模型在应用中还存在一些难题，Minns 和 Hall（1996）发现仅将降雨作为输入无法计算出流，这是由于土壤湿度对产流有重要影响，故以往大多数研究都将前期实测流量作为网络输入来表征土壤湿度，无法进行连续模拟。BP 神经网络模型还存在率定期模拟效果好但检验期严重变差，即泛化能力差的现象，这是由于网络拓扑结构选择不当及训练不当造成的。

为改善 BP 神经网络模型的不足，现引入 K- 最近邻（K- nearest neighbor，KNN）算法。KNN 算法（Kanal，1974）是一种理论上比较成熟的方法，也是最简单的机器学习算法之一。该方法的思路是：给定一个训练数据集，对新的输入实例，在训练数据集中找到与该实例最邻近的 K 个实例，这 K 个实例的多数属于某一指定类，就把该输入实例分类到这个类中。

通过将 BP 神经网络与 KNN 算法进行耦合得到 BP- KNN 模型（阚光远，2014），这种综合性模型是对神经网络模型构建方式的一种创新。该模型在保证较高模拟精度的前提下实现不需前期实测流量的连续模拟，计算过程中由 BP 神经网络模型对流域出口断面流量进行连续模拟，再由 KNN 算法进行误差修正，并得到最终模拟结果。下面对模型建模方式进行简要介绍。

2. 产汇流计算

BP 神经网络模型是一种数据驱动模型，对于非线性拟合能力强，受经验因素影响小。水文模拟中 BP 神经网络模型的建模方式通常为

$$\begin{aligned} Q_{\mathrm{BP}}(t) = F_{\mathrm{BP}}[&Q(t-1),\ Q(t-2),\ \cdots,\ Q(t-n_0)];\\ &p(t-\tau),\ p(t-i-\tau),\ \cdots,\ p(t-n_1+i-\tau);\\ &\mathrm{EM}(t-i),\ \cdots,\ \mathrm{EM}(t-n_2+1)\end{aligned} \tag{4-43}$$

式中，t 为计算时刻；$Q_{\mathrm{BP}}(t)$ 为 BP 网络模拟的 t 时刻出口断面流量；$Q(t-i)$ 为实测的 $t-i$ 时刻出口断面流量，即前期实测流量（i=1，2，…，n_0），n_0为出口断面流量自回归阶数；$P(t-i-\tau)$ 为实测的 $t-i-\tau$ 时刻流域面平均雨量（i=

0，1，…，n_1-1，n_1为降雨阶数，τ为降雨滞后时段数）；$E_M(t-i)$为实测的$t-i$时刻流域蒸散发能力（$i=0$，1，…，n_2-1，n_2为蒸散发能力阶数）；F_{BP}为 BP 神经网络。以上变量均取国际单位制单位，下同。

式（4-42）的一般形式可概化为

$$Q_{BP}(t)=F_{BP}[Q(t-1),\ Q(t-2),\ \cdots,\ Q(t-n_0),\ I_1(t-\tau_1),\ I_1(t-1-\tau_1),\ \cdots,\ I_1(t-n_1+1-\tau_1),\ I_2(t-\tau_2),\ I_2(t-1-\tau_2),\ \cdots,\ I_2(t-n_2+1-\tau_2),\ \cdots,\ I_l(t-\tau_l),\ I_l(t-1-\tau_l),\ \cdots,\ I_l(t-n_l+1-\tau_l)] \tag{4-44}$$

BP 神经网络模型应用于洪水预报的实践表明，神经网络的性能取决于训练样本，即强调样本的代表性，实时预报结果令人鼓舞。但是神经网络在水文模拟中的应用存在两个问题：①必须有前期实测流量资料以实现连续模拟；②网络泛化能力弱会导致检验期的精度明显下降。原因在于常用的单隐层 BP 网络输入层神经元个数为输入的维数，易造成信息冗余或信息遗漏；隐含层神经元个数会影响网络泛化能力与网络拟合能力；而网络训练不当也会导致网络泛化能力下降。将 BP 神经网络与 K-最近邻算法相耦合建立的 BK（BP-KNN）模型可以改善这些问题，实现不需前期实测流量的非实时校正下的连续模拟（阚光远等，2013）。K-最近邻算法仅需确定一个参数——最近邻数 K，基于训练集和 K 值进行预测。预测中对于给定的输入在训练集中挑选 K 个与之距离最近的样本作为最近邻，以距离倒数作为权重，计算 K 个最近邻对应的输出的加权平均值作为预测的输出。

BP-KNN 模型通过 BP 神经网络模型，根据输入向量计算对应的预报输出，通过 K-最近邻算法（KNN），根据输入向量计算对应的预报误差，最后将预报输出与预报误差相加得到模拟输出。BP 神经网络建模方式如下：

$$\begin{aligned}Q_{BP}(t)=F_{BP}[&Q_{sim}(t-1),\ Q_{sim}(t-2),\ \cdots,\ Q_{sim}(t-n_0),\\ &I_1(t-\tau_1),\ I_1(t-1-\tau_1),\ \cdots,\ I_1(t-n_1+1-\tau_1),\\ &I_2(t-\tau_2),\ I_2(t-1-\tau_2),\ \cdots,\ I_2(t-n_2+1-\tau_2),\ \cdots,\\ &I_l(t-\tau_l),\ I_l(t-1-\tau_l),\ \cdots,\ I_l(t-n_l+1-\tau_l)]\end{aligned} \tag{4-45}$$

K-最近邻算法误差修正建模方式为

$$\begin{aligned}E(t)=F_{KNN}[&Q_{sim}(t-1),\ Q_{sim}(t-2),\ \cdots,\ Q_{sim}(t-n_0),\\ &I_1(t-\tau_1),\ I_1(t-1-\tau_1),\ \cdots,\ I_1(t-n_1+1-\tau_1),\\ &I_2(t-\tau_2),\ I_2(t-1-\tau_2),\ \cdots,\ I_2(t-n_2+1-\tau_2),\\ &\qquad\vdots \qquad\qquad\qquad\qquad \vdots\\ &I_l(t-\tau_l),\ I_l(t-1-\tau_l),\ \cdots,\ I_l(t-n_l+1-\tau_l)]\end{aligned} \tag{4-46}$$

对 BP 神经网络预报输出进行误差修正后得到最终结果：

$$I_2(t-\tau_2),\ I_2(t-1-\tau_2),\ \cdots,\ I_2(t-n_2+1-\tau_2),\ \cdots Q_{\mathrm{sim}}(t)=Q_{\mathrm{BP}}(t)+E(t) \tag{4-47}$$

式中，Q_{sim}（t）、Q_{sim}（$t-i$）为 BP 神经网络模拟的（并经 K–最近邻算法修正的）t、$t-i$ 时刻出口断面流量，Q_{sim}（$t-i$）为前期模拟流量（$i=1$，2，…，n_0，n_0 为出口断面流量自回归阶数）；Q_{BP}（t）为 BP 神经网络模拟的（未经 K-最近邻算法修正的）t 时刻出口断面流量；E（t）为 Q_{BP}（t）与 Q_{sim}（t）间的差值；F_{BP}和 F_{KNN}为 BP 神经网络和 K-最近邻算法，其他变量意义同式（4-43）。

3. 河道汇流计算

BP-KNN 模型是数据驱动模型，不同于概念性模型对于水文物理机制的模拟，它处理模型输入时所用算法不涉及任何物理过程，所以并没有产汇流阶段的划分和界定。

4.3.2 模型参数和确定方法

1. 水文模拟中输入向量的选择

基于神经网络模型的降雨径流模拟研究中，出流量通常由输入向量预测得到。以往多数研究中的输入向量由实测前期流量和降雨量组成。水文模拟的观测数据为离散时间序列，故对每个时刻，有一个输入向量–出流量样本对与之对应，则 t 时刻输入向量为

$$X_t=(Q_{t-1}^{(\mathrm{OBS})},\ Q_{t-2}^{(\mathrm{OBS})},\ \cdots,\ Q_{t-n_Q}^{(\mathrm{OBS})},\ P_t,\ P_{t-1},\ \cdots,\ P_{t-n_P+1})^T \tag{4-48}$$

式中，$Q_{t-i}^{(\mathrm{OBS})}$ 为 $t-i$ 时刻实测前期流量，$i=1$，2，…，nQ，nQ 为实测前期流量阶数；$Pt-j+1$ 为 $t-j+1$ 时刻降雨量，$j=1$，2，…，nP，nP 为降雨量阶数；$t=1$，2，…，T，T 为样本个数；T 为向量转置。故输入输出样本对可以简写为 $X_t\sim Q_t^{(\mathrm{OBS})}$。但式（4-47）中的实测前期流量和降雨量通常含有一些冗余输入变量，故 X_t称为候选输入向量。候选输入向量中的实测前期流量和降雨量通常同时参与选择，然而，由于实测前期流量与出流量间的关联性远大于降雨量与出流量间的关联性，数值试验表明选出的 $X_t^{(S)}$ 主要由实测前期流量组成。因此，为了能够在 $X_t^{(S)}$ 中包含足够的降雨信息，实测前期流量与降雨量应分别经过不同的输入变量选择过程选入 $X_t^{(S)}$。因此，式（4-47）中的候选输入向量 X_t 需要写成“分离式”的形式：

$$X_t=(X_t^{(Q\_\mathrm{OBS})},\ X_t^{(P)})^T \tag{4-49}$$

$$X_t^{(Q\_\mathrm{OBS})}=(Q_{t-1}^{(\mathrm{OBS})},\ Q_{t-2}^{(\mathrm{OBS})},\ \cdots,\ Q_{t-n_Q}^{(\mathrm{OBS})})^T \tag{4-50}$$

$$X_t^{(P)} = (P_t, P_{t-1}, \cdots, P_{t-np+1})^T \tag{4-51}$$

式中，$X_t^{(Q\_OBS)}$ 为 t 时刻实测前期流量候选输入向量；$X_t^{(P)}$ 为 t 时刻降雨量候选输入向量。t 时刻最优输入向量可表示为

$$X_t^{(S)} = [\mathrm{IVS}_{Q\_\mathrm{OBS}}(X_t^{(Q\_\mathrm{OBS})}), \mathrm{IVS}_P(X_t^{(P)})]^T \tag{4-52}$$

式中，IVS_{Q_OBS}和IVS_P分别表示实测前期流量候选输入向量和降雨量候选输入向量的基于偏互信息的输入变量选择；$\mathrm{IVS}_{Q\_\mathrm{OBS}}(X_t^{(Q\_\mathrm{OBS})})$ 和 $\mathrm{IVS}_P(X_t^{(P)})$ 分别表示 t 时刻实测前期流量最优输入向量和降雨量最优输入向量。

2. 模型参数及率定方法

BP-KNN 模型的参数为阶数 n_j（$j=0$，1，…，l）、滞后时段数 τ_j（$j=1$，2，…，l）、BP 神经网络隐含层神经元个数、BP 神经网络权值偏置和最近邻数 K。为快速有效的率定 BK 神经网络模型，依其计算流程将参数分为三个层次，各层次分别使用 NSGA Ⅱ 多目标优化算法进行参数优选，第一层次优选阶数、滞后时段数，第二层次优选 BP 神经网络隐含层神经元个数和权值偏置，第三层次优选最近邻数。NSGA Ⅱ（nondominated sorting genetic algorithm Ⅱ）是指非支配排序遗传算法（Deb，2002），由 Deb 在 2000 年提出，是 NSGA 算法的改进版。

4.4 模型在山洪预报中的应用

4.4.1 应用流域概况和基础数据信息处理

呈村流域位于安徽省的钱塘江流域，流域面积为 290km²，属于屯溪流域的一个子流域。该流域位于亚热带季风气候区，年平均温度为 17℃，年平均降水量为 1600mm，其中 4～6 月多雨，占 50%，易发生洪涝灾害，7～9 月占 20%，旱灾频繁。河川径流年内、年际变化较大，属于典型的湿润地区。

选取 1990～1999 年的降雨和蒸散发能力资料，以及呈村站同系列的实测流量资料进行日模型计算，选取 1990～1999 年 20 场次洪资料进行次洪模型计算（其中 14 场用于模型率定，6 场用于模型检验）。蒸发站为呈村站。研究流域与屯溪流域的地理位置关系如图 4-10 所示，呈村流域如图 4-11 所示。

4.4.2 模型估算与模型校验

将 BP-KNN 模型在目标流域进行应用，并将模拟结果与新安江模型结果进行对比分析，两个模型的参数率定结果如下。

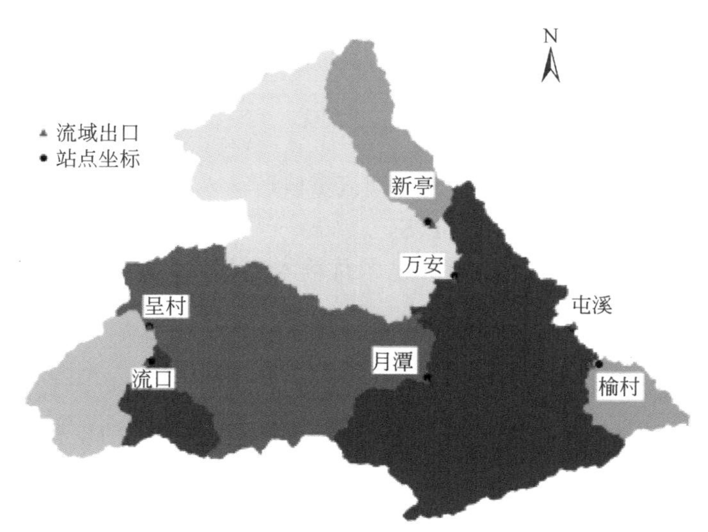

图 4-10　屯溪嵌套流域示意图

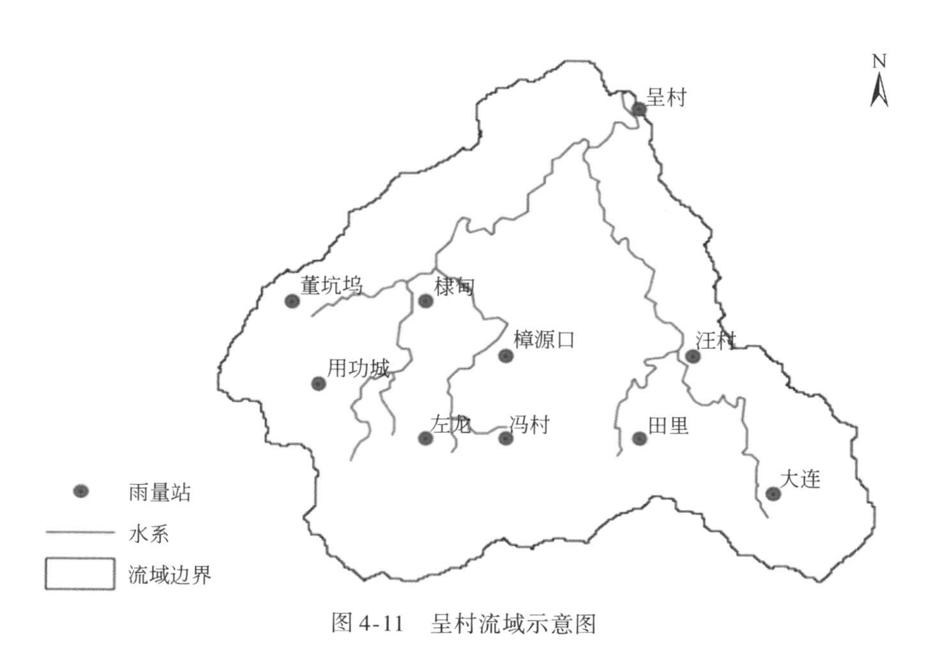

图 4-11　呈村流域示意图

对于新安江模型的参数率定采用客观优选法，首先率定日模型，日模型率定完成后，计算日状态变量。率定次洪模型时，使用对应的日模型状态变量作为次洪模型的初始状态变量进行次洪模型的率定。新安江模型次洪模型参数优化结果见表 4-10。

表 4-9　BP-KNN 模型参数率定结果

序号	参数名	参数意义	参数下限	参数上限	呈村流域取值
1	n_0	出口断面流量自回归阶数	1	12	6
2	n_1	降雨阶数	1	12	11
3	n_h	隐含层神经元个数	1	经验公式	27（55）
4	K	最近邻个数	10	100	71

表 4-10　新安江模型次洪模型参数优化结果

参数名	取值	参数名	取值
K	1.11	EX	2
B	0.63	KG	0.01
C	0.13	KI	0.69
WM	107.1	CG	0.998
WUM	15.1	CI	0.1
WLM	69.6	CS	0.5
IM	0.03	L	1
SM	58.8	XE	0.01

4.4.3　精度评定与误差分析

1. 误差评定准则

次洪模拟结果的评价基于以下三个准则。

（1）纳什效率系数（CE）（Nash and Sutcliffe，1970）

CE 用于描述模型模拟结果与实测资料间偏差的大小，范围是 1（最优拟合）到负无穷。CE 为零或负值表示模型模拟结果很差，模拟结果最优性还不如实测值的均值构成的序列（Krause et al.，2005）。CE 的计算方法如下：

$$CE = 1 - \sum_{i=1}^{N}(y_{m,i} - y_{s,i})^2 / \sum_{i=1}^{N}(y_{m,i} - \bar{y}_m)^2 \tag{4-53}$$

（2）均方根误差（RMSE）

$$RMSE = \sqrt{\sum_{i=1}^{N}(y_{m,i} - y_{s,i})^2 / N} \tag{4-54}$$

（3）平均绝对值误差（MAE）

$$MAE = \sum_{i=1}^{N}|y_{m,i} - y_{s,i}| / N \tag{4-55}$$

RMSE 和 MAE 为模拟序列与实测序列间绝对误差大小的度量。这两种准则更加关注于数据中的离群值，倾向于反映序列中大流量值模拟结果的好坏（Dawson et al.，2006）。式（4-52）~式（4-54）中，$y_{s,i}$和$\bar{y}_s$分别为模拟流量和模拟流量的均值；$y_{m,i}$和$\bar{y}_m$分别为实测流量和实测流量的均值；N为数据个数。

2. 模拟精度比较

对于呈村流域率定期和检验期，BPK 模型取得了最好的结果，新安江模型取得了次好的结果（赵人俊，1983）。BP 神经网络模型在添加了模拟前期流量的基础上，再加入 KNN 算法对出流量误差进行预测后构成了 BP-KNN 模型，结果表明该模型取得了良好的模拟效果。呈村流域是典型湿润流域，其产流机制主要是蓄满产流。因此，呈村流域的降雨径流过程相对来说易于模拟，两个模型在呈村流域都取得了较为满意的模拟结果（表 4-11）。

表 4-11　呈村流域模型模拟结果统计表

流域	率定/检验	洪水序号	CE		RMSE		MAE	
			BP-KNN	XAJ	BP-KNN	XAJ	BP-KNN	XAJ
呈村	率定期	19900614	0.95	0.94	24.73	27.27	13.32	18.36
		19900626	0.86	0.93	37.11	26.66	30.03	18.38
		19910416	0.84	0.81	34.01	37.24	16.28	19.45
		19910518	0.87	0.88	33.62	32.51	18.8	23.32
		19920701	0.97	0.94	22.4	33.77	9.63	18.85
		19930618	0.9	0.88	32.6	35.78	19.48	19.95
		19930718	0.97	0.96	29.9	32.31	16.55	21.16
		19940708	0.87	0.94	59	38.72	33.11	24.46
		19950528	0.96	0.94	20.17	25.16	12.9	15.49
		19950620	0.9	0.8	24	34.92	17.18	22.93
		19950701	0.93	0.91	25.61	29.11	16.37	19.37
		19960818	0.93	0.91	62.99	71.18	35.33	42.71
		19980510	0.93	0.82	16.44	26.91	12.96	12.73
		19980516	0.97	0.91	18.53	33.38	9.58	16.19
	检验期	19980523	0.98	0.93	32.3	61.94	27.29	49.13
		19980617	0.94	0.93	51.27	55.56	35.06	35.88
		19990414	0.94	0.9	17.44	22.07	11.86	11.93
		19990521	0.95	0.95	27.45	27.17	16.75	15.57
		19990615	0.97	0.95	28.13	37.63	19.35	23.69
		19990823	0.98	0.96	24.57	33.03	10.95	21.24

4.5　小　　结

由于篇幅所限本节只介绍了新安江模型、TOPMODEL 模型及 BP- KNN 模型，实际上，如概述中所说，1974 年世界气象组织对十个模型进行验证对比时就得出在湿润地区，各种模型都能适用的结论。

在湿润流域应用，首选新安江模型和经验预报方法。从以往的应用情况来看，新安江模型模拟和预报的精度比较高，主要原因是根据下垫面的不同及雨量站的分布，划分单元流域，建立了分布式水文模型。

参考文献

包为民 . 1989. 模型参数估计研究 . 南京：河海大学博士学位论文 .
长江水利委员会 . 1993. 水文预报方法 . 第二版 . 北京：水利电力出版社 .
阚光远，李致家，刘志雨，等 . 2013. 改进的神经网络模型在水文模拟中的应用 . 河海大学学报（自然科学版），41（4），294-299.
阚光远 . 2014. 数据驱动与半数据驱动模型在降雨径流模拟中的应用与比较研究 . 南京：河海大学博士学位论文。
李致家，孔凡哲，王栋 . 2010. 现代水文模拟与预报技术 . 南京：河海大学出版社 .
李致家，李兰茹，黄鹏年，等 . 2014. 流域分块对汇流参数的影响 . 河海大学学报，（4）：283-288.
李致家，姚成，汪中华 . 2007. 基于栅格的新安江模型的构建和应用 . 河海大学学报（自然科学版），2007，35（2）：131-134.
李致家，周轶，哈布 · 哈其 . 2004. 新安江模型参数全局优化研究 . 河海大学学报（ 自然科学版），32（4）：376-379.
李致家 . 2008. 水文模型的应用与研究 . 南京：河海大学出版社 .
林三益 . 2001. 水文预报 . 北京：中国水利水电出版社 .
刘新仁 . 1997. 多重尺度系列化水文模型研究 . 河海大学学报（自然科学版），25（3）：7-14.
芮孝芳 . 2004. 水文学原理 . 北京：中国水利水电出版社 .
熊立华，郭生练 . 2004. 分布式流域水文模型 . 北京：中国水利水电出版社 .
姚成，章玉霞，李致家，等 . 2013. 无资料地区水文模拟及相似性分析 . 河海大学学报（自然科学版），41（2）：108-113.
詹道江，叶守泽 . 2000. 工程水文学 . 北京：中国水利水电出版社 .
詹道江 . 工程水文学 . 1979. 北京：人民交通出版社 .
张行南 . 1985. 新安江模型参数自动优选初探 . 南京：河海大学硕士学位论文 .
赵人俊 . 1983. 流域水文模型——新安江模型与陕北模型 . 北京：水利电力出版社 .
赵人俊 . 1994. 水文预报文集 . 北京：水利电力出版社 .

中华人民共和国水利部 . 2008. 水文情报预报规范（GB/T 22482—2008）. 北京：水利电力出版社 .

Abbott M B, Refsgard J C. 1996. Distributed hydrological modeling. Dordrecht: Kluwer Academic.

Akeman A J J, Hornberger G M. 1993. How much complexity is warranted in a rainfall-runoff dodel? W. R. R., 29 (8): 2637-2649.

Ambroise B, Freer J, Beven K J. 1996. Application of a generalised TOPMODEL to the small ringelbach catchment, Vosges, France. Water Resources Research, 32 (7): 2147-2159.

Bandaragoda C, Tarboton D G, Woods R. 2004. Application of TOPNET in distributed model intercomparsion project. Journal of Hydrology, 2004, 298 (1): 178-201.

Beven K J, Kirkby M J. 1979. A physically based variable contributing area model of basin hydrology. Hydrology Science Bulletin, 24 (1): 43-69.

Beven K J, Lamb R, Quinn P F, et al. 1997. TOMODEL In Computer Models of Watershed hydrology. Colorado: Water Tesources Publications.

Beven K J, Wood E. 1983. Catchment geomorphology and the dynamics of runoff contributing areas. Journal of Hydrology, 1983, 65 (1-3): 139-158.

Beven K J. 1986. Hillslope Runoff processes and flood frequency characteristics// Abrahams A D. Hillslope Processes. Boston: Allen and Unwin.

Beven K J. 1986. Runoff production and flood frequency in catchments of ordern: an alternative approach// Gupta V K, Rodriguez-Iturbe I, Wood E F. Scale Problems in Hydrology. Dordrecht: Reidel.

Beven K J. 1995. Linking parameters across scales: sub-grid parameterizations and scale dependent hydrological models. Hydrological Processes, 9: 507-525.

Beven K, Binley A. 1992. The future of distributed models: model calibration and uncertainty prediction. Hydrological progresses, 6 (3): 279-298.

Beven K. 2002. Rainfall-runoff modeling-the Primer. Second Edition. Chichester: Wiley.

Beven K. 2002. Towards an alternative blueprint for a physically based digitally simulated hydrologic response modeling system. Hydrological Processes, 16 (2): 189-206.

Carpenter T M, Georgakakos K P. 2004. Continuous streamflow simulation with the HRCDHM distributed hydrologic model. Journal of Hydrology, 298 (1-4): 61-79.

Dawson CW, See LM, Abrahart RJ, et al. 2006. Symbiotic adaptive neuron-evolution applied to rainfall-runoff modelling in northern England. Neural Networks, 19 (2): 236-247.

Deb K. 2002. A Fast and Elitist Multiobjective Genetic Algorithm: NSGA-II. IEEE Transactions on Evolutionary computation, 6 (2): 182-197.

Franchini M, Wendling J, Obed C, et al. 1996. Physical interpretation and sensitivity analysis of the TOPMODEL. Journal of Hydrology, 175 (1-4): 293-338.

Ivanoni V Y, Vivpni E R, Bras R L. 2004a. Catchment hydrologic response with a fully distributed triangulated irregular network model. Water Resources Research, 40 (40): 591-612.

Ivanoni V Y, Vivpni E R, Bras R L. 2004b. Preserving high-resolution surface and rainfall data in operation-scale basin hydrologic a fully-distributed physically-based approach. Journal of Hydrology, 2004, 298 (1): 80-111.

Ivanov V Y. 2002. A continuous real-time interactive basin simulator (RIBS). Cambridge: Massacusetts Institute of Technology.

Kanal L. 1974. Patterns in pattern recognition. IEEE Transactions on Information Theory, IT-20: 697-722.

Koren V, Reed S, Smith M. 2004. Hydrology laboratory research modeling system (HL-RMS) of the US national weather service. Journal of Hydrology, 291 (3): 297-318.

Krause P, Boyle D P, Bäse F. 2005. Comparison of different efficiency criteria for hydrological model assessment. Advances in Geoscience, 5: 89-97.

Krzysztofowicz R. 2002. Bayesian system for probabilistic river stage forecasting. Journal of Hydrology, 268 (1-4): 16-40.

Leshno M, Lin VY, Pinkus A, et al. 1993. Multilayer feed forward networks with a no polynomial activation function can approximate any function. Neural networks, 6 (6): 861-867.

Liu Z, Todini E. 2002. Towards a comprehensive physically-based rainfall-runoff model. Hydrology and Earth System Sciences. 2002, 6 (5): 859-881.

Maidment D R. 1993. Developing a spatially distributed unit hrdrograph by using GIS. Proceedings of Hydro GIS. IAHS, 211: 181-192.

Minns A W, Hall M J. 1996. Artificial neural networks as rainfall runoff models. Hydrol. Sci. J., 41 (3): 399-417.

Muzik I. 1996. A GIS-derived distributed hydrograph// Kovar K, Nachtnebel H P. Hydro GIS 96, Application of GIS in Hydrology and Water Resources (Proceedings of the Vienna Conference. IAHS.

Nash J E, Sutcliffe J V. 1970. River flow forecasting through conceptual models; part I-a discussion of principles. Journal of Hydrology, 10: 282-290.

Nelder J A, Mead R1965. A simplex method for function minimization. Computer Journal, 7: 308-313.

O' Callaghan J F, Mark D M. 1984. The exaction of drainage networks from digital elevation data. Computer Vision, Graphics and Image Processing, 28 (3): 323-344.

Reed S, Koren V, Smith M. 2004. Overall distributed model intercomparsion project results. Journal of Hydrology, 298 (1-4): 27-60.

Refsgaard J C, Knudsen J. 1996. Operational validation and intercomparison of different types of hydrological. Wat. Resour. Res, 32 (7): 2189-2202.

Reggiani P, Sivapalan M, Hassanizadeh S M. 1998. A unifying framework for watershed thermodynamics: balance equations for mass, momentum, energy and entropy, and the second law of thermodynamics. Advances in Water Resources, 22 (4): 367-398.

Singh V P. 1996. Computer Model of Watershed Hydrology. Littleton and Colorado: Water Resources Publications.

Smith M, Seo D J, Koren V. 2004. The distributed model intercomparsion project (DMIP): Motivation and experiment design. Journal of Hydrology, 298 (1-4): 4-26.

WMO. 1975. Intercomparison of conceptual models used in operational hydrological forecasting. Technical Report Operational Hydrology Report 7, WMO 429. Geneva: Word Meteorological Organization.

WMO. 2011. Manual on Flood Forecasting and Warning. WMO- No. 1072. Geneva: Word Meteorological Organization.

Wolock D M. 1993. Simulating the variable- source- area concept of streamflow generation with the watershed model TOPMODEL. U. S. Geological Survey Water- Resources Investigations Report: 93-4124.

Zhao R J, Liu X R. 1996. The Xinanjiang mode. // Singh V P. Computer Model of Watershed Hydrology. Littleton: Water Resources Publications.

第5章　半湿润地区中小河流洪水预报模型应用

半湿润地区一般年雨量为400～800mm，我国淮河以北的华北和东北平原、黄土高原南部和青藏高原东南部均属于半湿润地区。半湿润流域在产汇流机理上与湿润流域有所不同，半湿润流域的山洪与中小河流可能具有季节性河流、下垫面产汇流特性变异较大及流域内人类活动对洪水影响较大的特性（Anderson and Mcdonnel，2005；Wheater et al.，2008；Simmers，2005）。

超渗与蓄满产流是相对的，在湿润和植被比较好的流域，由于表层土壤下渗能力很大，一般降雨很难超过，以蓄满产流为主（赵人俊，1983）。在半湿润流域，在河谷两边，可能是以蓄满产流为主，其他地方可能以超渗产流为主，蓄满和超渗在时间与空间上交替进行。正是由于这些特性使得半湿润流域的降雨径流模拟预报比湿润流域要困难得多。

针对半湿润流域降雨径流水文模型有过很多研究，黄鹏年等（2013）将新安江模型、SAC模型、TOPMODEL模型、河北雨洪模型、GREEN-AMPT模型及增加超渗产流的新安江模型6种不同的水文模型分别应用于半湿润的海河大阁、戴营、阜平和黄河支流东湾流域，结果表明，在大阁这样的超渗产流流域，没有一种水文模型能够成功应用，混合产流模型的精度稍高于蓄满产流模型；在戴营和阜平这样的混合产流流域，混合产流模型与蓄满产流模型的精度差不多；在东湾这样的半湿润流域，蓄满产流模型精度上升，混合产流模型精度下降。董小涛等（2006）分别采用新安江模型、HEC-HMS模型和TOPMODEL对滦河宽城流域进行洪水模拟计算，得出蓄满产流模型可以进行半湿润地区洪水模拟和预报分析，在计算时段为3小时情况下，采用水文资料无法区别出产流模式，如果采用超渗产流一类的模型，计算时段要小于半小时。李致家等（2014）采用SAC模型、TANK模型、TOPMODEL及新安江模型4种经典概念性水文模型，并借鉴模块化思想，构造先超后蓄模型、先蓄后超模型、超渗产流模型及增加超渗产流的新安江模型4种灵活结构模型，将这8种模型应用于湿润、半湿润及半干旱地区的11个典型流域。研究结果表明，在湿润流域，新安江模型、SAC模型等经典概念性模型模拟精度很高，灵活结构模型难以提高模拟精度，但通过模块层面对比研究，可以帮助了解模型各模块间关系，确定各模块对产汇流模拟的实际影响。湿润流域模型汇流模块影响显著，模型模拟精度高，不一定模型契合流域实际，而是汇流模块发挥调蓄作用，掩盖了产流模块的缺陷。通过判断分水源模块参数合理性，可排除精度高但不合实际的模型。在半干旱流域，经典概念性模型模拟精度不高，通过模型对比，灵活架构模型能帮助确定产汇流关键因素，发现原有模型缺陷，提高模拟精度，但欠缺整体性，模块之间关系不明朗。综合湿润、半湿润及半干旱流域的模拟成果，灵活结构模型适合于特定流域，通用性差，经典概念性模型通用性强，稳定性好。但灵活架构模型架设与修改方便，通过模型比较，易于确定特定流域产汇流主导过程，是水文研究的有效手段。能够用于半湿润流域的降雨径流水文模型可归纳为国内的河北雨洪模型、双超模型、大伙房模型及陆浑降雨径流流域模型、混合产流模型、蓄超空间组合的模型、增加超渗产流的新安江模型、新安江–海河模型等，国外的如萨克拉门托模型、TANK 模型、TOPKAPI 模型、澳大利亚 IHACRES 模型等。实际上半湿润与半干旱流域的降雨径流水文模型没有本质上的差别，为篇幅平衡起见，本章和第 6 章分别介绍一些典型的模型，本章简要介绍河北雨洪模型、增加超渗产流的新安江模型、新安江–海河模型、基于网格的蓄满与超渗空间组合的水文模型。把新安江模型用到半湿润下垫面变化较大的海河流域，并提出了新安江–海河模型，简要介绍了最近研究提出的蓄满与超渗空间组合的水文模型。

5.1　河北雨洪模型

我国半湿润半干旱流域往往蓄满产流与超渗产流两种方式并存，单纯的蓄满产流或超渗产流方案不足以描述流域实际产流机制。国内一些水文学者在新安江模型的基础上，提出了适用于北方半湿润半干旱流域的参数化方案，较为知名的有河北雨洪模型和垂向混合产流模型（包为民，1995；包为民和王从良，1997）。

河北雨洪模型于 1995 年开始研制，历经 3 年多的时间，于 1998 年年底研制成功，经过两年的测试和试运行，于 2000 年正式发布并投入实际应用。河北雨洪模型是结合河北省的流域特性和地理特点，根据已有的流域产汇流成果和预报经验，在对本地区的产汇流条件和特性进行专门分析研究的基础上，研制出的适合于河北省特点的洪水预报模型。目前，该模型已在北方半干旱、半湿润地区应用，效果较好，尤其是在这些地区中等流域的大、中洪水预报的应用，效果较好（水利部水文局和长江水利委员会水文局，2010）。

5.1.1　模型的结构

河北雨洪模型为两水源产、汇流综合模型，该模型把天然径流分为地表径流和地下径流两种水源，当降雨强度大于下渗强度时产生地表径流，下渗部分满足土壤缺水以后产生地下径流，两者经过流域汇流成为流域出口断面的流量过程，模型结构如图5-1所示。

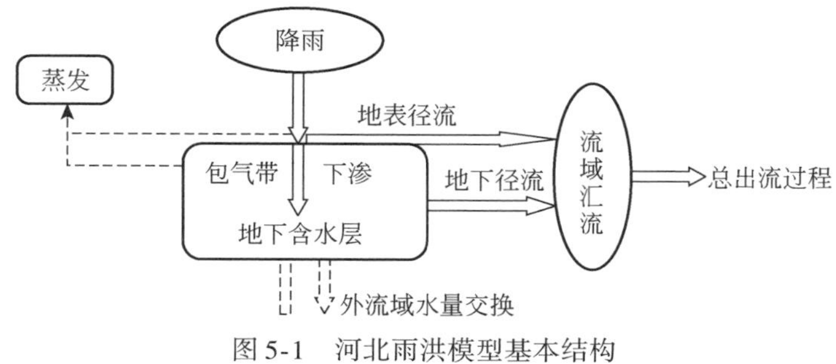

图5-1　河北雨洪模型基本结构

5.1.2　模型的原理和计算公式

河北雨洪模型的产流部分认为降雨首先满足植物截留、填洼等初损，而后当降雨强度大于下渗强度时产生地表径流，入渗水量参与包气带水量的再分配，部分的入渗水量产生地下径流。产流顺序为先地表后地下，故称为“先超后蓄产流模型”。

1. 下渗曲线

根据团山沟试验成果拟合出了包顿型下渗曲线：

$$f = f_c + f_0 e^{um} \tag{5-1}$$

其中

$$m = F + kP_a \tag{5-2}$$

式中，f为下渗率（mm/h）；f_c为稳定下渗率（mm/h）；f_0为初始下渗率（mm/h）；u为指数；m为表层土湿（mm）；k为系数，表示土壤表层厚度与包气带厚度的比值，取值范围为0～1；P_a为前期影响雨量（mm）；F为累积下渗量（mm）。

式（5-2）说明流域前期影响雨量与累积下渗量对下渗率的影响程度不同。作为整个包气带含水量的前期影响雨量只是部分的起作用，而作为下渗峰面可到达土层的含水量，即累积下渗量，则全部起作用。

2. 下渗能力分配曲线

由于流域内各点的下渗能力不均，客观上存在一个不同下渗能力所占流域面积的分配曲线，即下渗能力分配曲线。通过分析和验证，河北雨洪模型采用抛物线形分配曲线（图5-2），即

$$\alpha = 1 - \left(\frac{f}{f_m}\right)^n \tag{5-3}$$

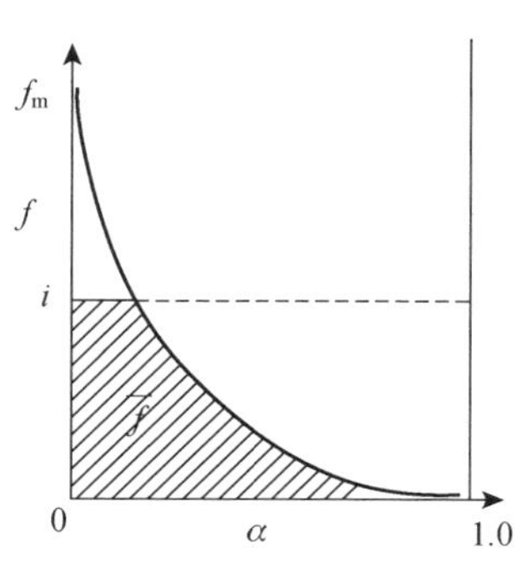

图 5-2 下渗能力分配曲线

式中，α 为小于或等于某一下渗率的面积占总流域面积的比值；f_m 为流域内最大点下渗率（mm/h）；f 为流域内某一点的下渗率（mm/h）；n 为指数。

则相应于降雨强度 i 的流域平均下渗率为

当 $i < f_m$ 时：

$$\bar{f} = i - \frac{i^{(1+n)}}{(1+n)f_m^n} \tag{5-4}$$

当 $i \geqslant f_m$ 时：

$$\bar{f} = f_m - \frac{f_m}{1+n} \tag{5-5}$$

式中，$\bar{f}$ 为流域平均下渗率（mm/h），其他符号物理意义同上。

3. 蓄水容量分配曲线

计算地下径流的流域蓄水容量曲线采用抛物线形，即与新安江模型相同，故此略。

4. 下渗曲线与下渗能力分配曲线组合

本书认为下渗能力分配曲线随土壤湿度的增加，f_m 不变，分配曲线按比例减小进行变化，则可推导出考虑下渗分配不均的，受控于流域表层土壤湿度的下渗曲线，即河北雨洪模型下渗曲线。

$$f = \left(i - \frac{i^{(1+n)}}{(1+n)f_m^n}\right)e^{-um} + f_c \tag{5-6}$$

式中，各符号物理意义同上。

5. 地表径流计算

首先计算时段下渗量，当计算时段为 1 小时，则第 i 时段的下渗量为

$$\bar{f}_i = \frac{f_0 e^{-um}(1 - e^{u\bar{f}_i})}{u\bar{f}_i} + f_c \tag{5-7}$$

式中，$\bar{f}_i$ 为第 i 小时的下渗量（mm），其他符号物理意义同上。

当计算时段为 t 小时，则时段下渗量为

$$F_t = \sum_{i=1}^{t} \bar{f}_i \tag{5-8}$$

t 时段地表径流计算公式为

$$R_s = P_t - F_t \tag{5-9}$$

式中，R_s 为时段地表径流深（mm）；P_t 为时段有效降水量（mm）；F_t 为时段下渗量（mm）。

6. 地下径流计算

根据时段下渗量和流域蓄水容量分配曲线，则时段地下径流计算公式为

当 $P'_a + F_t < W'_m$ 时：

$$R_g = F_t + P_a - W_m + W_m\left(1 - \frac{F_t + P'_a}{W'_m}\right)^{(1+b)} \tag{5-10}$$

当 $P'_a + F_t \geqslant W'_m$ 时：

$$R_g = F_t + P_a - W_m \tag{5-11}$$

式中，R_g 为 t 时段地下径流（mm）；P_a 为流域平均前期影响雨量（mm）；W_m 为流域平均蓄水容量（mm）；P'_a 为与流域平均蓄水量相应的蓄水容量曲线的纵标（mm）；W'_m 为流域最大点蓄水容量（mm）；b 为蓄水容量曲线的指数；其他符号意义同上。

5.2　增加超渗产流的新安江模型

从产流机制上来讲，湿润地区的是蓄满产流，干旱地区的是超渗产流，而半干旱和半湿润地区则是蓄满和超渗产流皆有。谈到流域水文模型，国内的对于湿润地区有新安江模型，干旱地区有陕北模型（Anderson and Mcdonnel, 2005）；国外的模型大家比较熟悉的有萨克拉门托模型与坦克模型，两者皆可用于湿润和干旱地区（Wheater et al., 2008；Simmers, 2005）。与萨克拉门托模型和坦克模型相比，新安江模型的结构和参数的物理意义比较明确且容易调试，故在国内水文

预报中得到了普遍的使用。新安江模型的核心是蓄满产流模型，对于有超渗产流的半干旱半湿润地区或者湿润地区内植被较差、土层较薄的区域，蓄满产流模型的使用有些限制。李致家和孔祥光（1998）针对这一问题在新安江模型的产流模型结构中增加了超渗产流，提出了具体的计算方法。

5.2.1 超渗产流的模拟

根据土壤含水量 W 大于田间持水量 W_T 与否，雨强 i 大于下渗能力与否这两对条件，可以写出一组四个产流方程。

当 $i > f$ 时：

$$W < W_T, \ R_s = i - f, \ R_g = 0 \tag{5-12}$$

当 $i \leqslant f_c$ 时：

$$W > W_T, \ R_s = 0, \ R_g = i \tag{5-13}$$

当 $i > f_c$ 时：

$$W > W_T, \ R_s = i - f_c, \ R_g = f_c \tag{5-14}$$

当 $i < f$ 时：

$$W < W_T, \ R_s = R_g = 0 \tag{5-15}$$

这是一个土层、一个地点的完整的产流方程。其中式（5-13）和式（5-14）是饱和情况下的超蓄产流，即在蓄满的条件下降雨全部产流，或者仅有地下径流或者两者皆有；式（5-12）是超渗产流。超蓄产流与超渗产流是相反的，但合起来就完整了。本部分将简要讨论超渗产流的模拟模型。

超渗不蓄满产流最简单的模型首推陕北模型。在黄土地区，可以完全用下渗曲线的概念作出产流方案。

当 $i > f$ 时：

$$R = R_s = i - f \tag{5-16}$$

当 $i<f$ 时：

$$R = 0 \tag{5-17}$$

下渗能力 f 可以用菲利普或霍尔顿公式来模拟。

在坦克模型中，超渗产流是用线性水库来模拟的。为了说明问题，仅考虑一个最简单的情况：假定水箱只有一个底孔，水箱容量为 H，水箱中蓄水 h，底孔出流系数为 k，时段 Δt 降雨量或雨强为 i，则产流计算公式如下：

当 $i+h \leqslant H$ 时：

$$R = 0 \tag{5-18}$$

$i+h>H$ 时：

$$R = i + h - H - k \times H \tag{5-19}$$

斯坦福模型和萨克拉门托模型的结构可用于半干旱地区的产流模拟（赵人俊，1983）。超渗产流是通过上、下层间的下渗函数来反映的，超渗不仅发生在地表，而且也发生在层间。斯坦福模型的上层产流计算如图 5-3 所示。下渗能力在流域面上的分布不均，假定其分布是线性的，当有雨强 i 时，所产生的地面径流、壤中流和净下渗量如图中的相应面积所示。

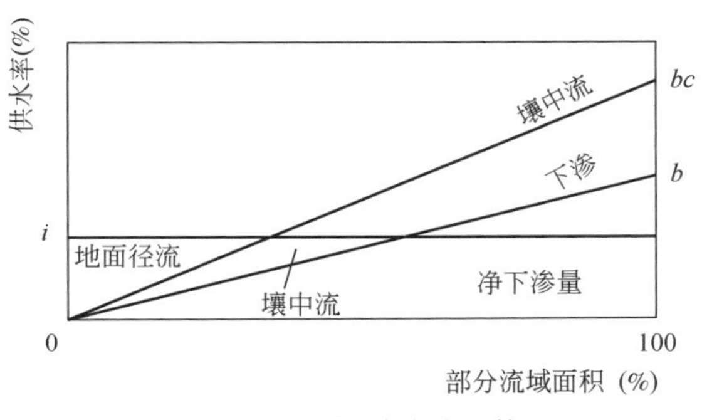

图 5-3　下渗–壤中流函数

南京水利水文自动化研究所的产流模型考虑了流域空间下渗的分布不均匀，并结合各种下渗曲线及多层界面产流情况组合成多种产流模型（文康等，1991）。

5.2.2　增加下渗改进的新安江模型

山坡水文学的理论丰富和完善了产流机制，其最大的贡献在于提出了变动产流面积和壤中流的概念。根据山坡水文学的理论，地表径流有超渗坡面流和饱和坡面流；由于土层沿垂向的水力传导度不同，一般从上到下逐减，当上层的供水率大于下层的下渗率时，在界面上会形成积水从而产生壤中流。在新安江模型的蓄满产流计算中，考虑了变动产流面积上的饱和坡面流、壤中流及地下径流，但是对于不产流面积上的产流情况就没有考虑。实际上对于半干旱和半湿润地区以及湿润地区久旱之后的第一次洪水，常有超渗产流发生。在模型中不考虑这部分产流量会造成模拟的系统偏差。图 5-4 是黄河浑河顾关流域的蓄满产流方案，图上的曲线是按蓄满产流模型作出的产流方案，图上的点据是实测值，可以看出计算的系统偏小。图 5-5、图 5-6 分别为沂沭河高理流域和临沂流域实测的次洪径流深和用蓄满产流计算的径流深，由这两幅图可以看出点据大都偏在 45°线之下，这表示用蓄满产流模型计算的径流深小于实测的径流深，也就是说这些流域可能有超渗产流发生。实际上这两个流域都是位于半湿润地区，植被较差，土层很薄，有部分陡峭的山区，很容易发生超渗产流从而形成超渗坡面流。为此，有必要对新安江模型进行改进，在新安江模型中增加一个超渗产流模型，使得新安江模型除了适用于湿润地区之外，也适用于有超渗产流的半干旱半湿润地区。

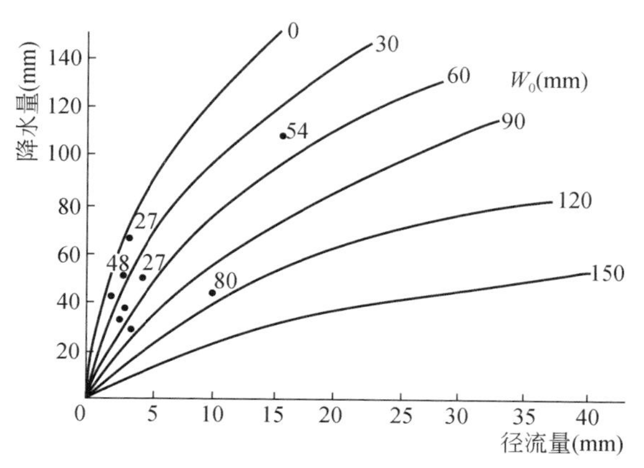

图 5-4　黄河浑河顾关流域蓄满产流方案

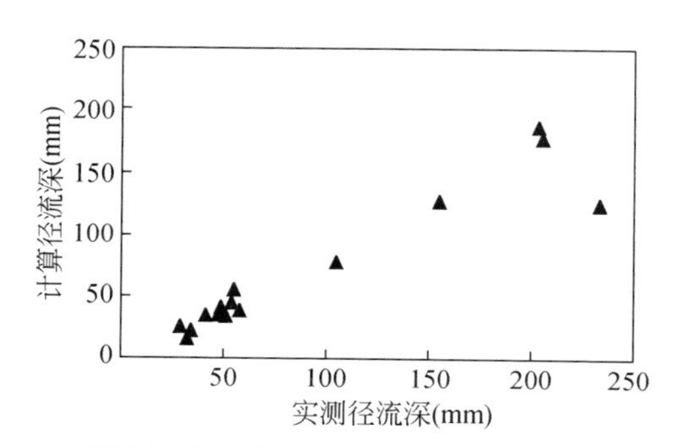

图 5-5　沂沭河高理流域次洪实测与蓄满计算的径流深

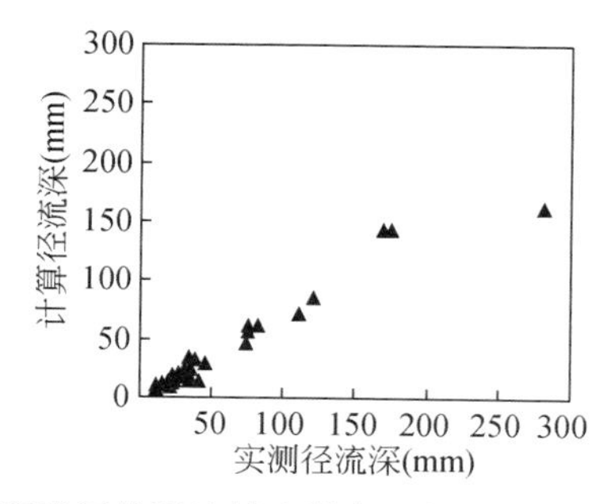

图 5-6　沂沭河临沂流域次洪实测与蓄满计算的径流深

下渗能力的计算有水文分析法和下渗模型法，其中后者较为通用。常用的下渗模型有 Horton 模型、Philip 模型、Holtan 模型和 Green-Ampt 模型。由于 Green-

Ampt公式简洁易用，物理意义强，故选用Green-Ampt模型。Green-Ampt模型的下渗公式为

$$f = K_s[1 + (\theta_s - \theta_i)S_t/I] \tag{5-20}$$

式中，K_s为饱和导水率；θ_s为湿润区饱和含水率；θ_i为湿润锋前初始含水率；S_t为湿润锋处土壤吸力；I为累积下渗量。

对于一个流域，在一次洪水过程中，起始产流面积较小，随着降雨量的增加，产流面积也在逐步增大。在产流面积上全部降雨都产流，发生的是超蓄产流，其中包括地表径流、壤中流和地下径流，即式（5-13）和式（5-14）。超渗产流必然发生在不蓄满面积上，如果忽略土层导水的不均匀而产生的积水和壤中流，则仅有超渗坡面流，即式（5-12）。根据山坡水文学的理论，超渗坡面流在流向河道的过程中可能会流经饱和地带而与超渗坡面流、饱和坡面流、壤中流及地下径流交替出现。根据这一理论，在改进的新安江模型中，不饱和面积上超渗产流的一部分（比例因子是β）与饱和地带的蓄满产流一起经过自由水蓄水库地调节出流；另一部分（$1-\beta$）作为超渗坡面流直接汇入河网。实际上不一定不蓄满面积上都会发生超渗产流，为了考虑这个影响，增加一个超渗产流发生的面积比例（i_{mf}）作为参数。这样改进部分的新安江模型的产流计算可以归纳如下。

当$P_E = P - E > 0$，则产流，否则不产流。产流时，对于蓄满面积上的产流用蓄满产流模型，假设用蓄满产流模型计算的产流量为R，则产流面积是$F_R = R/P_E$，不产流面积（蓄满）为$1 - F_R$。对于不蓄满面积上的产流用超渗产流模型，假定在不蓄满面积上下渗能力的空间分布为E_F次方的抛物线：

$$\delta = 1 - \left(1 - \frac{f}{f_{mm}}\right)^{E_F} \tag{5-21}$$

式中，δ为下渗能力小于f的面积；f_{mm}为点的最大下渗能力；f由式（5-20）计算。超渗产流i_{rS}计算公式为

当$P_E \geqslant f_{mm}$时：

$$i_{rS} = (P_E - f_{mm}) \times (1 - F_R) \times i_{mf} \tag{5-22}$$

当$P_E < f_{mm}$时：

$$i_{rS} = \left\{P_E - \frac{f_{mm}}{E_F + 1}\left[1 - \left(1 - \frac{P_E}{f_{mm}}\right)^{E_F+1}\right]\right\} \times (1 - F_R) \times i_{mf} \tag{5-23}$$

超渗产流的一部分$i_{rS} \times \beta$与饱和地带的蓄满产流一起经由自由水蓄水库划分水源和调节出流。

当$P_E + A_U + i_{rS} \times \frac{i_{rS}}{F_R} \times \beta < S_{SM}$

$$R_S = \{P_E - S_M + S + S_M[1 - (P_E + A_U)/S_{\mathrm{MM}}]^{1+E_X}\} \times F_R \tag{5-24}$$

当 $P_E + A_U + i_{\mathrm{rS}} \times \dfrac{i_{\mathrm{rS}}}{F_R} \times \beta \geqslant S_{\mathrm{SM}}$

$$R_S = (P_E - S_M + S) \times F_R \tag{5-25}$$

A_{U} 等变量的物理意义参见新安江模型。

自由水蓄水库的蓄水量为

$$S = S + P_E + \frac{i_{\mathrm{rS}}}{F_R} \times \beta - \frac{R_S}{F_R} \tag{5-26}$$

超渗产流的另一部分 $i_{\mathrm{rS}} \times (1 - \beta)$ 作为超渗坡面流直接进入河网。壤中流和地下径流的计算与以前的相同。

5.3 新安江–海河模型

随着社会经济的迅速发展及人口的不断增加，海河流域内人类活动影响不断加剧，流域下垫面条件发生较大变化，汛期暴雨形成的洪水明显衰减。以子牙河系滏阳河支流为例，“56 · 8”洪水和“96 · 8”洪水的暴雨量相近，而 1956 年的洪水总量却比 1996 年大了近一倍；同时，1996 年洪水在滏阳河中游洼地滞蓄渗漏后，总出口艾辛庄排入下游的水量仅相当于 1956 年的十分之一（河北省水文水资源勘测局，2012）。

李致家等（2012）针对海河流域中小型水利开发和地下水开采等人类活动对产汇流影响比较突出的特点，对新安江模型进行修订，在模型中增加反映人类活动影响的结构和参数，提出了新安江–海河模型，在 2011 年初提出了第一版的模型，随着研究工作的深入，提出了第二版的新安江–海河模型（李致家等，2013）。

5.3.1 模型的结构

对于小型蓄水塘坝以及谷坊、鱼鳞坑、梯田等水土保持工程的影响，新安江–海河模型中增加了地表径流填洼参数；对于山丘区地下水开采额外增加的包气带蓄水容积，可以按两种方式处理，一是通过加大流域蓄水容量（W_M）数值来体现，二是在模型中增加地下水开发引起的附加容量参数，存储部分壤中流和地下水汇流损失量。对于植被变化引起的蒸散发变化，模型中增加了反映植被生物量多少的归一化植被指数参数（NDVI），并构建了 NDVI 与现有分层蒸散发模型所计算出的蒸散发量的相关模式。由于是在研究海河流域水文问题时提出的模型，并且借鉴了海河流域相关水文部门前期的研究成果，故取名为新安江–海河流域水文模型，简记为 XAJ-H。

1. 植被指数与蒸散发量相关模式

经倪猛等（2007）研究表明，流域蒸散发量与植被指数参数和植被盖度均呈现正相关关系，图 5-7 为某典型区利用遥感数据分析得出的日蒸散发量与 NDVI 相关关系。

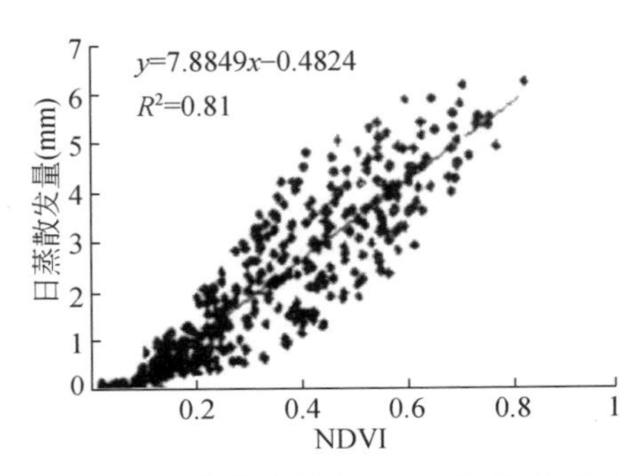

图 5-7　日蒸散发量与 NDVI 相关关系图

流域植被变化引起的蒸散发量变化按式（5-27）计算：

$$\Delta E = \alpha(\mathrm{NDVI_p} - \mathrm{NDVI_0}) \tag{5-27}$$

式中，ΔE 为植被覆盖变化引起的蒸散发变化量；$\mathrm{NDVI_p}$、$\mathrm{NDVI_0}$ 分别为现状及前期修正年份的植被指数；α 为蒸散发量与 NDVI 相关性修正系数。

2. 流域地表径流拦蓄量的模拟

新中国成立以来，海河流域兴建了大量的水利工程，截止到 2005 年，海河流域已兴建大中型蓄水工程 148 座，兴利蓄水容积为 139 亿 m^3；小型水库及蓄水塘坝 19 200 座，兴利蓄水容积为 9.7 亿 m^3。海河流域太行山和永定河山区，还兴建了大量的小型蓄水塘坝以及谷坊、鱼鳞坑、梯田等水土保持工程（水利部海河水利委员会科技资讯中心，2012）。这些蓄水工程极大地改变了流域下垫面状况。对于大型工程及影响比较明显的中型工程，一般是将蓄水工程的影响通过还原方法进行工程影响一致性处理；对于小型蓄水塘坝以及谷坊、鱼鳞坑、梯田等水土保持工程，由于数量较多不好单独处理，一般归为流域下垫面变化中进行考虑。

新安江–海河模型采用地表水填洼能力参数对小型水利及水土保持工程的拦蓄能力影响进行模拟。在模型参数率定前，可对流域小型蓄水工程控制面积、蓄水容量进行调查，给定初始值，而后再进行参数率定；也可通过日模型演算，获得初始值。模拟单元一次洪水过程的地表径流填洼量用式（5-28）估算：

$$R_{\mathrm{v}} = \mathrm{Min}\left(R_{\mathrm{vm}} - R_0,\ \frac{F_{\mathrm{v}}}{F_{\mathrm{t}}} \times R_{\mathrm{s}}\right) \tag{5-28}$$

式中，R_{vm} 为地表填洼蓄水能力；R_0 为初始填洼量；F_v 和 F_t 分别为模拟单元内小型蓄水工程控制面积及模拟单元总面积；R_s 为未经填洼损失的地表径流量。

3. 流域地下径流拦蓄量的模拟

海河流域秋冬季降雨较少，用水量较多，地下水开采量大于补给量，地下水位下降。汛期刚开始时，地下水埋深较深，径流坡地汇流过程中不断渗漏，补充地下水，抬升地下水面。

新安江-海河模型设立地下拦蓄水库，模拟这种现象。分水源后地表、壤中与地下径流按某一比例因子补给地下水库。地下水库设有阈值 R_d，水库蓄水量小于 R_d时，不出流，全部蓄积于水库内；大于 R_d时，超过部分按地下径流出流，参数直接借用地下径流参数。所用公式为

$$R_S = R_{S0} \times (1 - F_0) \tag{5-29}$$

$$R_I = S \times K_I \times F_R \times (1 - F_0) \tag{5-30}$$

$$R_G = S \times K_G \times F_R \times (1 - F_0) \tag{5-31}$$

式中，S、K_I、K_G 和 F_R 为新安江模型原有参数及变量；R_{S0} 为新安江模型计算出的地表径流；F_0 为渗漏比例因子，R_S、R_I 和 R_G 分别表示新安江-海河模型计算出的地表径流、壤中流及地下径流。

5.3.2 参数与初始变量的确定

新安江-海河模型的调试方法与新安江模型相似，新安江-海河模型就是让原有新安江模型参数取值合理，新增人类活动影响参数能够简单率定。

新安江模型有 17 个参数，有些参数敏感，有些参数不敏感。在调试新安江模型时，一般只调试敏感参数，对于不敏感参数，可根据经验，结合海河流域实际情况，在每个流域取固定值，不再作变动。例如，W_{UM}、W_{LM} 等不敏感参数，在海河流域，可 W_{UM} 统一取 20mm，W_{LM} 统一取 90mm。

赵人俊曾提出解决新安江模型参数 S_M、K_G 和 K_I 不独立的方法，即取 $K_G + K_I = 0.7$ 来解决。这等于把自由水蓄水库参数减为两个，可找到唯一最优解。只有这种解才存在各流域间的可比性，可找出区域性规律。但是这样求得的 S_M 与 K_G 不一定与其物理意义相符，定量只是相对的。参照赵人俊的这种方法，在海河流域，W_{UM} 统一取 20mm，W_{LM} 统一取 90mm，这对于海河部分流域可能不大合适，但对于整个海河流域而言，还是合适的，既能避免土壤含水量出现负值，又不使张力水参数值过大。以此方法，可对新安江模型参数在海河流域的敏感性进行进一步的分析。

《水文预报（第 3 版）》曾对新安江模型参数敏感性有过分析和统计，见表 5-1（包为民，2006）。

表 5-1　新安江模型各层次参数

层次		参数符号	参数意义	敏感程度	取值范围
第一层次	蒸散发计算	K_C	流域蒸散发折算系数	敏感	
		W_{UM}	上层张力水容量（mm）	不敏感	10～20
		W_{LM}	下层张力水容量（mm）	不敏感	60～90
		C	深层蒸散发折算系数	不敏感	0.10～0.20
第二层次	产流计算	W_M	流域平均张力水容量（mm）	不敏感	120～200
		B	张力水蓄水容量曲线方次	不敏感	0.1～0.4
		I_M	不透水面积占全流域面积的比例	不敏感	
第三层次	水源划分	S_M	表层自由水蓄水容量（mm）	敏感	
		E_X	表层自由水蓄水容量曲线方次	不敏感	1.5
		K_G	表层自由水蓄水库对地下水的日出流系数	敏感	
		K_I	表层自由水蓄水库对壤中流的日出流系数	敏感	
第四层次	汇流计算	C_I	壤中流消退系数	敏感	
		C_G	地下水消退系数	敏感	
		C_S	河网蓄水消退系数	敏感	
		L	滞时（小时）	敏感	
		K_E	马斯京根法演算参数（小时）	敏感	$K_E = \Delta t$
		X_E	马斯京根法演算参数	敏感	0.0～0.5

从这张表可看出，新安江模型的敏感参数只有 10 个。

若用新安江模型进行洪水模拟与预报，则流域蒸散发折算系数 K_C 转为不敏感参数。海河流域多数地区有“先超后蓄”的产流特征（何平等，2001），与湿润流域相比，地面径流影响较大，洪水总体退水较快，壤中流与地下径流影响较小。K_G、K_I、C_I 和 C_G 是与壤中流和地下径流有关的参数，在海河流域，经反复试验，发现这些参数并不敏感。于是，在海河流域，一般可设 K_G 为 0.45，K_I 为 0.25，C_I 为 0.96，C_G 为 0.998，这样，既削弱了壤中流与地下径流的影响，使壤中流与地下径流过程线平缓，洪水过程线的主体是地面径流，又没有完全忽略壤中流与地下径流的影响。从模拟结果看，这样设置，可能某些场次洪水尾水段模拟效果稍差，但整体上模拟效果还是很好的。

L 对峰现时间敏感，对径流深与洪峰模拟并不敏感，这是一个非常独立而又很好调试的参数。在海河流域山丘区，汇流速度相当快，L 一般取为 0。K_E 虽然敏感，但 K_E 须等于 Δt，这其实是定值，不能做调试的。这样，就剩下 3 个敏感参数 S_M、C_S 和 X_E 了。

C_S 和 X_E 都是汇流参数，具有相关性。根据海河流域调试经验，可设 X_E 为 0.35，通过调节 C_S 来模拟汇流过程。于是，新安江模型在海河流域最敏感、需要调试的参数只有 S_M 和 C_S 了。

为反映海河流域人类活动对下垫面的影响，模型又增加了两个敏感参数 F_V/F_t 与 F_0。F_V/F_t 指计算单元内小型蓄水工程控制面积比例，这个数值可通过流域查勘得到；F_0 指地面径流和壤中流渗漏比例系数，因为人类活动造成海河流域地下水位下降，地面径流和壤中流汇流过程中会不断渗漏，补充地下水，抬升地下水位，这个数值的确定可参考流域内地下水开采情况。也就是说，新安江-海河模型需要调试的敏感参数为 S_M、F_V/F_t、F_0 和 C_S，可参考流域资料，通过率定得出。这样，模型既能模拟流域出口断面流量过程，又能切合海河流域实际，反映流域下垫面变化。

洪水模拟与预报前需要知道状态变量初始值，主要是土壤含水量的初始值，这可以借鉴水利部海河水利委员会降雨径流相关图的制作经验。制作降雨径流相关图需有前期影响雨量 P_a，因为海河流域某些雨量站及水文站仅有汛期资料，所以单站 P_a 每年自 6 月 1 日开始计算，并赋 P_a 初值为零，由此向后逐日推算。

运行日模型，每年自 6 月 1 日开始计算，由此向后逐日推算，获得每日早晨 8 时的土壤含水量 W。W 的初值不能像 P_a 一样为 0，否则会出现负值，蓄水容量曲线无意义，产流计算失效。经反复研究，W 的初值取 $\frac{1}{3}W_m$ 比较合适。

运行日模型不是为了模拟日径流过程，而是为了获得逐日土壤含水量，为次洪模拟做准备，所以绝大部分参数不重要，取固定值，仅蒸散发折算系数 K_C 比较重要。根据《下垫面变化条件下设计洪水修订技术研究报告》（水利部海河水利委员会科技资讯中心，2012），海河流域 6～9 月蒸散发量占全年的 60% 以上，8 月是植被最茂密的时期，植被区温度与较水面温度低，地气温差大，植被蒸腾作用强烈，实际蒸散发大于水面蒸发，其蒸散发系数最大达到了 1.0 以上，见表 5-2。

表 5-2　海河流域汛期逐月蒸散发系数成果表

月份	耕地			林地		
	2003 年	2004 年	2006 年	2003 年	2004 年	2006 年
6	0.50	0.56	0.44	0.58	0.50	0.50
7	0.85	0.97	0.91	0.87	0.97	0.93
8	1.23	1.08	1.14	1.10	1.02	1.11
9	1.09	0.81	0.68	1.01	0.75	0.63

经研究，在海河流域，日模型从每年 6 月 1 日运行到 9 月 30 日，K_C 取为 1，其余各参数也取固定值，不做调试，可获得次洪土壤初始含水量的相对大小。结果表明，这么做能最大限度减少不确定性，土壤初始含水量也较准确。

5.4　基于网格的蓄满与超渗空间组合的水文模型

5.4.1　概述

由于水文过程的非线性特点以及水文过程间的相互作用，水文现象总是在不同的时间与空间上表现出高度的变异性。与集总式水文模型相比，分布式水文模型能够更准确地描述水文过程的机理，并能够更有效地利用 GIS 技术与遥感技术所提供的大量空间信息，以考虑水文现象在时间与空间上所呈现出的变异性，能够更好地模拟流域降雨-径流响应（Vieux，2001；熊立华等，2004；贾仰文等，2005；李致家，2008；李致家等，2010）。同时，分布式水文模型在研究无资料地区的水文预报问题以及预测流域内植被、土壤与气候条件变化所带来的影响等方面均表现出很大潜力（芮孝芳，2007）。

目前，国内外现有的分布式水文模型在进行流域产流过程模拟时，基本均采用蓄满产流或超渗产流单一的计算模式。然而，对于任意流域而言，其空间上应该既存在蓄满产流区，也存在超渗产流区（Anderson and Mcdonnel，2005；Beven，2012）。例如，在流域内河道附近区域，地下水面埋深较浅，缺水量较小，易发生蓄满产流；而在流域的上游山坡，远离河道，地下水面埋深相对较深，缺水量较大，易发生超渗产流。由此可知，采用单一的模式进行流域产流计算，势必会制约模型的模拟和预报精度，尤其是对于半湿润半干旱流域而言。

此外，对于分布式水文模型而言，往往需要获得流域内任意计算单元的模型参数，参数优化相对复杂，计算量也较大，不利于模型在实际工作中的应用。如果先根据土壤、植被、地貌特征等下垫面空间信息估计出分布式水文模型的参数估计值，然后再根据实测的出口流量过程对模型参数进行率定和检验，则可以使模型率定工作更加合理，也可以使模型参数的物理意义更加明确（Anderson et al，2006）。同时，利用下垫面空间信息估计模型参数及其空间分布，也将有助于分布式水文模型在无资料地区发挥其更大的优势。

本节以 DEM 为基础，构建了考虑蓄满与超渗产流模式空间组合的网格型分布式水文模型 SATIN 模型。该模型以流域内每个 DEM 栅格作为计算单元，根据流域水文分区情况，蓄满产流区内的栅格单元采用蓄满产流计算模式，而超渗产流区的栅格单元则采用超渗产流计算模式，模型在进行栅格单元产汇流计算时，同时考虑了栅格间的水量交换问题以及河道排水网络的影响（李致家等，2006，2007，2008，2009，2010）。此外，本节利用土壤类型、植被覆盖及利用等空间信息，根据模型参数的物理意义，结合理论推导，开展了对空间变化的模型参数估计方法的研究（Yao 等，2009，2012；姚成等，2007，2012，2013）。

5.4.2 模型结构与原理

SATIN 模型以流域内每个 DEM 栅格作为计算单元，并假设在栅格单元内的降雨和地貌特征、土壤类型以及植被覆盖等下垫面条件空间分布均匀，模型只考虑各个要素在不同栅格之间的变异性。SATIN 模型先计算出每个栅格单元的植被冠层截留量、河道降水量和蒸散发量，然后再根据流域水文分区情况对每个栅格单元的产流模式进行识别，位于蓄满产流区的栅格采用蓄满产流模式计算出单元产流量，而位于超渗产流区的栅格采用超渗产流模式计算出单元产流量，最后再根据栅格间的汇流演算次序，依次将各单元出流演算至流域出口（图 5-8）。

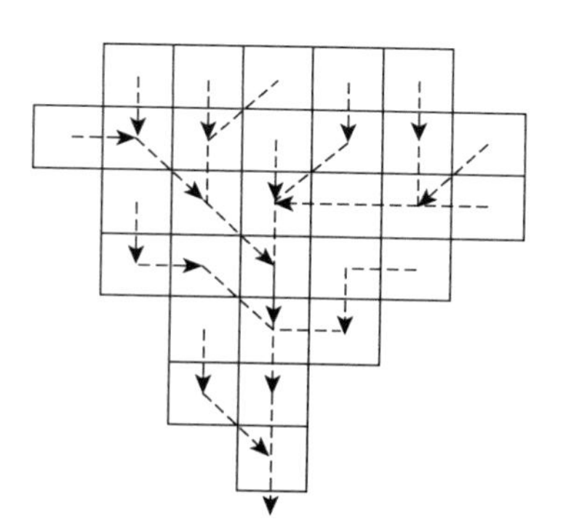

图 5-8　栅格间汇流演算示意图

模型在考虑蓄满与超渗产流模式空间组合时，采用新安江模型的计算方法进行蓄满产流计算，并采用自由水蓄水库结构对其进行水源划分，即划分为地表径流、壤中流以及地下径流三种水源；模型引入 Green-Ampt 模型和 Philip 下渗曲线进行超渗产流计算。模型的蒸散发计算部分采用三层蒸散发模型，以考虑土湿垂向分布的作用。

短时段次洪模型的汇流部分可采用两种计算方法：①采用一维扩散波模型：扩散波虽然是动力波（St Venant 方程组）的一种简化形式，但在许多实际情况下，它都是适用的。而且，利用扩散波模型进行坡面汇流与河道汇流演算，都能取得足够好的精度，在很多时候其精度都与动力波汇流演算模型的精度相当。本书在进行扩散波模型汇流演算时，假设在原来的坡地栅格内也存在一个“虚拟河道”，每个栅格单元的壤中流和地下径流直接流入河道采用河道汇流的计算方法，则栅格间的扩散波汇流演算只包括坡面汇流和河道汇流两种方式；②采用基于栅格的 Muskingum 汇流方法：在暂无河道断面资料的流域可以根据此法进行栅格间的地表径流、壤中流、地下径流以及河道水流的汇流演算。

对于长时段的日模型而言，不再进行超渗产流模式的识别与计算。考虑到日径流模拟时对汇流演算精度要求不高且时间步长较大，为了增加模型的运行效率，SATIN 模型采用了比较简便的方法处理日径流模拟的汇流演算问题。对于每个栅格单元，其壤中流和地下径流均采用新安江模型中线性水库的方法计算栅格出流，根据栅格间的汇流演算次序，依次叠加，直至流域出口。栅格单元上的地表径流不再进行栅格间的汇流演算，直接叠加至流域出口。在流域出口处，再采用滞后演算法即可获得日径流模拟的出流过程。

SATIN 模型在进行栅格单元产汇流计算时，考虑了栅格间的水量交换问题，即如果当前计算单元的土壤含水量处于未蓄满状态，则上游栅格的入流量首先补充当前栅格的土壤含水量。同时，SATIN 模型也考虑了河道排水网络对栅格产汇流的影响，即如果当前栅格有真实的河道存在，则地表径流的出流量将先按一定的比例汇入河道，然后再汇至下游栅格。

1. 植被冠层截留

植被冠层截留是指降雨在植被冠层表面的吸着力、承托力及水分重力、表面张力等作用下储存于其表面的现象。在一次降雨过程中，植被冠层对降雨的累积截留量可表示为

$$I_{cum} = f_{lc} S_{cmax} (1 e^{-C_{vd} P_{cum} / S_{cmax}}) \tag{5-32}$$

式中，I_{cum} 为植被冠层的累积截留量（mm）；f_{lc} 为植被覆盖率；P_{cum} 为累积降雨量（mm）；C_{vd} 为植被密度的校正因子，S_{cmax} 为植被冠层的截留能力（mm），即植被冠层的最大截留量。

植被覆盖率可以通过式（5-33）计算得到：

$$f_{lc} = \left(\frac{K_{cb} - K_{cmin}}{K_{cmax} - K_{cmin}} \right)^{(1+0.5h_{lc})} \tag{5-33}$$

式中，K_{cb} 为基础作物系数；K_{cmax} 为降雨或灌溉后作物系数的最大值；K_{cmin} 为降雨或灌溉后作物系数的最小值，一般为 0.15～0.20，可取均值 0.175；h_{lc} 为作物高度（m）。

根据植被冠层的累积截留量即可获得每个计算时段的冠层截留量：

$$I_{ca}(t) = I_{cum}(t) - I_{cum}(t - \Delta t) \tag{5-34}$$

式中，$I_{ca}(t)$ 为 t 时刻的植被冠层截留量；Δt 为时间步长。

2. 河道降水

河道降水指的是降雨直接落在河道里的那一部分水量。河道降水不参加坡地单元的产汇流计算，而是直接通过河道汇流演算至流域出口。河道降水的增加会导致洪水的峰值加大，峰现时间提前，会成为流域出口断面洪水过程线的重要组成部分之一，尤其在河网密度较发达地区或当降雨强度较大时，河道降水的影响更不能忽视。

假设在每一个河道栅格内，降雨（扣除植被冠层截留）分布均匀，河道形状不发生改变，则可以根据栅格单元内河道部分所占的面积比例进行河道降水的计算。河道降水 I_{ch} 可表示为

$$I_{ch} = \frac{L_{cb}W_{ch}}{A_{gr}}P \tag{5-35}$$

式中，I_{ch} 为河道长度（km）；W_{ch} 为河道断面最大过水面积所对应的水面宽（km）；A_{gr} 为栅格单元的面积（km^2）；P 为时段降雨量（mm）。

其中，$L_{ch}W_{ch}$ 表示的是河道所占面积。对于流域内的坡地栅格，即使有“虚拟河道”存在，也不考虑河道降水的影响，即在坡地栅格上，$I_{ch}=0$。

3. 蒸散发

将每个栅格单元内的土壤分为三层：上层、下层和深层，每一层对应的张力水蓄水容量分别为：W_{UM}、W_{LM} 和 W_{DM}，单位均为 mm。在栅格单元实际蒸散发计算时，冠层截留量按蒸散发能力蒸发，当截留水量小于蒸散发能力时，则采用三层蒸散发模型。三层蒸散发模型的计算原则是：上层按蒸散发能力蒸发，若上层含水量不够蒸发时，剩余的蒸散发能力则从下层蒸发，下层蒸发和剩余蒸散发能力以及下层含水量成正比，和下层蓄水容量成反比，计算的下层蒸散发量与剩余的蒸散发能力之比不能小于深层蒸散发系数 C。否则，不足的部分由下层含水量补给，而当下层不够补给时，则由深层含水量补给。三层蒸散发模型所用的计算公式为如下。

1）当上层张力水蓄量足够时，上层蒸散发 E_u 为

$$E_u = K \times E_M \tag{5-36}$$

式中，K 为蒸散发折算系数；E_M 为计算时段内实测水面蒸发（mm）。

2）当上层已干且下层蓄量足够时，下层蒸散发 E_l 为

$$E_l = (K \times E_M - E_u) \times W_l / W_{LM} \tag{5-37}$$

式中，W_l 为实际的土壤含水量（mm）。

3）当下层蓄量亦不足时，蒸散发 E_d 为

$$E_d = C \times (K \times E_M - E_u) - E_l \tag{5-38}$$

式中，C 为深层蒸散发系数。则时段蒸散发量 $ET = E_u + E_l + E_d$ 。

4. 单元产流及分水源

(1) 蓄满产流及分水源

土壤蓄满表示的是土壤含水量达到田间持水量，而不是饱和含水量。模型采用蓄满产流机制是指在降雨过程中，直到土壤包气带蓄水量达到田间持水量时才能产流，而在达到田间持水量之前，所有来水均被土壤吸收而不产流。对于流域内蓄满产流区的栅格单元而言，可以采用张力水蓄水容量分布曲线来考虑土壤含水量在单元内的分布不均问题，也可以假定张力水含水量在单元内分布均匀，此时将计算时段内栅格单元的实测降雨先扣除相应时段的蒸散发，植被冠层截留，河道降水后，再考虑上游入流是否补足当前单元的土壤含水量，即可得到实际用于产流计算的时段雨量 P_e (mm)，则

当 $P_e \leqslant 0$ 或 $P_e + W_0 \leqslant W_M$ 时：

$$R = 0 \tag{5-39}$$

当 $P_e + W_0 > W_M$ 时：

$$R = P_e + W_0 - W_M \tag{5-40}$$

式中，R 为时段产流量（mm）；W_0 为栅格单元实际的张力水含量（mm）。

以栅格单元是否蓄满为判断标准，SATIN 模型可用于分析产流面积在时间的变化规律，而且，利用模型基于 DEM 栅格的特点，SATIN 模型还可以用于分析产流面积在空间的分布情况。

在 SATIN 模型中，任意栅格单元内的产流量 R 均被划分为三种水源：地面径流 R_s 、壤中流 R_i 以及地下径流 R_g 。与产流计算一样，在进行分水源计算时，每个栅格单元内不再考虑自由水蓄水容量面上分布不均问题。分水源计算所用公式为

$$R_i = K_i \times S \tag{5-41}$$

$$R_g = K_g \times S \tag{5-42}$$

当 $R + S \leqslant S_M$ ：

$$R_s = 0 \tag{5-43}$$

当 $R + S > S_M$ ：

$$R_s = R + S - S_M \tag{5-44}$$

式中，S_M 为表层土自由水容量（mm）；K_i 为表层自由水含量对壤中流的出流系数；K_g 为表层自由水含量对地下水的出流系数；S 为栅格单元实际的自由水含量（mm）。

（2）超渗产流

对于流域内超渗产流区的栅格单元而言，在进行产流量计算时，先判断净雨强度 I_e 是否大于土壤的下渗能力 f，若 $I_e > f$，则 $R_s = I_e - f$；若 $I_e \leqslant f$，则 $R_s = 0$。接着判断 $I_e - R_s$ 是否能够补足土壤含水量使其蓄满，若土壤能够蓄满，可利用式（5-41）与式（5-42）分别计算 R_i 与 R_g；否则，$R_i = R_g = 0$。由此可以看出，对于超渗产流模式而言，计算的关键就是确定出 f。SATIN 模型引入 Philip 下渗曲线进行 f 的确定：

$$f = \frac{S_e}{2\sqrt{t}} + A_0 \tag{5-45}$$

式中，t 为时间（s）；S_e 为土壤吸水率（$mm/s^{0.5}$）；A_0 为稳定下渗率（mm/s）。

为了具体计算，还需要将下渗曲线 $f \sim t$ 转化为下渗方程 $f \sim W$（图 5-9）：

$$W = \int_0^t f\mathrm{d}t = \int_0^t \left(\frac{S_e}{2\sqrt{t}} + A_0\right)\mathrm{d}t = S_e\sqrt{t} + A_0 t \tag{5-46}$$

由式（5-45）可知：

$$t = \frac{S_e^{\ 2}}{4\ (f - A_0)^2} \tag{5-47}$$

将式（5-47）代入式（5-46），可得

$$f = S_e^{\ 2}(1 + \sqrt{1 + 4A_0 W/S_e^{\ 2}})/W + A_0 \tag{5-48}$$

式中，W 为土壤含水量（mm）。

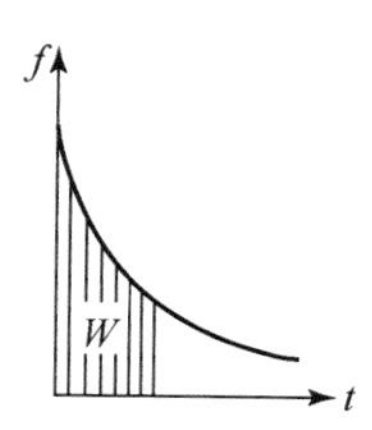

图 5-9　下渗曲线与土壤含水量

图中，f 为下渗能力；t 为时间；W 为土壤含水量

此外，SATIN 模型也可利用 Green-Ampt 下渗公式进行超渗产流计算，对于 Green-Ampt 的计算方法和相关参数介绍可参见本书 6.2 节。

5. 汇流演算

（1）一维扩散波模型

SATIN 模型在进行栅格间扩散波汇流演算时，假设任意栅格单元都由坡地和河道组成，即原来的坡地栅格上也存在一个“虚拟河道”，地下径流与壤中流都直

接汇入河道或“虚拟河道”中，因此栅格间的汇流就由坡面汇流及河道汇流组成，均采用扩散波模型。

1）坡面汇流。SATIN 模型的坡面水流运动利用一维扩散波方程组来描述：

$$\begin{cases}\dfrac{\partial h_s}{\partial t}+\dfrac{\partial(u_s h_s)}{\partial x}=q_s\\ \dfrac{\partial h_s}{\partial x}=S_{oh}-S_{fh}\end{cases} \tag{5-49}$$

式中，h_s 为坡面水流的水深（m）；u_s 为坡面水流的平均流速（m/s）；q_s 为单位时间内所计算的坡面径流深（m/s）；t 为时间（s）；x 为流径长度（m）；S_{oh} 为沿出流方向的地表坡度；S_{fh} 为沿出流方向的地表摩阻比降。

在进行栅格间汇流演算时，式（5-49）需要在每个栅格单元上进行离散，其中的连续性方程为

$$\frac{\partial h_s}{\partial t}=\frac{1}{A_{gc}}(Q_{sup}+Q_s-Q_{sout}) \tag{5-50}$$

式中，A_{gc} 为栅格单元的面积（m^2），且 $A_{gc}=A_{gr}\times 10^6$；A_{gr} 为栅格单元的面积（km^2）；Q_s 为栅格单元的地表径流流量（m^3/s）；Q_{sout} 为栅格单元的地表径流出流量（m^3/s）；Q_{sup} 为上游栅格入流量（m^3/s）。

SATIN 模型考虑了栅格间的水量交换以及河道排水网络的影响，若当前栅格 i 的土壤处于蓄满状态，则

$$Q_{sup,\ i}=\sum_{j=1}^{m}[Q_{sout,\ j}(1-f_{ch,\ j})] \tag{5-51}$$

式中，$f_{ch,\ j}$ 为上游第 j 个栅格地表径流出流量汇入河道的比例；$Q_{sout,\ j}$ 为上游第 j 个栅格地表径流的出流量（m^3/s）；m 为与栅格 i 相邻的上游栅格总数。

若 i 的土壤含水量未达到田间持水量，则上游栅格入流将用于补足 i 的土壤含水量：

$$Q_{sup,\ i}=0 \tag{5-52}$$

$$P_{e,\ i}=P_i+\frac{1000\Delta t}{A_{gc,\ i}}\sum_{j=1}^{m}[Q_{sout,\ j}(1-f_{ch,\ j})]-ET_i-I_{ca,\ i}-I_{ch,\ i} \tag{5-53}$$

坡面汇流的初始条件与上、下边界条件分别为

$$h_{s,\ i}^0=Q_{sout,\ i}^0=0,\ i=1,\ 2,\ \cdots,\ k \tag{5-54}$$

$$Q_{sup}=0 \tag{5-55}$$

$$h_{s,\ O}=h_{s,\ O+1} \tag{5-56}$$

式中，k 为流域内栅格单元总数；O 为流域出口对应的栅格数。

2）河道汇流。河道水流运动的一维扩散波方程组为

$$\begin{cases}\dfrac{\partial A_{\mathrm{ch}}}{\partial t}+\dfrac{\partial Q_{\mathrm{ch}}}{\partial x}=q_1\\ \dfrac{\partial h_{\mathrm{ch}}}{\partial x}=S_{\mathrm{oc}}-S_{\mathrm{fc}}\end{cases} \tag{5-57}$$

式中，A_{ch} 为河道断面的过水面积（m^2）；Q_{ch} 为河道流量（m^3/s）；q_1 为单宽旁侧入流（m^2/s）；S_{oc} 为河道坡度；S_{fc} 为河道摩阻比降；h_{ch} 为河道水深（m）。

Jain 等（2005）采用基于两步 MacCormack 算法的二阶显式有限差分格式进行坡面与河道水流扩散波方程组的求解。

（2）基于栅格的 Muskingum 汇流方法

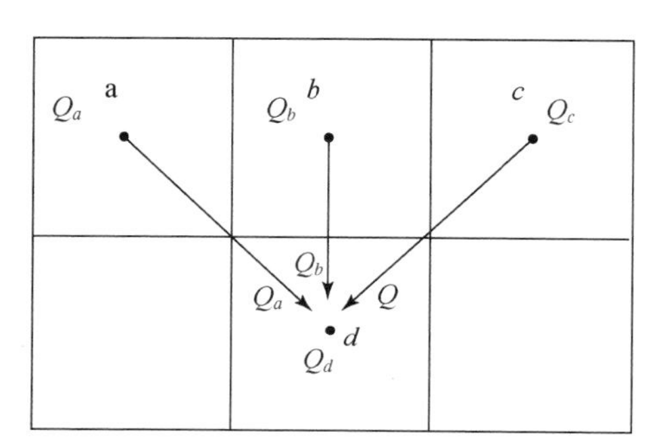

图 5-10　基于栅格的 Muskingum 法示意图

在没有河道断面资料的流域，SATIN 模型采用基于栅格的 Muskingum 汇流方法将地表径流、壤中流、地下径流以及河道水流分别演算至流域出口。以地表径流 Q_s 为例（图 5-10），a、b、c 三个栅格的流量分别为 Q_a、Q_b、Q_c。Q_a'、Q_b'、Q_c' 可以通过 Muskingum 法计算得到：

$$Q_{i+1}^{t+1}=C_1Q_i^t+C_2Q_i^{t+1}+C_3Q_{i+1}^t \tag{5-58}$$

式中，$C_1=\dfrac{0.5\Delta t-x_ek_e}{(1-x_e)k_e+0.5\Delta t}$；$C_2=\dfrac{0.5\Delta t+x_ek_e}{(1-x_e)k_e+0.5\Delta t}$；$C_3=\dfrac{(1-x_e)k_e-0.5\Delta t}{(1-x_e)k_e+0.5\Delta t}$；$x_e$ 和 k_e 为 Muskingum 法的两个参数。

在 t 时刻，栅格 d 的出流可表示为

$$Q_d^t=Q_a^{t}{'}+Q_b^{t}{'}+Q_c^{t}{'}+Q_{s,d}^t(1-f_{\mathrm{ch}}) \tag{5-59}$$

对于日径流模拟而言，SATIN 模型采用线性水库法和滞后演算法计算流域的出流过程，即

$$Q_{\mathrm{s},i}^t=R_{\mathrm{s},i}^t\times U \tag{5-60}$$

$$Q_{\mathrm{i},i}^t=Q_{\mathrm{i},i}^{t-1}\times C_{\mathrm{i}}+R_{\mathrm{i},i}^t\times(1-C_{\mathrm{i}})\times U \tag{5-61}$$

$$Q_{\mathrm{g},i}^t=Q_{\mathrm{g},i}^{t-1}\times C_{\mathrm{g}}+R_{\mathrm{g},i}^t\times(1-C_{\mathrm{g}})\times U \tag{5-62}$$

$$Q_{\mathrm{T}}^{t+L_{\mathrm{ag}}}=Q_{\mathrm{T}}^{t+L_{\mathrm{ag}}-1}\times C_{\mathrm{s}}+\left(\sum_{j=1}^{k}Q_{\mathrm{s},j}^t+\sum_{j=1}^{k}Q_{\mathrm{i},j}^t+\sum_{j=1}^{k}Q_{\mathrm{g},j}^t\right)\times(1-C_{\mathrm{s}}) \tag{5-63}$$

式中，$R_{s,i}^{t}$、$R_{i,i}^{t}$、$R_{g,i}^{t}$ 分别为 t 时刻第 i 个栅格单元的地表径流、壤中流、地下径流（mm）；$Q_{s,i}^{t}$、$Q_{i,i}^{t}$、$Q_{g,i}^{t}$ 为 t 时刻第 i 个栅格单元的地表径流、壤中流、地下径流对应的出流量（m^3/s）；$Q_{i,i}^{t-1}$、$Q_{g,i}^{t-1}$ 为 $t-1$ 时刻第 i 个栅格单元的壤中流、地下径流对应的出流量（m^3/s）；U 为单位折算系数，对于日径流模拟而言，时间步长为 24 h，则 $U=A_{gr}/86.4$；A_{gr} 为栅格单元的面积（km^2）；$\sum_{j=1}^{k} Q_{s,j}^{t}$、$\sum_{j=1}^{k} Q_{i,j}^{t}$、$\sum_{j=1}^{k} Q_{g,j}^{t}$ 为 t 时刻栅格单元的地表径流、壤中流、地下径流在流域出口处的累积流量（m^3/s）；k 为流域内栅格单元的个数；Q_T 为流域的出流过程（m^3/s）；C_i 为壤中流消退系数；C_g 为地下径流的消退系数；C_s 为河网水流消退系数；L_{ag} 为河网汇流滞时。

5.4.3　模型参数及其空间分布估计

本书旨在分析 SATIN 模型的参数与流域地貌特征、土壤类型以及植被覆盖等之间的关系，并以此为基础对参数进行客观估计。通过研究发现，SATIN 模型中有些参数可以直接通过每个栅格单元的土壤类型和植被覆盖类型估计，如植物叶面积指数 LAI 及 LAI_{max}、作物高度 h_{lc} 与坡面汇流的曼宁糙率系数 n_h；有些参数可以通过其物理意义，与土壤类型及植被覆盖之间建立关系，如 W_M、W_{UM}、W_{LM}、S_M、K_i、K_g、C、土壤吸水率 S_e 与稳定下渗率 A_0；有些参数可以通过地貌特征获取，如河道长度 L_{ch}、河道断面最大过水面积所对应的水面宽 W_{ch}、沿出流方向的地表坡度 S_{oh}、河道坡度 S_{oc}、河道汇流的曼宁糙率系数 n_c、地表径流出流量汇入河道的比例 f_{ch} 与河道形状；由于滞后演算法参数 C_s 与 L_{ag} 反映的是整个流域河网的调蓄能力，因此本书对这两个参数采取的是集总式考虑。剩余的参数，包括 K、k_e、x_e、C_i 与 C_g，本书假定它们的取值在空间分布均匀，采用的是流域内统一赋值的方法。

1. 产流参数

（1）蓄满产流及分水源参数包括：W_M、S_M、K_i 与 K_g

W_M 为栅格单元全土层的张力水蓄水容量；S_M 为栅格单元表土层的自由水蓄水容量，计算公式：

$$W_M = (\theta_{fc} - \theta_{wp}) \times L_a \tag{5-64}$$

$$S_m = (\theta_s - \theta_{fc}) \times L_h \tag{5-65}$$

式中，L_a 为包气带厚度（mm）；L_h 为腐殖质土层厚度（mm）；θ_s 为饱和含水量；θ_{fc} 为田间持水量；θ_{wp} 为凋萎含水量。

式（5-64）与式（5-65）中的 θ_s、θ_{fc}、θ_{wp} 均可以根据栅格单元的土壤类型通过查土壤参数统计表获取，因此只要知道每个栅格单元的 L_a 与 L_h 即可获得 W_M 与 S_M 在流域的空间分布。在自然界中，影响包气带厚度的因素较多，很难进行直接推求。L_a 与 L_h 可通过与地形指数及土壤类型对应的土壤水分常数进行估算。

K_i 与 K_g 这两个参数属于并联参数，其和 $K_i + K_g$ 代表的是自由水出流的快慢，应与单元的土壤类型有关，而自由水指的是饱和含水量与田间持水量之间那部分可以在重力作用下自由流动的水，因此可以将 θ_s 与 θ_{fc} 作为衡量自由水出流快慢的指标。K_i/K_g 表示的是壤中流与地下径流的比，此比值可以通过 θ_{wp} 来反映，具体的计算公式如下：

$$K_i + K_g = \left(\frac{\theta_{fc}}{\theta_s}\right)^{m_{oc}} \tag{5-66}$$

$$\frac{K_i}{K_g} = \frac{1 + 2(1 - \theta_{wp})}{m_r} \tag{5-67}$$

式中，m_{oc} 为自由水出流综合影响因子；m_r 为自由水出流校正系数，根据已有的研究成果（Koren et al.，2004），在估计模型参数时，可以取 $m_r = 1$。

m_{oc} 可直接通过新安江模型分水源中的结构性约束（取 $K_i + K_g = 0.7$）获取。具体的步骤是：先给 m_{oc} 赋予一初值，然后根据每个栅格单元的土壤类型由土壤参数统计表和式（5-66）确定出栅格单元对应的 $K_i + K_g$，再统计出流域内所有栅格 $K_i + K_g$ 的均值并与 0.7 作比较，由此对 m_{oc} 进行调整，使其尽量满足该结构性约束。

另外，上述的 K_i 与 K_g 都是按天为时段长定义的，如果时段长发生改变，则需要对 K_i 与 K_g 进行换算：

$$K'_i = \frac{1 - (1 - K_g - K_i)^{\frac{\Delta t}{24}}}{1 + \dfrac{K_g}{K_i}} \tag{5-68}$$

$$K'_g = K'_i \times \frac{K_g}{K_i} \tag{5-69}$$

（2）超渗产流参数包括：S_e 与 A_0

S_e 与 A_0 是 Philip 下渗曲线的两个参数，可由式（5-70）和式（5-71）得出：

$$S_e = 2(1 - S_{ini})\left[\frac{5\eta K_{shc}\psi\varphi}{3\lambda\pi}\right]^{0.5} \tag{5-70}$$

$$A_0 = 0.5K_{shc}(1 + S_{ini}{}^{\varphi}) - K_{shc}B\left(\frac{\psi}{L_a}\right)^{\lambda\varphi} \tag{5-71}$$

式中，K_{shc} 与 λ 由土壤参数统计确定；指数 $\varphi = 3 + 2/\lambda$；S_{ini} 为土壤的初始饱和度，即 $S_{ini} = \theta_{ini}/\theta_s$；$\theta_{ini}$ 为初始土壤含水量，可由日洪模型确定；ψ 为饱和土壤基模势；ψ 与参数 B 的计算公式如下：

$$\psi = 1290\left(\frac{\eta}{K_{shc}F_p}\right)^{0.5} \tag{5-72}$$

$$B = 1 + \frac{3}{2(\lambda\varphi - 1)} \tag{5-73}$$

式中，孔隙形状参数 $F_p = 10^{[0.66+(0.55/\lambda)+(0.14/\lambda^2)]}$（Jain et al.，2005）。

当采用 Green-Ampt 进行超渗产流计算时，其参数确定方法可参见本书 6.2 节。

2. 蒸散发参数

三层蒸散发参数包括：W_{UM}、W_{LM}、C 与 K。

对于 W_{UM} 与 W_{LM}，可以采用与式（5-74）相同的方法进行计算：

$$W_{UM} = (\theta_{fc} - \theta_{wp}) \times L_u \tag{5-74}$$

$$W_{LM} = (\theta_{fc} - \theta_{wp}) \times L_l \tag{5-75}$$

式中，L_u 为包气带的上层土壤厚度（mm）；L_l 为包气带的下层土壤厚度（mm）。根据参数的物理意义，对于 L_u 与 L_l 的估计分别取 $L_u \approx 0.167L_a$；$L_l \approx 0.5L_a$。

参数 C 与栅格单元的植被覆盖率有关，在植被密集地区系数值可取 0.18，因此可令 $C = 0.18f_{lc}$，当植被稀疏时，可适当降低该系数值。其中，f_{lc} 可通过式（5-33）求得。

本书暂没考虑蒸散发折算系数 K 在不同栅格单元的高程修正问题，而是认为它在流域内空间分布均匀，因此该参数主要与测量水面蒸发是所用的蒸发器有关。对于国内普遍采用的 E-601 蒸发器而言，可取 $K \approx 1$。

3. 汇流参数

（1）扩散波汇流：n_c、S_{oh}、S_{oc}、f_{ch} 与河道形状

当 SATIN 模型进行扩散波汇流演算时，模型参数的估计主要是基于流域地貌特征以及河道断面信息。其中，坡面汇流的曼宁糙率系数 n_h 是根据栅格单元的植被类型由植被参数统计表确定。而每个栅格单元河道汇流的曼宁糙率系数 n_c，由式（5-76）进行计算：

$$n_c = n_0 S_{oc}{}^{k1} A_d{}^{k2} \tag{5-76}$$

式中：$k1$ 与 $k2$ 为确定 n_c 的两个系数，可分别取 $k1 = 0.272$、$k2 = -0.00011$；A_d 为栅格单元的上游汇水面积（km^2），即 DWTES 系统提供的栅格控制面积矩阵；n_0 为可以由流域出口点的 $n_{c,o}$ 与 $S_{oc,o}$ 代入公式（5-76）反算出，当流域出口点有实测的水位–流量关系时，$n_{c,o}$ 可以根据相关公式求得，当出口点无实测资料时，可以根据相关文献估值；S_{oh} 与 S_{oc} 直接由 DWTES 系统提供，f_{ch} 也是在 DWTES 系统生成的研究流域水系基础上，采用面积比例法进行计算（Yao et al，2009）。

在判断河道形状时，主要是根据流域内实测站点的断面数据，反演出每一格栅格单元的河道形状。对于任意研究流域，可以先定义一断面宽度指数 α，考虑

到随着上游汇水面积的增加，越到流域下游，其河道过水断面面积应该越大，且变化比较明显，因此可认为 α 在流域内应当是变化的，即河道断面的尺寸是空间变化的。根据流域内已有的实测断面资料分析，即可获得 α 的空间分布。

（2）栅格 Muskingum 法汇流：k_e 与 x_e

本书暂没有考虑 k_e 与 x_e 在空间分布不均的问题，而是采用的流域内栅格统一赋值的方法。不同的径流成分：地表径流（$k_{e,s}$、$x_{e,s}$）、壤中流（$k_{e,i}$、$x_{e,i}$）、地下径流（$k_{e,g}$、$x_{e,g}$）与河道水流（$k_{e,ch}$、$x_{e,ch}$），赋予不同的参数估计值。在进行栅格间汇流演算时，参数 x_e 不敏感，可以根据相关文献予以估计，如对于地下径流 $x_{e,g}$ 可以取 0。k_e 反映的是不同径流成分在栅格单元的汇流时间，一般情况下有：$k_{e,ch} \geqslant k_{e,s} \geqslant k_{e,i} \geqslant k_{e,g}$。对于次洪模型，$k_{e,i}$ 与 $k_{e,g}$ 相对不敏感，$k_{e,ch}$ 与 $k_{e,s}$ 可以通过汇流时间与地貌特征间的关系进行估计。

（3）线性水库及滞后演算法汇流：C_i、C_g、C_s 与 L_{ag}

线性水库与滞后演算法汇流参数主要是针对 SATIN 日模型而言，在次洪模型中无需对这几个参数进行估计。本书也是假定 C_i 与 C_g 空间分布均匀，C_i 相对不敏感，可以取一般常用值作为模型的参数估计值，C_g 可以通过分析枯季退水资料直接求得，在没有实测资料的情况下，可以通过已有的应用经验进行估计。C_s 与 L_{ag} 反映的是整个流域河网的调蓄能力，前者决定洪水的坦化，后者决定洪水的平移，可以采取集总式考虑，估计参数的方法与新安江模型所用方法一样。

5.5　模型在山洪预报中的应用

5.5.1　增加超渗产流的新安江模型应用

根据陕西省实际情况，分别选取周水河志丹站、灞河马渡王站、板桥河板桥站代表陕北、关中、陕南三个区域预警指标体系研究项目代表站，表 5-3 ~ 表 5-5 分别是增加超渗产流的新安江模型在志丹流域、马渡王流域及板桥流域的应用结果，图 5-11 ~ 图 5-16 是志丹流域、马渡王流域及板桥流域典型洪水模拟及实测过程线。

表 5-3　增加超渗产流的新安江模型志丹流域应用结果

洪水起始时间	总雨量 (mm)	实测径流深 (mm)	预报径流深 (mm)	径流深误差 (mm)	径流是否合格	实测洪峰 (m^3/s)	预报洪峰 (m^3/s)	洪峰是否合格	洪峰相对误差 (%)	峰现时间误差 (h)	确定性系数
2000072703	18.9	2.48	0.61	1.87	1	162	21.1	0	86.9	-1	0.04
2001072508	46.4	2.36	1.82	0.53	1	106	21.7	0	79.4	-10	0.2
2001081508	21.6	2.25	1.06	1.19	1	137	134.9	1	1.4	1	-0.31

续表

洪水起始时间	总雨量(mm)	实测径流深(mm)	预报径流深(mm)	径流深误差(mm)	径流是否合格	实测洪峰(m^3/s)	预报洪峰(m^3/s)	洪峰是否合格	洪峰相对误差(%)	峰现时间误差(h)	确定性系数
2001081612	87.3	9.08	12.75	-3.68	0	196	142.1	0	27.4	2	0.78
2002060814	58.1	4.21	7.06	-2.85	1	202	98.7	0	51.1	-5	-0.04
2002061815	23.5	5.55	2.04	3.5	0	300	109.7	0	63.4	3	0.11
2002062608	19	2.75	1.50	1.24	1	156	49.3	0	68.3	1	0.38
2003080708	8.7	0.67	0.36	0.3	1	24.8	20	1	19.5	1	-0.08
2004081715	81.4	5.15	9.30	-4.16	0	110	101.5	1	7.6	0	0.42
2005071808	48.3	1.39	3.52	-2.13	1	97.5	53.7	0	44.9	1	-0.29
2006080508	19.3	1.20	2.74	-1.55	1	65.8	78.1	1	-18.9	-3	-1.5
2007072508	25	3.23	2.49	0.74	1	74.8	112.2	0	-50.1	-12	-1.61
2008080720	8.2	0.21	0.19	0.02	1	14.5	4.1	0	71.5	-11	-0.28
2009071508	44.1	1.19	3.95	-2.76	1	20.7	57.1	0	-176	-1	-16.05
2010081103	31.4	4.10	4.88	-0.79	1	104	107.7	1	-3.7	-1	0.36

注：径流是否合格中，1表示合格，0表示不合格。

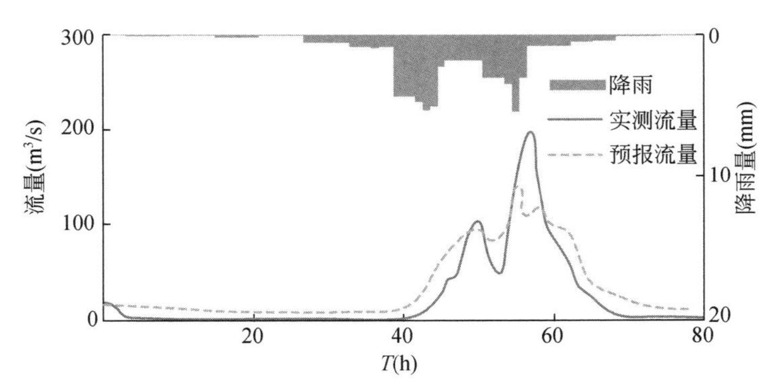

图5-11　志丹流域2001081612号次洪模拟过程线

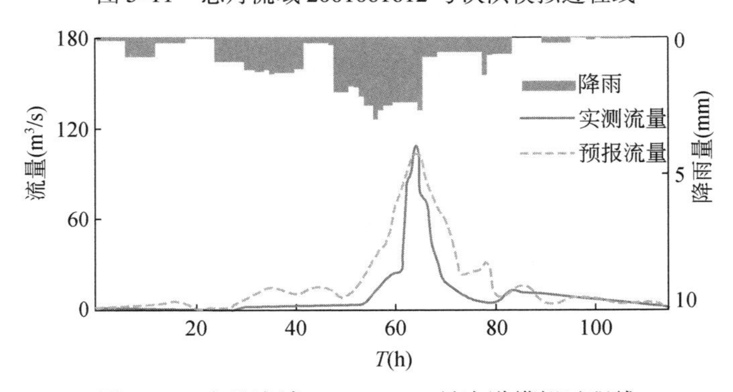

图5-12　志丹流域2004081715号次洪模拟过程线

表 5-4 增加超渗产流的新安江模型马渡王流域应用结果

洪水起始时间	总雨量(mm)	实测径流深(mm)	预报径流深(mm)	径流深误差(mm)	径流是否合格	实测洪峰(m^3/s)	预报洪峰(m^3/s)	洪峰是否合格	洪峰相对误差(%)	峰现时间误差(h)	确定性系数
2000101008	85. 9	22. 93	25. 93	−3	1	688	737. 8	1	−7. 3	0. 83	−4
2001042008	34. 4	9. 28	3. 66	5. 61	0	94	28. 3	0	69. 8	−0. 31	5
2002060111	89. 4	13. 69	16. 34	−2. 66	1	584	618. 1	1	−5. 9	0. 42	−4
2003090408	49. 6	28. 01	27. 80	0. 2	1	264	261. 8	1	0. 8	0. 82	−13
2003091408	115. 3	40. 00	41. 77	−1. 77	1	652	779. 8	1	−19. 7	0. 91	1
2004093001	47. 9	13. 83	6. 82	7	0	590	272. 8	0	53. 7	0. 48	−3
2005092608	210. 7	70. 63	78. 38	−7. 75	1	844	920. 2	1	−9. 1	0. 79	−6
2006092508	102. 7	22. 11	11. 43	10. 68	0	304	175. 4	0	42. 2	0. 46	2
2007071302	104. 5	25. 93	22. 47	3. 46	1	339	306. 8	1	9. 4	0. 82	0
2008072108	45. 1	8. 26	6. 18	2. 08	1	271	199. 9	0	26. 2	0. 78	−1
2009082814	61. 8	14. 66	16. 92	−2. 27	1	616	670	1	−8. 8	0. 45	−6
2010082002	203. 7	55. 38	44. 31	11. 07	1	375	369. 7	0	1	0. 7	0

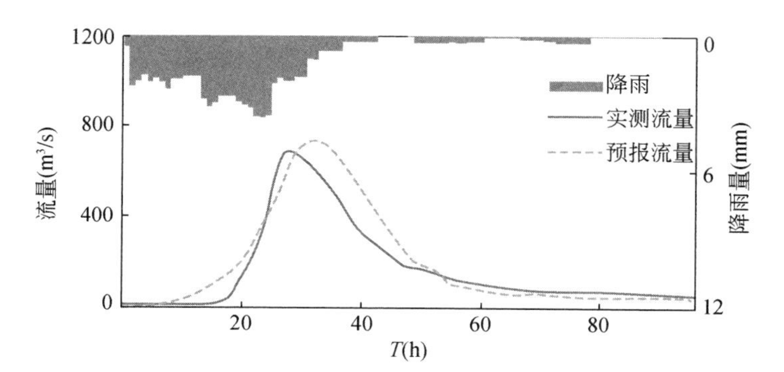

图 5-13 马渡王流域 2000101008 号次洪模拟过程线

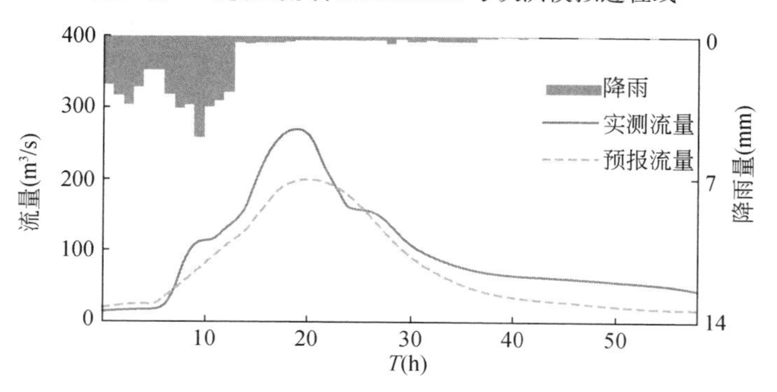

图 5-14 马渡王流域 2008072108 号次洪模拟过程线

表 5-5　增加超渗产流的新安江模型板桥流域应用结果

洪水起始时间	总雨量(mm)	实测径流深(mm)	预报径流深(mm)	径流深误差(mm)	径流是否合格	实测洪峰(m^3/s)	预报洪峰(m^3/s)	洪峰是否合格	洪峰相对误差(%)	峰现时间误差(h)	确定性系数
2000081714	36.7	19.42	7.70	11.72	0	81.1	38.3	52.7	0	20	-0.2
2001081420	39.2	3.63	7.33	-3.71	0	112	104.6	6.5	1	-4	-1.11
2002060820	83.5	11.24	13.74	-2.5	1	64.8	155.3	-139.8	0	0	-1.45
2002062608	48.4	7.34	5.46	1.88	1	42	40.7	2.9	1	-1	0.72
2003082420	308.2	131.98	118.56	13.42	1	550	361.9	34.1	0	-2	0.5
2004092808	46.8	8.64	7.46	1.18	1	45.2	36.8	18.6	1	-4	0.76
2005092908	148.4	80.90	54.35	26.54	0	160	132	17.4	1	-6	0.68
2006092608	93.5	12.12	10.05	2.06	1	16.2	26.7	-65.4	0	-3	-0.12
2007080808	63.3	10.95	10.52	0.43	1	26.8	69.4	-158.2	0	-3	-3.61
2008061208	1.2	0.22	0.13	0.09	1	3.8	1	73	0	1	0.07
2009051208	53.9	12.43	4.82	7.61	0	28.3	13.9	50.9	0	-20	-0.02
2009082808	61.3	15.82	14.73	1.08	1	41.2	183.2	-343.8	0	8	-7.11
2010072309	83.1	46.82	28.18	18.64	0	123	100.3	18.3	1	14	0.35

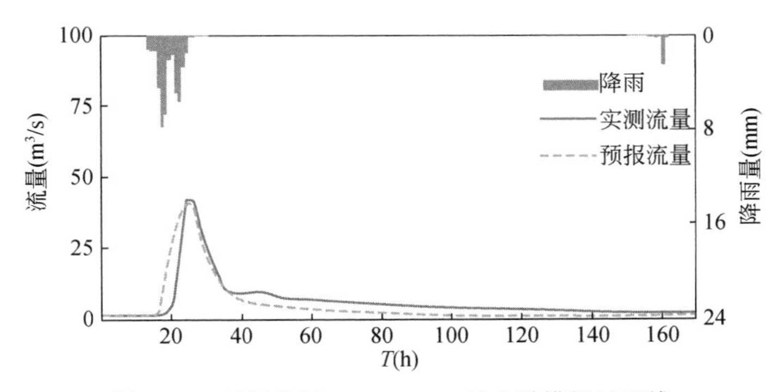

图 5-15　板桥流域 2002062608 号次洪模拟过程线

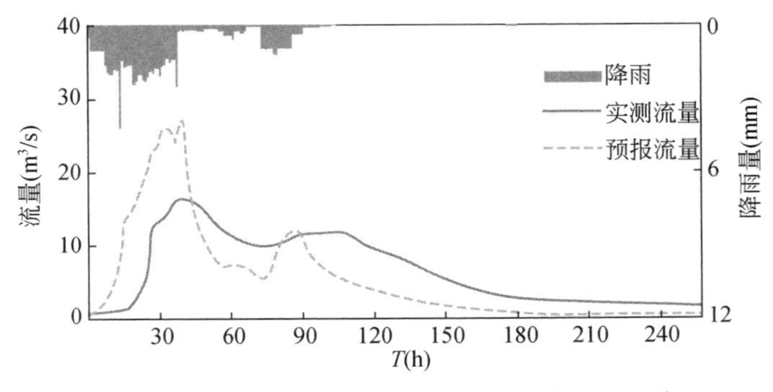

图 5-16　板桥流域 2006092608 号次洪模拟过程线

新安江模型添加超渗产流机制之后，洪峰合格数增加了，与超渗产流模型相当，但洪量合格数降低了。增加超渗产流的新安江模型是一种混合架构的模型，本书认为在未蓄满面积上发生超渗产流，对原有蓄满产流结构基本未作变动。经实际检验，原有蓄满径流加上超渗径流之后，洪峰流量增加，洪峰合格数提高，但对整场洪水而言，洪量易偏大。模型中蓄满产流与超渗产流之间的关系，还需改进。对于山洪预警预报而言主要是洪峰流量预报，因此，增加超渗产流的新安江模型优于新安江模型。

5.5.2　新安江–海河模型应用

阜平流域多年平均降水量约600mm，较湿润，气候条件是容易发生蓄满产流的；但阜平流域下垫面条件不佳，阜平站以上一般为深山区，河道纵坡平均为5.3‰，河床呈“V”形，两岸皆为岩石，几乎无台地，河床覆盖物为大块石和沙砾，流域内植被情况较差，局部有小块成林。从洪水过程线来看，总体比较平稳，很少出现陡涨陡落的洪水形态，一般认为阜平流域洪水特征是先超渗后蓄满，也就是说阜平属混合产流。

流域内有8个雨量站：庄旺、冉庄、不老台、下关、砂窝、龙泉关、桥南沟、阜平，如图5-17所示。选取1963～2004年的降雨摘录资料，以及阜平站同系列的实测流量资料。蒸发资料采用王快站E601蒸发器的实测蒸发资料。

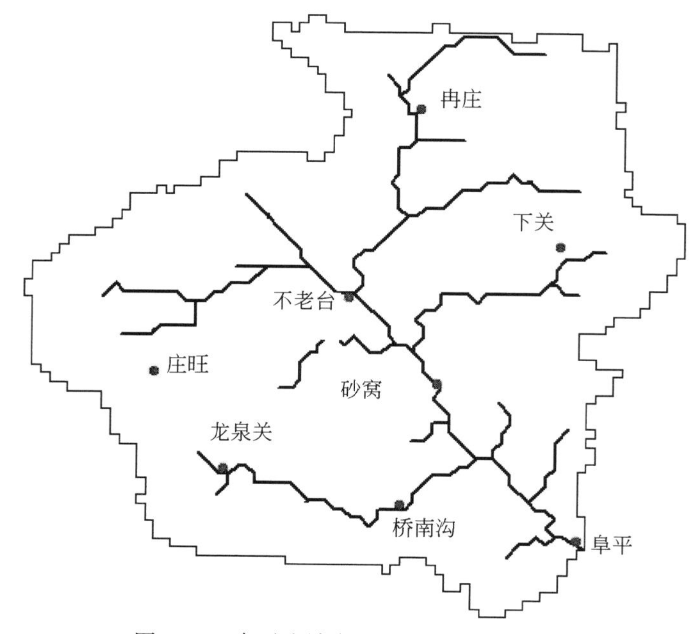

图5-17　阜平流域水系及站点分布示意图

选取的年降雨径流资料，年份跨度大，土壤含水量及下垫面情况等都发生了不同程度的变化。因为雨量站有 8 个，为了简便计算面平均雨量，所以在新安江模型及新安江–海河模型应用中把流域等分成了 8 块。假设每个子流域的降雨空间分布均匀，并以其中的雨量站实测降雨来代表。

采用阜平以上流域 1958 ~2005 年的实测 41 场洪水资料，见表 5-6。

表 5-6　阜平选用的洪水场次

序号	洪号	开始时间	结束时间
1	1958	1958-7-9 17：00	1958-7-13 8：00
2	1959	1959-7-19 4：00	1959-7-28 23：00
3	1959	1959-8-3 3：00	1959-8-12 1：00
4	1963	1963-8-2 8：00	1963-8-12 7：00
5	1964	1964-8-11 8：00	1964-8-15 8：00
6	1966	1966-8-12 8：00	1966-8-20 7：00
7	1966	1966-8-22 8：00	1966-8-25 7：00
8	1966	1966-8-25 8：00	1966-8-29 4：00
9	1967	1967-8-1 8：00	1967-8-7 8：00
10	1968	1968-8-16 8：00	1968-8-20 16：00
11	1970	1970-7-6 8：00	1970-7-16 8：00
12	1970	1970-7-30 8：00	1970-8-6 20：00
13	1971	1971-6-25 8：00	1971-6-28 8：00
14	1973	1973-7-6 8：00	1973-7-13 8：00
15	1973	1973-8-12 8：00	1973-8-18 7：00
16	1974	1974-7-22 8：00	1974-7-28 8：00
17	1975	1975-8-5 8：00	1975-8-10 8：00
18	1976	1976-7-17 21：00	1976-7-29 20：00
19	1976	1976-8-19 8：00	1976-8-25 8：00
20	1977	1977-7-20 8：00	1977-7-24 7：00
21	1977	1977-7-24 8：00	1977-8-15 23：00
22	1978	1978-8-25 8：00	19784-9-5 19：00
23	1979	1979-8-9 8：00	1979-8-27 11：00
24	1981	1981-8-2 8：00	1981-8-14 7：00
25	1982	1982-7-26 8：00	1982-8-12 7：00
26	1983	1983-8-3 8：00	1983-8-12 8：00

续表

序号	洪号	开始时间	结束时间
27	1985	1985-8-20 8：00	1985-8-24 19：00
28	1986	1986-8-30 8：00	1986-9-5 7：00
29	1987	1987-8-12 8：00	1987-8-16 7：00
30	1987	1987-8-16 8：00	1987-8-22 7：00
31	1987	1987-8-22 8：00	1987-8-31 7：00
32	1988	1988-8-8 8：00	1988-8-14 7：00
33	1989	1989-7-29 8：00	1989-8-13 20：00
34	1992	1992-8-1 8：00	1992-8-5 20：00
35	1994	1994-7-5 8：00	1994-7-19 20：00
36	1995	1995-7-16 8：00	1995-7-28 20：00
37	1996	1996-8-2 8：00	1996-8-9 19：00
38	1999	1999-8-13 8：00	1999-8-22 19：00
39	2000	2000-7-3 16：00	2000-7-14 20：00
40	2001	2001-7-23 22：00	2001-7-29 7：00
41	2004	2004-8-8 8：00	2004-8-20 7：00

采用新安江模型模拟阜平流域1958～2004年的41场洪水，参数及其设定值见表5-7。

表5-7　阜平流域新安江模型参数

参数意义	参数	参数值	参数意义	参数	参数值
蒸散发折算系数	K_C	1	地下水出流系数	K_G	0.45
流域蓄水容量分布曲线指数	B	0.5	壤中流出流系数	K_I	0.25
深层散发系数	C	0.12	地下水消退系数	C_G	0.998
张力水容量	W_M	180	壤中流消退系数	C_I	0.96
上层张力水容量	W_{UM}	20	河道汇流的马斯京根法系数	X_E	0.35
下层张力水容量	W_{LM}	90	河道汇流的马斯京根法系数	K_E	1
不透水面积比例	I_M	0.01	河网水流消退系数	C_S	0.32
自由水容量	S_M	37	河网汇流滞时	L	0
流域自由水容量分布曲线指数	E_X	1.5			

统计阜平流域新安江模型模拟结果。阜平流域41场洪水，新安江模型径流深模拟合格23场，合格率为56.1%；洪峰合格17场，合格率为41.5%。显然，将

41场洪水在同一套参数下模拟，预报精度达不到要求，这是半干旱半湿润流域与湿润流域有较大差别的地方。

20世纪80年代之后由于大规模经济建设，海河流域在80年代前后下垫面有明显的变化。对于海河流域，一般认为20世纪80年代以前人类活动对下垫面影响不大，属微弱期；80年代以后人类活动明显加剧，为明显期。就阜平流域而言，1980年以前次洪径流深误差多为正值，表明模拟结果偏小，1980年以后次洪径流深误差多为负值，表明模拟结果偏大，如图5-18所示。也就是说，阜平流域1980年前后下垫面变化较大，径流特性改变较大，同等水平的降雨量，产流量明显偏小。用同一套参数模拟，不能反映流域产汇流条件的改变。

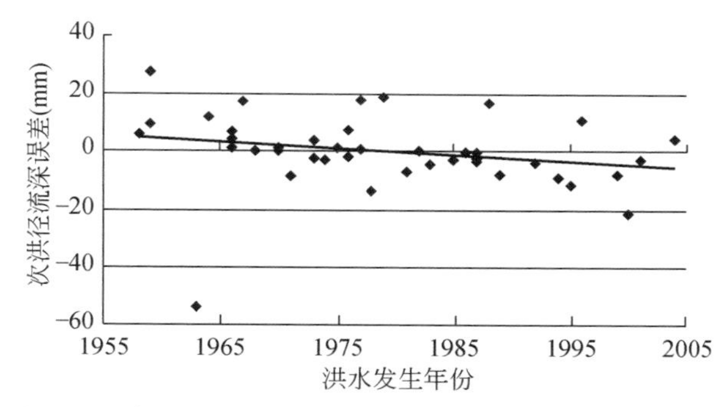

图5-18　阜平流域次洪径流深误差与洪水发生时间关系图

研究表明，洪水量级越小，受下垫面变化影响越大。与长江以南湿润流域相比，海河流域属半干旱半湿润流域，年平均降水量较小，大中洪水较少，小洪水居多。因此，下垫面的变化，对海河流域洪水影响更大，需分年代模拟。

将阜平流域41场洪水分为1980年前和1980年后两个时期，1980年前23场洪水，1980年后18场洪水。用新安江模型分别模拟阜平流域1980年前和1980年后洪水。由于次洪模型中，与其他参数相比，S_M 和 C_S 相对较敏感，所以参数率定时，1980年前后洪水仅 S_M 和 C_S 有变化，其余参数取值与表5-7相同。

1980年前阜平流域新安江模型 S_M 取值为37，C_S 取值为0.32，径流深合格16场，合格率为69.6%，洪峰合格11场，合格率为47.8%；1980年后 S_M 取值为68，C_S 取值为0.25，径流深合格13场，合格率为72.2%，洪峰合格7场，合格率为38.9%。显然，径流深合格率大幅提高，接近或超过乙级精度。

进一步研究发现，阜平流域次洪径流深误差不仅与洪水发生时间有关，而且与洪水量级有关，如图5-19和图5-20所示。图5-19显示1980年前洪水次洪径流深误差与次洪实测径流深的关系，除个别场次洪水，一般而言，小洪水次洪径流深误差多为负值，即模拟结果偏大，大洪水次洪径流深误差多为正值，即模拟结果偏小。1980年后洪水这种趋势更加明显，如图5-20所示。阜平流域41场洪水，最大次洪实测径流深达182.8mm，最小次洪实测径流深仅为1.3mm，大小洪水量级相差巨大，产汇流特性也有显著差别，因此，不仅要分年代模拟，还要分量级模拟，这也是与湿润流域不同的地方。

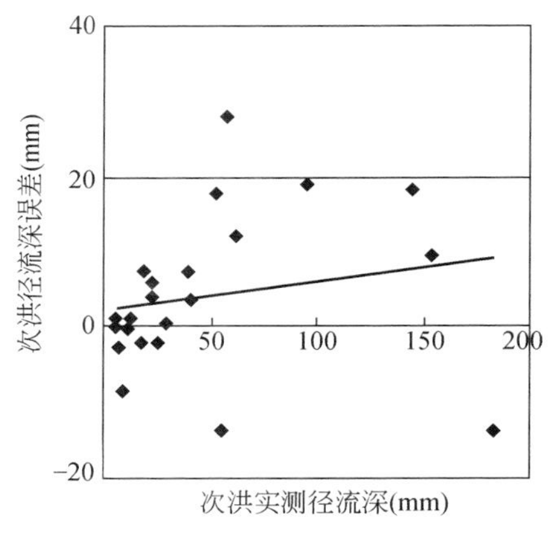

图5-19 阜平流域1980年前洪水次洪径流深误差与洪水量级关系图

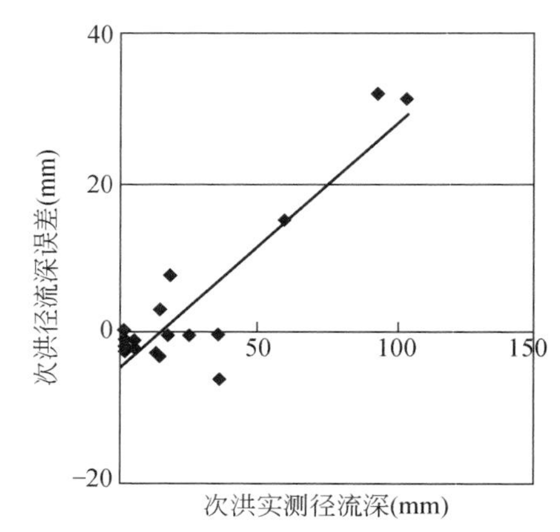

图5-20 阜平流域1980年后洪水次洪径流深误差与洪水量级关系图

用新安江模型分量级、分年代模拟阜平流域洪水，仅 S_M 和 C_S 有变化，其余参数同表5-7，结果见表5-8。

表5-8 阜平流域新安江模型各时期模拟结果

频率	洪水	S_M(mm)	C_S	洪量合格率（%）	洪峰合格率（%）
大于或等于10年一遇	1980年前	30	0.15	100	100
	1980年后	30	0.15	100	100
5至10年一遇	1958年、1966年、1967年	20	0.02	100	100
	1973年、1975年、1976年、1977年	35	0.15	75	75
	1978年、1979年、1982年、1995年、2000年	69	0.2	80	100
小于5年一遇	1980年前	40	0.29	73	
	1980年后	70	0.14	77	

可以看出，在阜平流域分量级、分年代模拟，新安江模型精度很高，但参数取值并不合理。

S_M 反映表土蓄水能力。S_M 受降雨资料时段均化的影响，当用日作为时段长时，在土层很薄的山区，其值为10mm或更小一些；而在土深林茂透水性很强的流域，其值可取50mm或更大一些；一般流域为10～20mm。当计算时段长减小时，S_M 要加大。

阜平流域位于王快水库流域西北部，以山地为主，植被覆盖度小于85%。因此，阜平流域 S_M 值应较小，次洪模型中 S_M 值最高达69和72，显然偏大。

20世纪80年代后由于流域内地下水开采以及人类活动影响，增加了流域拦蓄，使得流域的包气带发生了变化，新安江模型的张力水蓄水容量等发生变化。从理论上来说张力水蓄水容量是田间持水量和凋萎含水量之差，自由水蓄水容量是饱和含水量与田间持水量之差。新安江模型1980年后洪水 S_M 数值比较大，这样与该参数原来的物理意义不同，实际上把流域拦蓄、河道下渗对流域产汇流的影响都反映到这个参数中了。

应用新安江-海河模型分年代、分量级重新模拟，结果见表5-9。

表5-9　阜平流域新安江-海河模型各时期模拟结果

洪水量级	年份	S_M（mm）	C_S	F_V/F_t	F_0	径流合格率（%）	洪峰合格率（%）
大水	1980年前	30	0.15	0	0	100	100
	1980年后	30	0.15	0	0	100	100
中水	1958年、1966年、1967年	15	0.05	0	0	100	100
	1973年、1975年、1976年、1977年	25	0.29	0	0	100	75
	1978年、1979年、1982年、1995年、2000年	35	0.36	0.1	0.17	80	80
小水	1980年前	40	0.29	0	0	73	
	1980年后	40	0.15	0.1	0.21	92	

新安江模型在海河多个流域均能达到或超过乙级精度，但往往参数值不合理，S_M 值偏大，违背其本身的物理意义。新安江-海河模型自新安江模型修订而来，考虑了海河流域的水文特性，添加了流域拦蓄水库，反映海河流域径流的渗漏与损失。经验证，新安江-海河模型精度比新安江模型略有提高，参数取值更加合理，模型结构更加完善。

5.5.3　基于网格的蓄满与超渗空间组合的水文模型应用

本书所构建模型及其参数估计方法已在国内湿润、半湿润与半干旱多个流域得到了验证，均取得了良好的应用效果。现以皖南山区屯溪流域以及河北省内宽城流域为例，对本节研究成果作进一步验证。

本书利用美国马里兰大学（UMD）提供的全球 1 km（30″）精度的植被覆盖数据描述研究流域内植被的空间分布，利用联合国粮食及农业组织（Food and Agriculture Organization，FAO）提供的全球 10 km（5′）精度的土壤类型数据描述研究流域内土壤的空间分布。鉴于植被与土壤类型数据的精度，同时也为了提高模型的运行效率，在模型应用时所用的 DEM 数据采用美国地质勘探局（United States Geological Survey，USGS）提供的精度为 1 km（30″）的高程数据。为了考虑流域内蓄满与超渗产流模式的空间组合，本书以地形指数作为产流模式的识别标准，即先定义一个地形指数阈值，当利用 DWTES 模型提取的流域内栅格单元地形指数大于该阈值时，则在该栅格单元上采用蓄满产流计算模式；反之，当提取结果小于该阈值时，则在该栅格单元上采用超渗产流计算模式。

1. 研究流域资料

(1) 屯溪流域

屯溪流域位于安徽省境内皖南山区，邻近中国东南沿海，属亚热带季风气候区。该地区四季分明，气候温和，多年平均气温约 17℃。屯溪流域面积为 2692 km^2，地势西高东低，最大、最小以及平均海拔高程分别为 1398 m、116 m、380 m，相对高差较大。该流域雨量充沛，多年平均降雨量约为 1800 mm，为典型的湿润流域，降水在年内年际分配极不均匀，汛期内的降雨量一般占年总雨量的 60% 以上。屯溪流域内植被良好，主要包括常绿针叶林、落叶阔叶林、混合林、森林地、林地草原、牧草地与作物地，土壤类型主要为黏壤土。

屯溪流域内有 12 个雨量站（图 5-21），具有 1982 ~ 2003 年共计 23 年的日降雨资料，有 39 场洪水的时段降雨资料，屯溪出口站有对应的流量资料以及部分水位资料。

(2) 宽城流域

宽城流域位于河北省境内，属滦河流域的一个子流域。滦河发源于河北省丰宁县的巴颜图古尔山麓，流经坝上草原，穿过燕山山脉，于乐亭县汇入渤海。整个流域地势自西北向东南倾斜，主要为山地，多伦以上为内蒙古草原，海拔为 1300 ~ 1400 m，地势平坦，多为草甸沼泽，植被良好，河流从东南开始蜿蜒迂回于山区峡谷与盆地之中，绝大部分为石质山区，土质松散，土层较薄。滦河流域地处副热带季风区，夏季炎热多雨，而冬季寒冷干燥，降雨分布受到地形影响，年降雨量为 400 ~ 700 mm。宽城流域地处全流域的东南部，为半湿润流域。宽城流域面积为 1732 km^2，是一狭长形的闭合流域。流域内含有森林地、林地草原、密集灌木林、城市用地、牧草地以及作物地。土壤类型主要为黏壤土。

宽城流域内雨量站点较少，除宽城站外，还有党坝站与平泉站（图 5-22）。流域内无连续的年际资料，有 15 次降雨强度较大的次洪水资料，每次洪水前期有一个月的日降雨资料，可用于日模型的连续模拟以确定次洪的前期土湿。

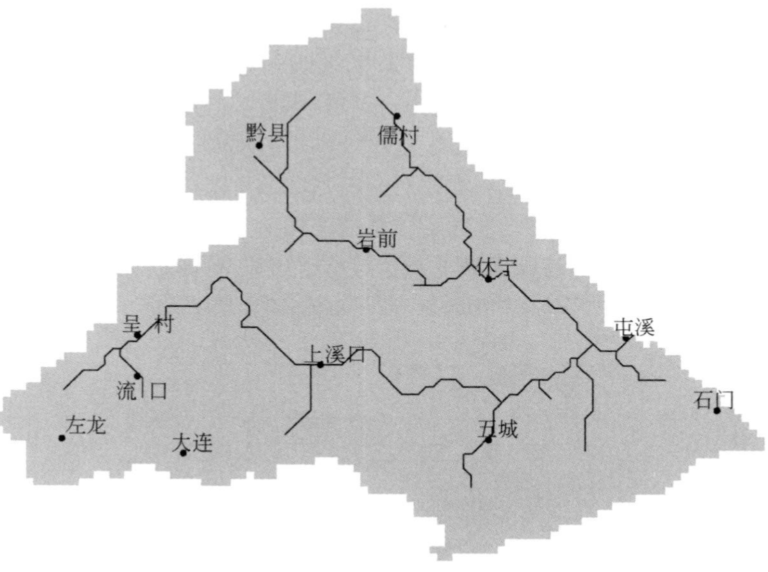

图 5-21　屯溪流域水系及站点分布图

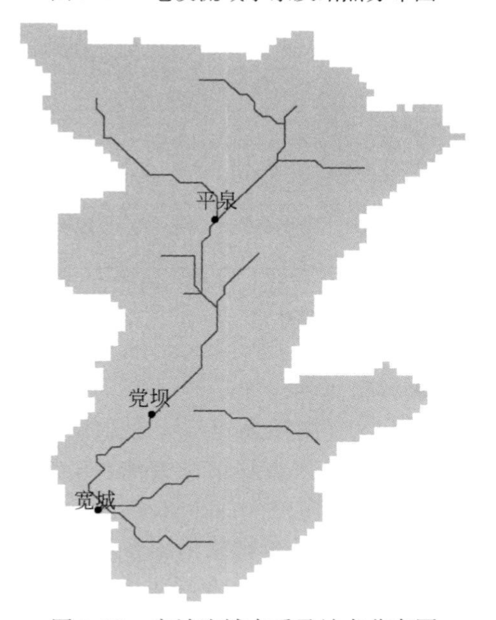

图 5-22　宽城流域水系及站点分布图

2. 结果分析

（1）屯溪流域应用结果分析

在屯溪流域内，有屯溪、坝下、呈村、流口、新亭、榆村和月潭 7 个实测点的断面资料，在次洪模型中汇流方法采用的是扩散波方法。基于参数客观估计方法，SATIN 模型在屯溪流域应用时所需要率定的参数较少，主要是扩散波汇流方法中的坡面糙率系数 n_h ，其他参数及其空间分布直接采用客观估计的结果。

对于屯溪流域率定期与检验期的所有 39 场洪水过程而言，SATIN 模型模拟的次洪过程径流深、洪峰与峰现时间的平均相对误差水平分别是 7.8%、8.7% 与 2.1 小时；合格率分别为 95%、95% 与 93%，确定性系数的均值为 0.91。由应用结果可以看出，SATIN 模型能够很好地模拟屯溪流域的洪水过程，可以获得高精度的分布式水文模拟结果。图 5-23 与图 5-24 为摘录的屯溪流域两次洪水模拟过程线的比较。

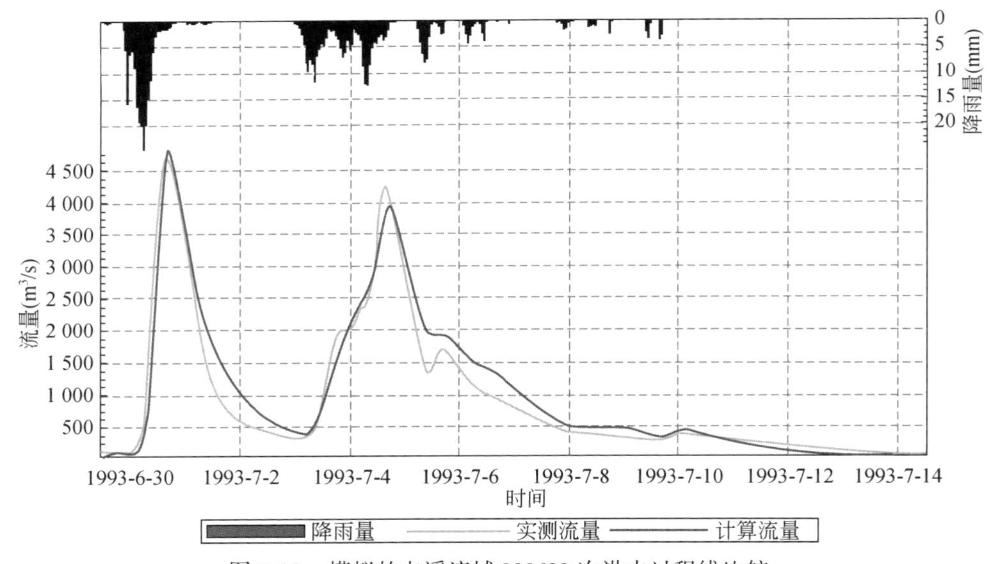

图 5-23　模拟的屯溪流域 930629 次洪水过程线比较

（2）宽城流域应用结果分析

对于宽城流域而言，由于无实测断面资料，在次洪模型中汇流方法采用的是基于栅格的 Muskingum 法。基于参数客观估计方法，SATIN 模型在宽城流域应用时所需要率定的参数较少，主要是栅格 Muskingum 汇流方法中的蓄量常数 k_e 与流量比重因子 x_e ，其他参数及其空间分布直接采用客观估计的结果。

对于宽城流域率定期与检验期的所有 15 场洪水过程而言，SATIN 模型模拟的次洪过程径流深、洪峰与峰现时间的平均相对误差水平分别是 13.8%、6.9% 与

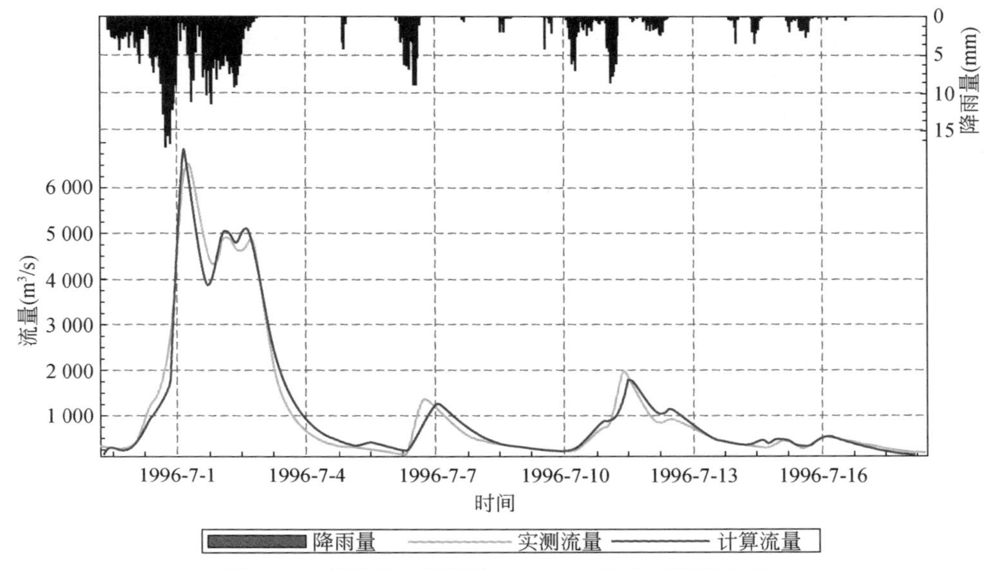

图 5-24　模拟的屯溪流域 960629 次洪水过程线比较

0. 2 小时；合格率分别为 80%、93% 与 93%，确定性系数的均值为 0. 91。由应用结果可以看出，SATIN 模型能够较好地模拟宽城流域的洪水过程，可以获得较高精度的分布式水文模拟结果。图 5-25 与图 5-26 为摘录的宽城流域两次洪水模拟过程线的比较。

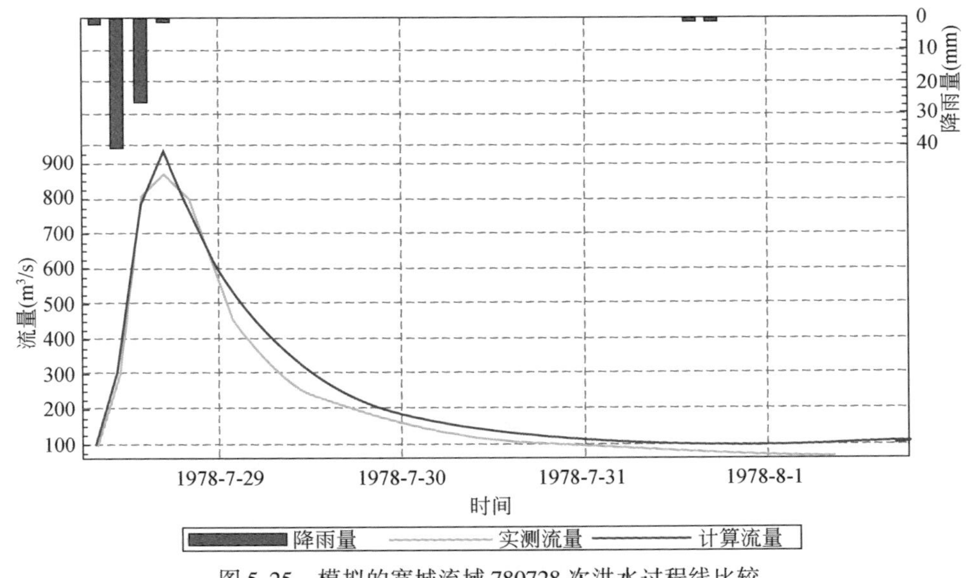

图 5-25　模拟的宽城流域 780728 次洪水过程线比较

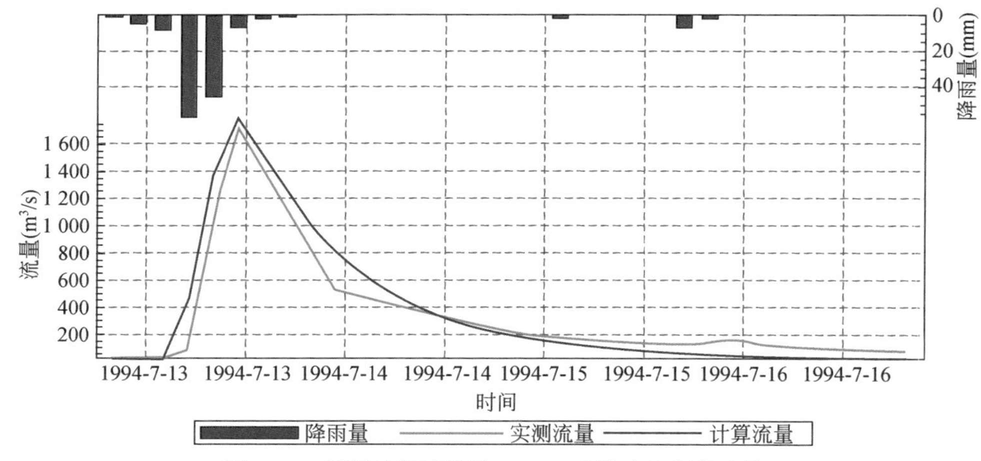

图 5-26 模拟的宽城流域 940712 次洪水过程线比较

5.6 小　　结

由于本章篇幅所限及各章之间篇幅平衡，本章简要介绍了河北雨洪模型、增加超渗产流的新安江模型、新安江-海河模型及基于网格的蓄满与超渗空间组合的水文模型。

半湿润半干旱地区的洪水预报仍然是一个难题。与湿润地区相比，半湿润半干旱地区下垫面空间变异大，以及由于人类活动的影响，改变了流域下垫面包气带产汇流的一些特征。研究表明在充分供水的情况下在一个小时之内可达到稳定下渗率，也就是说，超渗产流计算需要短历时的雨量资料，时段长要小于半小时，如果没有这样的雨量与流量观测资料，要很客观地比较各类模型的好坏有一定的难度。鉴于这样的原因，除了本章介绍的 4 个模型之外，新安江模型、萨克拉门特模型、超渗产流模型、API 模型、TANK 模型、TOPKAPI 模型、澳大利亚 IHACRES 模型及数据驱动的一类模型均可以用于半湿润半干旱区域的洪水预报。

参考文献

包为民，王从良．1997. 垂向混合产流模型及应用．水文，03：19-22.

包为民．2006. 水文预报．第 3 版．北京：中国水利水电出版社．

包为民．1995. 黄土区流域水沙模拟概念模型与应用．南京：河海大学出版社．

董小涛，李致家，李利琴．2006. 不同水文模型在半干旱地区的应用比较研究．河海大学学报（自然科学版），34（2）：132-135.

何平，张广生，边荣英．2001. 海河流域中部地区产流理论分析．河北水利科技，22（1）：

45-50.
河北省水文水资源勘测局.2012. 海河南系主要控制站设计洪水下垫面修正技术报告.
胡春歧.1993. 半干旱半湿润地区产流计算方法研究. 水文情报预报学术交流论文集，57-62.
黄鹏年，李致家，姚成，等.2013. 半干旱半湿润流域水文模型应用与比较. 水力发电学报，32（4）：4-9.
李致家，黄鹏年，姚成，等.2014. 灵活架构水文模型在不同产流区的应用. 水科学进展，25（1）：28-35.
李致家，黄鹏年，张建中，等.2013. 新安江——海河模型的构建与应用. 河海大学学报（自然科学版），41（3）：189-195.
李致家，姜婷婷，黄鹏年，等.2015. 气候和下垫面对概念性分布式水文模型模拟结果的影响与分析. 水科学进展，26（4）：473-480.
李致家，孔凡哲，王栋.2010. 现代水文模拟与预报技术. 南京：河海大学出版社.
李致家，孔祥光. 1998. 对新安江模型的改进. 水文，4：19-23.
李致家，姚玉梅，戴健男，等.2012. 利用水文模型研究下垫面变化对洪水的影响. 水力发电学报，31（3）：5-10.
李致家. 2008. 水文模型的应用与研究. 南京：河海大学出版社.
倪猛，陈波，岳建华，等. 2007. 洛河流域蒸散发遥感反演及其与各参数的相关性分析. 地理与地理信息科学，23（6）：34-37.
水利部海河水利委员会科技资讯中心.2012. 下垫面变化条件下设计洪水修订技术研究报告.
水利部水文局，长江水利委员会水文局.2010. 水文情报预报技术手册. 北京：中国水利水电出版社.
文康，等.1991. 地表径流过程的数学模拟. 北京：水利电力出版社.
熊立华，郭生练.2004. 分布式流域水文模型. 北京：中国水利水电出版社.
赵人俊，王佩兰，胡凤斌.1992. 新安江模型的根据及模型参数与自然条件的关系. 河海大学学报，（1）：52-59.
赵人俊. 1983. 流域水文模型——新安江模型与陕北模型. 北京：水利电力出版社.
Anderson M G，Mcdonnel J J. 2005. Encyclopedia of hydrological sciences. New York：John Wiley and Sons，Ltd.
Li Z J，Yao C，Kong X G. 2005. Improving Xinanjiang model. Journal of Hydrodynamics，17（6）：746-751.
Simmers I. 2005. Understanding Water in a Dry Environment，Hydrological Processes in Arid and Semi-arid Zones. Rotterdam：A. A. Balkema Publishers.
Wheater H，Sorooshian S，Sharma K D. 2008. Hydrological Modelling in Arid and Semi- Arid Areas. Cambridge：Cambridge University Press.
WMO. 2011. Manual on Flood Forecasting and Warning. WMO-No. 1072. Geneva：Word Meteorological Organization.

第6章　半干旱地区中小河流洪水预报模型应用

我国内蒙古高原、黄土高原和青藏高原大部分地区年雨量在200～400mm，属于半干旱流域。在产汇流机理上，半干旱流域与半湿润有所不同，半湿润产流可能是蓄满与超渗时空组合，而半干旱则以超渗产流为主。水文情报预报技术手册（2010）、Carpenter和Georgakakos（2004）、Wheater等（2008）介绍了14种适用于半干旱地区的水文模型，其中在我国应用较为广泛的陕北模型适用条件要求流域面积一般不超过十几平方公里（赵人俊，1983）。本章介绍了超渗产流模型、萨克拉门托模型及澳大利亚IHACRES模型，结果表明这3种模型也适用于半干旱地区山洪预报。

6.1　超渗产流模型

干旱半干旱地区以超渗产流为主，雨强及地表下渗能力是径流形成的关键控制因素。该地区下垫面条件复杂，降雨时空变化剧烈，加之水文站网密度较低，资料提供不全，因而成为洪水预报中的难点问题之一（Wheater et al.，2007）。针对干旱半干旱地区的产流特点及资料稀缺的实际情况，Chow等（1988）将Green-Ampt下渗公式与下渗能力空间变异曲线相结合，构建出简洁易用且具有一定物理意义的超渗产流模型。

6.1.1　模型结构

（1）Green-Ampt模型产流计算

Green-Ampt模型的基本假定是，降雨在入渗时存在着明确的水平湿润锋，将湿润和未湿润区域严格分开，即土壤含水率θ的分布呈阶梯状，如图6-1所示，湿润区为饱和含水率θ_s，湿润锋前即为初始含水率θ_i，因此，这种模型又被称为活塞模型（或打气筒模型）（赵人俊，1994）。

设地表的积水深度H为一定值，不随时间改变，湿润锋的位置z_f随时间向前移，湿润锋处的土壤吸力为s_t，也被认为是某一定值。

把z坐标原点取在地表处，以向下为正向，地表处的总水势为H，湿润锋面处总水势为$-(s_t+z_t)$，故其水势梯度为$[-(s_t+z_t)-\mathrm{H}]/z_f$。由达西定律可求出水分由地表进入土壤的通量，也即地表处的入渗率i

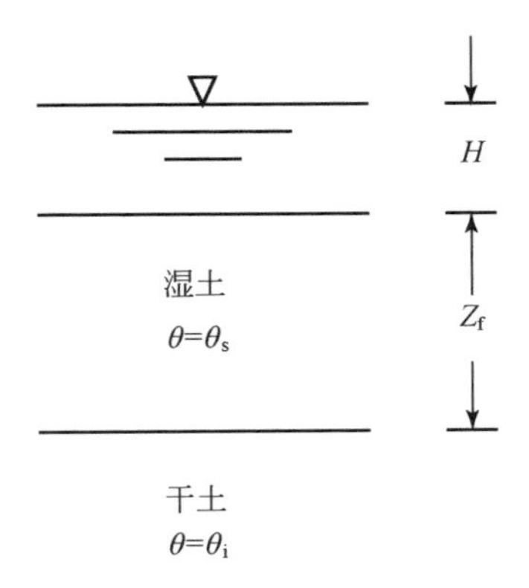

图 6-1　Green-Ampt 模型

$$f = K_s \frac{z_f + s_t + H}{z_f} \tag{6-1}$$

式（6-1）为入渗率 $f(t)$ 与湿润锋 $z_f(t)$ 的关系，式中，K_s 为饱和导水率。根据模型假定和水量平衡原理，可得出累积入渗量 $I(t)$ 和湿润锋 $z_f(t)$ 的关系

$$I = (\theta_s - \theta_i) z_f \tag{6-2}$$

由入渗率和入渗量的关系可得

$$f = \frac{\mathrm{d}I}{\mathrm{d}t}(\theta_s - \theta_i) \frac{\mathrm{d}z_f}{\mathrm{d}t} \tag{6-3}$$

联立式（6-1）和式（6-3），得

$$\frac{\mathrm{d}z_f}{\mathrm{d}t} = \frac{K_s}{\theta_s - \theta_i} \frac{z_f + s_t + H}{z_f} \tag{6-4}$$

对式（6-4）进行积分，并利用边界条件 $t = 0$ 时 $z_f = 0$，则有

$$t = \frac{K_s}{\theta_s - \theta_i}\left[z_f - (s_t + H)\ln\frac{z_f + s_t + H}{s_t + H}\right] \tag{6-5}$$

上述式（6-1）、式（6-2）和式（6-5）便是 Green-Ampt 模型的主要入渗关系式。

当地表积水很浅，或入渗时间较长而 z_f 值较大时，H 相对于 z_f 可略去，此时，利用式（6-2）可将式（6-1）和式（6-5）分别近似为

$$f = K_s[1 + (\theta_s - \theta_i) S_t / I] \tag{6-6}$$

$$K_s t = I - s_t(\theta_s - \theta_i)\ln\left(1 + \frac{I}{s_t(\theta_s - \theta_i)}\right) \tag{6-7}$$

本模型采用的计算公式即为简化后的式（6-6）和式（6-7）。

Green-Ampt 模型是超渗产流模型，降雨强度和地面下渗能力共同决定产流量的大小。当降雨雨强大于地面下渗能力时，产流量等于降雨强度与地面下渗能力

之差，土壤含水量的增加与下渗能力相同。当降雨雨强小于地面下渗能力时，产流量为零，降雨量全部补充土壤含水量，即

当 $i \leqslant f$，$R = 0 \quad I = I + i$

当 $i > f$，$R = R_S = i - f \quad I = I + f$

式中，i 为减去蒸发后的降雨强度；f 为地面下渗能力；R 为产流量；R_S 为地面径流；I 为累积下渗量。

（2）Green-Ampt 模型流域分块

为了考虑降雨和下垫面空间分布的不均匀性，采用自然流域划分法或泰森多边形法将计算流域分为 N 块单元流域。自然流域划分法是根据流域本身的特性，将具有相似特性的区域划分为一个单元流域。泰森多边形法就是根据计算流域内的雨量站网，以雨量站为顶点连接成若干个不嵌套的三角形，并尽可能使构成的三角形为锐角三角形。然后对每个三角形求其重心。利用这些三角形重心，可以将计算流域划分成若干个单元流域。

对划分好的每块单元流域分别进行蒸散发、产流和汇流计算，得到子流域的出口流量过程；对子流域的出口流量过程进行出口以下的河道汇流计算，得到该子流域在全流域出口的流量过程；将每块子流域在全流域出口的流量过程线性叠加，即为全流域出口总的流量过程。

（3）下渗能力分布曲线

在半干旱半湿润和干旱地区，一次洪水过程的降雨条件和下垫面条件在流域上的分布是很不均匀的，特别是在发生暴雨时，降雨覆盖面积小、历时短、强度大。因此，要求计算时段和子流域的面积都要尽量的小。此外，还要引入下渗能力分布曲线来进一步解决降雨空间分布不均的问题。假定在任何时刻，各点的下渗能力在流域上的分布为抛物线，如图 6-2 所示。

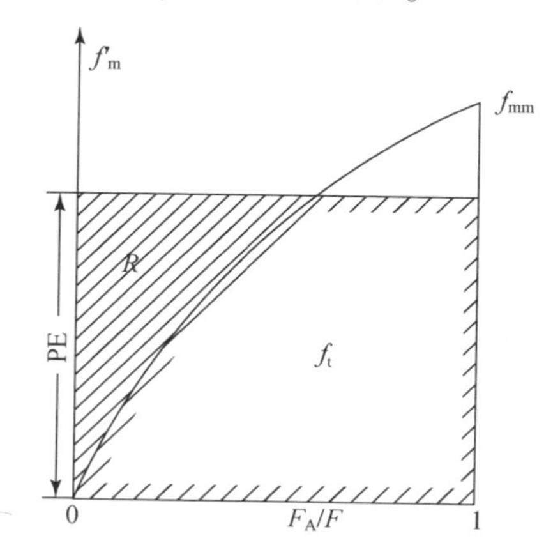

图 6-2　某时刻的流域下渗能力分布曲线

这种曲线称为流域的下渗能力分布曲线。其公式为

$$\frac{F_A}{F}=1-\left(1-\frac{f'_m}{f_{mm}}\right)^{B_X} \tag{6-8}$$

流域平均下渗能力 f_t 为

$$f_t=\frac{f_{mm}}{1+B_X} \tag{6-9}$$

式中，f'_m 为在流域中某一点的下渗能力；F 为流域面积；F_A 为下渗能力，小于等于 f'_m 的流域面积；f_{mm} 为在流域中最大的点下渗能力；B_X 为抛物线指数。

如果下渗能力小于降雨强度 P_E，则产流；反之，不产流。用 R 表示流域的产流量，其计算公式为

当 $P_E\leqslant 0$ 时，不产流，即 $R=0$

当 $P_E>0$ 时，若 $P_E\leqslant f_{mm}$，则

$$R=(1-i_{mf})\int_0^{P_E}\frac{F_A}{F}\mathrm{d}f'_m+P_E\times i_{mf}=\left[P_E-f_t+f_t\left(1-\frac{P_E}{f_{mm}}\right)^{B_X+1}\right](1-i_{mf})+P_E\times i_{mf} \tag{6-10}$$

$$I_{t+1}=I_t+P_E-R \tag{6-11}$$

若 $P_E>f_{mm}$，则

$$R=(P_E-f_t)\times(1-i_{mf})+P_E\times i_{mf} \tag{6-12}$$

$$I_{t+1}=I_t+P_E-R \tag{6-13}$$

式中，i_{mf} 为不透水面积比。

6.1.2　模型参数

超渗产流模型的计算步骤如下。

1）由时段降雨量 P 和时段流域蒸散发量 E，计算扣除蒸发后的降雨量 P_E，$P_E=P-E$；

2）如果 $P_E\leqslant 0$，则产流量 $R=0$；

3）如果 $P_E>0$，则由 I_t 用式（6-6）计算流域平均下渗能力 f_t，根据 f_t 和 B_X 用式（6-9）计算 f_{mm}；

4）根据 P_E 和 f_{mm} 值，分情况计算时段产流量和时段末的土壤累积下渗量；

5）重复上述 1～4 步骤，进行下一时段计算。

超渗产流模型的主体是 Green-Ampt 下渗模型。模型主要参数包括：流域蒸散发折算系数 K_C；饱和导水率 K_s；饱和含水率 θ_s；湿润锋处的土壤吸力 s_t；下渗能力分布曲线指数 B_X；河网水流消退系数 C_s；河道汇流的马斯京根法参数 X_E；不透水面积占全流域面积的比例 I_M。

常用的变量为土壤累积下渗量 I 、下渗率 f 、降水 P、蒸发 E 和产流 R 。

6.2 SAC 模型

6.2.1 模型结构

萨克拉门托模型是一种概念性的分布式水文模型。模型基本结构和流程如图 6-3 所示。把流域分为不透水面积、透水面积及变动不透水面积三部分。径流来源

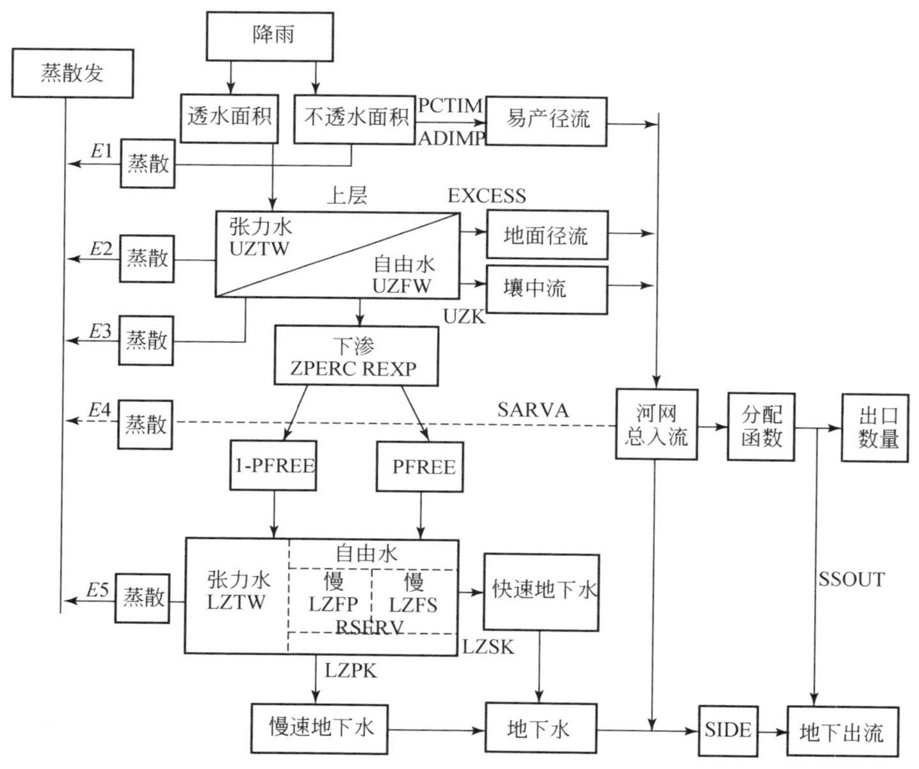

注：E1：上土层张力水蒸散发量。RSERV：下土层自由水中不参与蒸散发的比例。E2：上土层自由水蒸散发量。E3：下土层张力水蒸散发量。SARVA：河网、湖泊及水生植物面积占全流域面积的比例。E4：水面蒸发量。E5：可变不透水面积上的蒸散发量。PCTIM：永久不透水面积。ADIMP：可变不透水面积。UZTW：上土层张力水。UZFW：上土层自由水。EXCESS：过剩自由水。UZK：上土层自由水日出流系数。ZPERC：与最大下渗率有关的参数。REXP：下渗函数中的指数。PFREE：从上土层向下土层下渗的水量中补充自由水的比例。LZTW：下土层张力水。LZFP：下土层慢速自由水。LZFS：下土层快速自由水。LZSK：下土层快速地下水日出流系数。LZPK：下土层慢速地下水日出流系数。SIDE：不闭合的地下水出流比例。SSOUT：不闭合的地表水出流比例。

图 6-3　萨克拉门托模型流程图

于不透水面积上的直接径流，透水面积上的地面径流、壤中流、浅层与深层地下水以及变动不透水面积上的直接径流和地面径流，其主体为透水面积。

在透水面积上，根据土壤垂向分布的不均匀性将土层分为上、下两层。根据土壤水分受力特性的不同，每层蓄水量又分为张力水蓄量和自由水蓄量，每层的自由水可补充张力水，但张力水不能补充自由水。不透水面积不考虑土壤蓄水量，可变不透水面积只考虑张力水蓄量。两土层之间由下渗曲线连接。模型有五种基本形式计算径流，它们分别是：①固定和可变不透水面积上的直接径流；②当上土层土壤的张力水与自由水都饱和后，降雨强度又大于上土层向下土层的渗透率与壤中流出流率之和，多余的降雨产生饱和坡面流，也就是地面径流；③透水面积上产生的壤中流；④快速地下水；⑤慢速地下水。流域的蒸散发由五部分组成，即透水面积上的上层张力水蒸散发 $E1$、上层自由水蒸散发 $E2$、下层张力水蒸散发 $E3$、河道中的水面蒸散发 $E4$ 及可变不透水面积上的蒸散发 $E5$，它们共同构成流域总的蒸散发。萨克拉门托模型的汇流部分可根据需要进行选配。

6.2.2 模型参数

萨克拉门托模型产流部分主要有 17 个模型参数，其物理意义如下。

1）PCTIM：永久性不透水面积占全流域的比例，即河槽及相连的不透水面积占全流域面积的比例；

2）ADIMP：可变的不透水面积占全流域的比例，即流域中全部张力水饱和时变成的不透水面积占全流域的比例；

3）SARBA：河槽、湖泊、水库及水生生物的面积占全流域的比例；

4）UZTWM：上土层张力水容量；

5）UZFWM：上土层自由水容量；

6）LZTWM：下土层张力水容量；

7）LZFPM：下土层慢速自由水容量；

8）LZFSC：下土层快速自由水容量；

9）UZK：上土层自由水日出流系数；

10）LZPK：下土层慢速自由水日出流系数；

11）LZSK：下土层快速自由水日出流系数；

12）ZPERC：下渗系数，与最大下渗率有关的参数；

13）REXP：下渗曲线指数，表示缺水率的变化对下渗率的影响，还表示流域土壤特性；

14）PFREE：从上土层向下土层下渗水量中补充自由水的比例；

15）RSERV：下土层自由水容量不参与蒸发的比例；

16）SIDE：不闭合地下水出流比例；

17）SSOUT：河槽总径流中径流损失系数。

萨克拉门托模型的参数可根据其不同物理意思分为四类，根据物理意义及使用经验，确定的参数范围见表6-1。

表6-1　萨克拉门托模型参数范围

参数	物理意义	单位	范围
容量			
UZTWM	上土层张力水容量	mm	1.0～150.0
UZFWM	上土层自由水容量	mm	1.0～150.0
LZTWM	下土层张力水容量	mm	1.0～500.0
LZFPM	下土层慢速自由水容量	mm	1.0～1000.0
LZFSM	下土层快速自由水容量	mm	1.0～1000.0
ADIMP	可变不透水面积占全流域的比例	—	0.0～0.40
出流参数			
UZK	上土层自由水日出流系数	天$^{-1}$	0.1～0.75
LZPK	下土层慢速自由水日出流系数	天$^{-1}$	0.0001～0.025
LZSK	下土层快速自由水日出流系数	天$^{-1}$	0.01～0.25
下渗与其他			
ZPERC	与最大下渗率有关的参数	—	1.0～250.0
REXP	下渗曲线指数	—	0.0～5.0
PCTIM	永久性不透水面积占全流域的比例	—	0.0～0.1
PFREE	从上土层向下土层下渗水量中补充自由水的比例	—	0.0～0.1
不变参数			
SSOUT	河槽总径流中径流损失系数	—	0.0
SIDE	不闭合地下水出流比例	—	0.0
RSERV	下土层自由水容量不参与蒸发的比例	—	0.3

该模型的特点是参数多，难于优选，尤其模型参数的独立性差，最优解很不唯一，参数的自动优选问题很难解决（翟家瑞，1995）。

模型的容量参数UZTWM、UZFWM、LZTWM、LZFPM、LZFSM是很重要的参数，它们对于水量平衡起到很大作用，一般在日模中确定；上土层自由水日出流系数UZK对于洪水过程有很大影响，一般UZK不能太大，不超过0.75，UZK越小流量过程线会越平缓。下土层慢速自由水日出流系数LZPK，下土层快速自由水日出流系数LZSK，与最大下渗率有关的系数ZPERC，下渗曲线指数REXP，这些都是敏感参数，都会对洪量和洪峰产生影响。具体说，LZPK和LZSK都是其取值越大洪量和洪峰越小，而且LZSK相对更加敏感；ZPERC也是取值越大洪量和洪峰越小，而且ZPERC的变化范围大，为1～250，因此调整时可以幅度大些；REXP是取值越大洪量和洪峰越大，而且REXP很敏感，调整时幅度应小些。

日模和次模参数调试步骤如下。

1）首先进行日模型调试。对于日模型调试，主要调整初始容量参数，如UZTWM、UZFWM、LZTWM、LZFPM、LZFSM。对比实测与计算流量过程线，比较其差别，调整参数，使得大体上不存在系统误差。

2）然后调试LZSK、LZPK及ZPERC、REXP，使洪量和洪峰满足要求。

3）在日模调试满足要求后，进行次模调试。在次模调试中初始容量参数要与日模保持一致，UZK可以做适当调整或不变，微调LZSK、LZPK、ZPERC、REXP这四个参数，一般在次模调试中，参数LZSK、LZPK会适当变大。微调可以确定性系数DC为目标函数，重点在退水部分。

4）必要时再对其余参数作微调。

6.3 IHACRES模型

6.3.1 模型结构

1. 模型概述

自Jakeman等于1990年提出IHACRES（Identification of unit hydrographs and component flows from rainfall, evapotranspiration and streamflow data）模型（Jakeman et al., 1990）以来，该模型已在水文领域得到广泛的应用。IHACRES模型是一个以概念性产流和单位线汇流为基础的集总式降雨径流模型。模型由两个基本模块串联而成，非线性模块将降雨转化为有效降雨，线性模块将有效降雨转化为径流。有效降雨是指最终以径流形式流出流域的降雨，所有的水量损失都发生在非线性模块。线性模块由两个并联（或串联）水库（分别代表快速径流和慢速径流）构成，有效降雨通过这两个水库产生径流，研究表明这样的模型结构是合理的。IHACRES 模型成功地将概念性产流模型与数据驱动汇流模型耦合在一起，具有较高的模拟精度，易于通过优化方法率定，模型参数具有一定的物理意义，模型参数与流域气候和下垫面条件能够建立一定的关系，可以应用于无资料地区，是当前半数据驱动模型中较为成功的代表性模型。

半数据驱动模型是一种较为成功的耦合型降雨径流模型，集成了概念性模型和数据驱动模型各自的优势，达到取长补短的目的。一些优秀的半数据驱动模型（如 IHACRES 模型）可以在模型参数和流域遥感资料间建立一定的关系，使得这类模型能够应用于无资料地区，拓展了模型的使用范围。因此，对半数据驱动模型进行深入研究和改进意义重大。

传统的 IHACRES 模型由面平均降雨量和潜在蒸散发量（或温度资料）对流域出口流量过程进行模拟。通常情况下，IHACRES 模型进行日径流过程的模拟，也可进行月和年径流模拟。IHACRES 模型框架由土壤湿度计算模块和单位线汇流计算模块两部分构成。土壤湿度计算模块根据降雨量和温度资料进行有效降雨量的计算。有效降雨量指扣除蒸散发等影响后能够到达流域出口形成出流量的降雨量。汇流计算模块将有效降雨量转换为出流量（Carcano et al.，2008），反映了洪峰响应和退水过程。汇流计算模块通常采用线性转换关系，如单一指数消退曲线（即消退比率为常数），如图 6-4 所示。

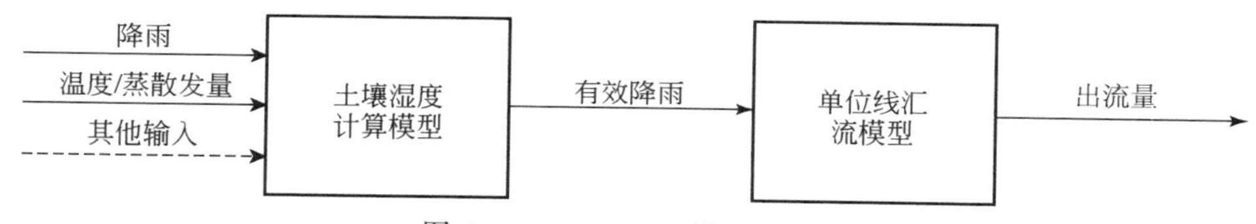

图 6-4　IHARCRES 模型结构图

阚光远（2014）在采用 IHACRES 模型产汇流计算方法的基础上对 IHACRES 模型进行了两项改进：第一，首次将 IHACRES 模型用于计算时段长为一小时的次洪降雨径流模拟，对次洪模型参数尺度进行了转换；第二，对模型的汇流计算模块进行改进，提出了基于兰布达单位线的流量比率计算方法，更加合理地进行径流成分的划分，考虑了汇流过程的非线性影响，提高了模拟精度。

2. 土壤湿度计算模块

IHACRES 模型有效降雨量计算模型的最初版本由 Jakeman 等于 1990 年首次提出，这一版本基于 Whitehead 等（1979）的 Bedford-Ouse 模型，涉及前期雨量指数的计算。Jakeman 和 Hornberger 于 1993 年提出了更加具有物理机制的有效降雨量计算模型——基于流域湿度指数（catchment wetness index，CWI）的版本（Jakeman and Hornberger，1993）。该版本被认为是经典的 IHACRES 模型。Ye 等于 1997 年对这一版本进行了扩展，针对季节性河流进行了特殊处理，添加了阈值参数（Ye et al.，1997），这一改进也使模型率定变得更为简便。基于 CWI 的有效降雨量计算模型是概念性模型（Kokkonen and Jakeman，2001），该模型认为降雨产生的径流量与土壤湿度指数具有指数比例关系，并且通过对出流量进行标准化来确保水量平衡。

IHACRES 模型认为，各计算时段的有效降雨量 U 与降雨量 P 和土壤湿度指数 S 成比例

$$U_t = cS_tP_t(U_t \geqslant 0) \tag{6-14}$$

式中，c 为水量平衡参数。对于季节性河流，再添加两个参数 l 和 p

$$U_t = [c(S_t - l)]^p P_t(U_t \geqslant 0) \tag{6-15}$$

式中，l 为产流计算中的湿度阈值；p 为土壤湿度指数的幂次。土壤湿度指数 s 按照式（6-16）计算

$$S_t = (1 - 1/\tau_{\omega,\ t})S_{t-1} + P_t(S_t \geqslant 0) \tag{6-16}$$

式中，$1/\tau_{\omega,\ t}$ 为干燥率，干燥率指在一个计算时段中土壤湿度的损失比率。如果干燥率取常数，则干燥过程为一指数变化过程，这时干燥率由参数 τ_ω 给出

$$\tau_{\omega,\ t} = \tau_\omega \tag{6-17}$$

如果干燥率非常数，则干燥率由式（6-18）求得

$$\tau_{\omega,\ t} = \tau_\omega \exp[-0.062f(E_t - T_{\text{ref}})] \tag{6-18}$$

当 E 为蒸散发能力资料时，参照温度 T_{ref} 设为 3；当 E 为温度资料时，参照温度 T_{ref} 设为 20。参数 τ_ω 给出了参照温度为 T_{ref} 时的干燥率，参数 f 决定了温度和干燥率之间关系的紧密程度。

3. 单位线汇流计算模块

(1) 单位线汇流计算模块

传统 IHACRES 模型的汇流计算是基于单位线的，通常采用 ARMAX（自回归滑动平均，附加其他影响因子）模型，输入序列为 U，输出序列为 X，汇流计算公式为

$$X[t] = a_1X[t-1] + \cdots + a_nX[t-n] + b_0U[t-\delta] + \cdots + b_mU[t-m-\delta] \tag{6-19}$$

式（6-19）的阶数为（n，m）；滞时为 δ；参数个数为 $n+m+1$。ARMAX 汇流模型的率定通常是从简单的一阶模型算起，尝试建立更加复杂的模型，检测复杂模型是否能够明显地提升精度。过于复杂的模型具有过多的参数，难以从实测资

料准确估计出模型参数，率定可能会不收敛，或收敛到一个无效的参数集。为了对 ARMAX 汇流模型阶数进行系统的优化，采用递增法进行阶数的优选。

除了 ARMAX 汇流模型，IHACRES 模型的汇流部分也可由一系列指数退水系统组成，这些系统可以为并联或串联结构。每个系统有两个参数，消退比率 α 和峰值响应 β，或等价的，时间常数 τ 和流量比率 v，在时间常数 τ 和流量比率 v 形式下的参数具有物理意义。两种形式间的转换关系为

$$\tau = -\Delta/[24\ln(\alpha)] \tag{6-20}$$

$$v = \beta/(1-\alpha) \tag{6-21}$$

式中，时间常数 τ 指流量消退到 $1/e \approx 37\%$ 所需的时段数；Δ 为计算时段长。如果出流量由两种径流成分并联而成，则这两种径流成分分别为慢速流（s）和快速流（q）。则总出流量 X 为两者之和

$$X_{t+L} = X_t^{(s)} + X_t^{(q)} \quad 且 \quad \begin{matrix} X_t^{(s)} = \alpha^{(s)} X_{t-1}^{(s)} + \beta^{(s)} U_t \\ X_t^{(q)} = \alpha^{(q)} X_{t-1}^{(q)} + \beta^{(q)} U_t \end{matrix} \tag{6-22}$$

式中，L 为滞后时段数；$X_t^{(s)}$ 和 $X_t^{(q)}$ 分别表示 t 时刻的慢速流和快速流；$\alpha^{(s)}$ 和 $\alpha^{(q)}$ 分别表示慢速流和快速流的消退比率；$\beta^{(s)}$ 和 $\beta^{(q)}$ 分别表示慢速流和快速流的峰值响应。径流成分除了并联的组合形式外，还可以串联组成出流量

$$\begin{aligned} X_t^{(s)} &= \alpha^{(s)} X_{t-1}^{(s)} + \beta^{(s)} U_t \\ X_{t+L} &= \alpha^{(q)} X_{t-1} + \beta^{(q)} X_t^{(s)} \end{aligned} \tag{6-23}$$

（2）兰布达单位线汇流计算模块

单位线汇流计算模块的计算精度有时不够高，因为汇流系统在严格意义上不是线性系统，具有一定的非线性。例如，不同大小量级的有效降雨量对应的汇流过程即具有非线性的特征。本节提出了兰布达单位线汇流计算模块，该方法根据有效降雨量的量级大小来划分快速流和慢速流，即大雨量更易产生快速流，小雨量更易产生慢速流：

$$\begin{aligned} v_t^{(s)} &= v_0^{(s)} U_t^{\ \lambda}, \ 0 \leqslant v_t^{(s)} \leqslant 1 \\ v_t^{(q)} &= 1 - v_t^{(s)} \end{aligned} \tag{6-24}$$

式中，$v_t^{(s)}$ 和 $v_t^{(q)}$ 分别表示 t 时刻慢速流和快速流比率；$v_0^{(s)}$ 为初始慢速流比率；λ 的范围为［-1，0］，$\lambda=0$ 表示确定流量比率时不考虑有效降雨量的大小。

6.3.2　模型参数

IHACRES 模型通常用于计算时段长为日、月或年的降雨径流模拟，本节首次将 IHACRES 模型用于计算时段长为一小时的次洪降雨径流模拟。次洪模拟中，每场洪水需要初始状态变量的值，这些初值通过连续运行日模型来获得。本次研究

中的 IHACRES 模型由基于 CWI 的有效降雨量计算模块与并联式单位线汇流计算模块组合而成，为了提高汇流计算精度，对汇流计算模块进行了改进，提出了兰布达单位线法进行流量比率的确定。

IHACRES 模型参数见表 6-2，因日模型和次洪模型时间尺度不同，日模型和次洪模型的参数 l 的范围有所不同，需要进行时间尺度的转换，具体参数与上下限见表 6-2。

表 6-2　IHACRES 模型参数

参数名	参数意义	参数范围
l	土壤湿度阈值	0 ~ 300　(日模型) $(0 \sim 300)\Delta/24$，$\Delta = 1$h(次洪模型)
p	土壤湿度指数的方次	0 ~ 5
τ_ω	参照温度时的干燥率	0 ~ 100
f	温度和干燥率间的关联度	0 ~ 8
$\tau^{(s)}$	慢速流消退到 $1/e$ 所需的时段数	2 ~ 100
$\tau^{(q)}$	快速流消退到 $1/e$ 所需的时段数	0 ~ 5
$v_0^{(s)}$	初始慢速流比率	0 ~ 1
λ	用来确定流量比率的有效降雨量的方次	−1 ~ 0
L	滞后时段数	0 ~ 10

IHACRES 模型由 SCE-UA 算法率定，模型优化过程如图 6-5 所示。

IHACRES 模型的率定分为两个过程：首先率定日模型并计算日状态变量，然后使用对应的日状态变量作为初始状态变量率定次洪模型。率定日模型和次洪模型的目标函数为

$$\mathrm{OBJ_d} = \frac{1}{N_\mathrm{d}} \sum_{i=1}^{N_\mathrm{d}} \left(\sqrt{Q_i^{(\mathrm{OBS\_d})}} - \sqrt{Q_i^{(\mathrm{SIM\_d})}}\right)^2 \tag{6-25}$$

$$\mathrm{OBJ_h} = \frac{1}{N_\mathrm{h}} \sum_{j=1}^{N_\mathrm{h}} \left| \left(Q_j^{(\mathrm{OBS\_h})}\right)^2 - \left(Q_j^{(\mathrm{SIM\_h})}\right)^2 \right| \tag{6-26}$$

式中，$\mathrm{OBJ_d}$和 $\mathrm{OBJ_h}$分别表示日模型和次洪模型的目标函数；N_d和 N_h分别表示日模型和次洪模型的数据个数；$Q_i^{(\mathrm{OBS\_d})}$ 和 $Q_i^{(\mathrm{SIM\_d})}$ 分别表示 i 时刻日模型实测的和模拟的出流量；$Q_j^{(\mathrm{OBS\_h})}$ 和 $Q_j^{(\mathrm{SIM\_h})}$ 分别表示 j 时刻次洪模型实测的和模拟的出流量。通过 SCE-UA 算法率定 IHACRES 模型时，对于一组进化好的模型参数，水量平衡参数 c 可由实测降雨和出流量资料求得，不需要参与优化。

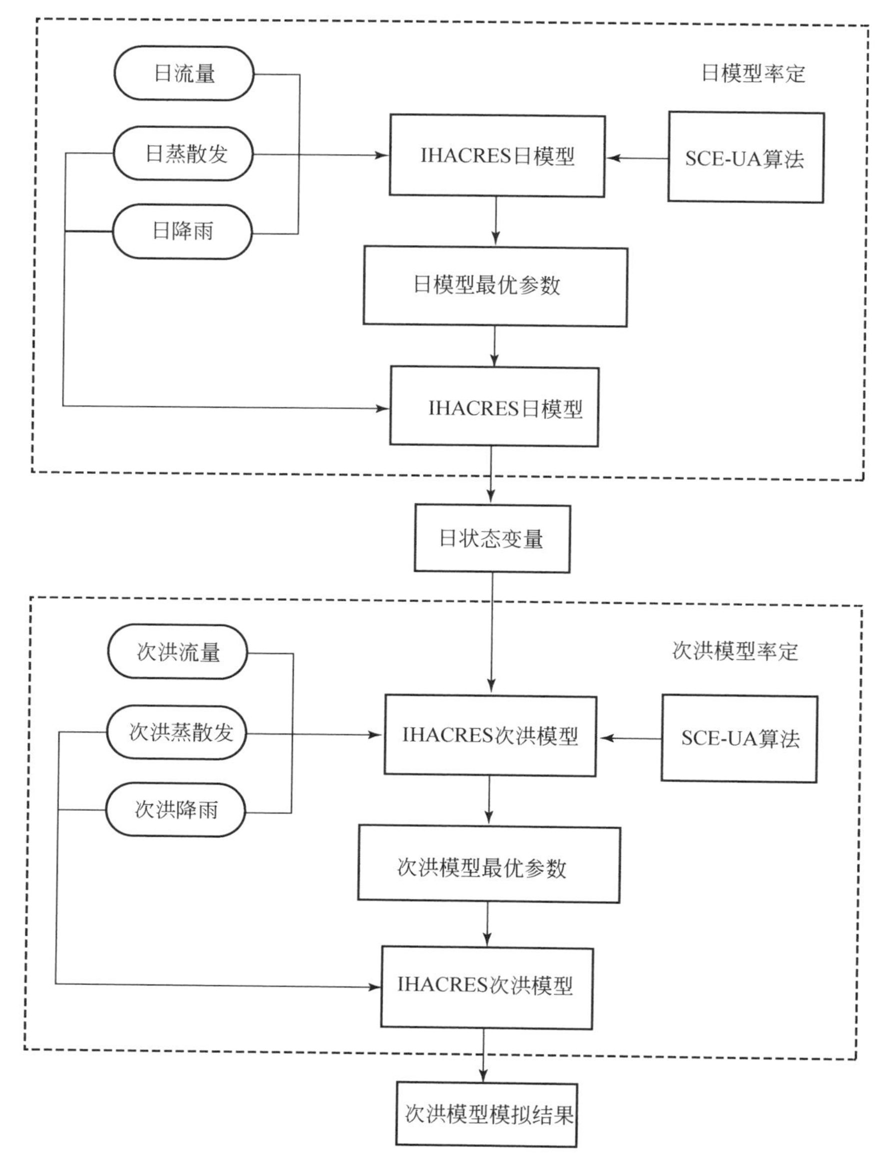

图 6-5　IHACRES 模型优化过程

6.4　模型在山洪预报中的应用

6.4.1　应用流域概况和基础数据信息处理

志丹流域的出口控制站为志丹水文站。志丹水文站位于陕西省志丹县城关镇，地处东经108°46′，北纬36°49′，设于1960年8月，属省级重要水文站。本站系黄河流域北洛河水系周河控制站，周河发源于靖边县周家嘴的饮马坡。该站集水面积为774km²，河长为81.3km，距河口距离为31km。志丹水文站多年平均气温为7.8℃，多年平均降水量为509.8mm，多年平均径流量为0.323亿m^3，多年平均输沙量为0.102亿t，实测最大洪峰流量为2610m^3/s（1977年7月6日）。洪水由暴雨形成，涨落较快，峰型尖瘦，历时较短，中高水时受涨落影响，水位流量关系一般呈绳套型，低水受断面冲淤变化影响严重，一般较散乱。洪峰过程与沙峰过程基本同步或沙峰稍滞后，峰型相似。区域气候属于中温带半湿润-半干旱区，具有明显的大陆性季风气候特征，冬季寒冷干燥、春季干旱多风、夏季旱涝相间、秋季温凉湿润。

将研究流域按照泰森多边形划分成6个子流域。研究区内有6个雨量站：志丹、纸坊、顺宁、八岔台、瓦房庄和野鸡岔。选取2000～2010年的降雨和蒸散发能力资料，以及志丹水文站同系列的实测流量资料进行日模型计算，选取2000～2010年15场次洪资料进行次洪模型计算（其中10场用于模型率定，5场用于模型检验）。蒸发站为志丹水文站。

6.4.2 超渗产流模型的应用

根据陕西省实际情况，分别选取周水河志丹水文站、灞河马渡王水文站、板桥河板桥水文站代表陕北、关中、陕南三个区域中小流域预警指标体系研究项目代表站表6-3～表6-5分别是超渗产流模型在志丹流域、马渡王流域及板桥流域的应用结果，图6-6～图6-10是志丹流域、马渡王流域及板桥流域典型洪水模拟及实测过程线。

表6-3 超渗产流模型志丹流域应用结果

洪水起始时间	总雨量(mm)	实测径流深(mm)	预报径流深(mm)	径流深误差(%)	径流是否合格	实测洪峰(m^3/s)	预报洪峰(m^3/s)	洪峰是否合格	洪峰相对误差(%)	峰现时间误差(h)	确定性系数
2000072703	18.9	2.48	2.65	-0.18	1	162	54.4	0	66.3	-3	0.2
2001072508	46.4	2.36	4.32	-1.97	1	106	39.5	0	62.6	-2	0.02
2001081508	21.6	2.25	1.88	0.37	1	137	67.5	0	50.6	0	0.64
2001081612	87.3	9.08	16.56	-7.48	0	196	170.8	1	12.8	1	0.38

续表

洪水起始时间	总雨量（mm）	实测径流深（mm）	预报径流深（mm）	径流深误差（%）	径流是否合格	实测洪峰（m^3/s）	预报洪峰（m^3/s）	洪峰是否合格	洪峰相对误差（%）	峰现时间误差（h）	确定性系数
2002060814	58. 1	4. 21	10. 66	-6. 45	0	202	148. 1	0	26. 6	-6	-1. 41
2002061815	23. 5	5. 55	3. 39	2. 16	1	300	69. 3	0	76. 8	2	0. 21
2002062608	19	2. 75	1. 97	0. 78	1	156	36. 5	0	76. 5	-1	0. 43
2003080708	8. 7	0. 67	0. 91	-0. 25	1	24. 8	22. 9	1	7. 6	0	0. 89
2004081715	81. 4	5. 15	13. 47	-8. 33	0	110	153. 7	0	-39. 8	-3	-2. 35
2005071808	48. 3	1. 39	7. 69	-6. 3	0	97. 5	91. 9	1	5. 7	-1	-4. 07
2006080508	19. 3	1. 20	11. 27	-10. 08	0	65. 8	199. 3	0	-203	-5	-31. 25
2007072508	25	3. 23	2. 89	0. 34	1	74. 8	74. 7	1	0	-13	-0. 21
2008080720	8. 2	0. 21	0. 26	-0. 06	1	14. 5	3. 8	0	73. 5	-13	-0. 34
2009071508	44. 1	1. 19	8. 73	-7. 55	0	20. 7	110. 5	0	-434	-2	-103. 19
2010081103	31. 4	4. 10	6. 84	-2. 75	1	104	106. 1	1	-2. 1	-5	-0. 3

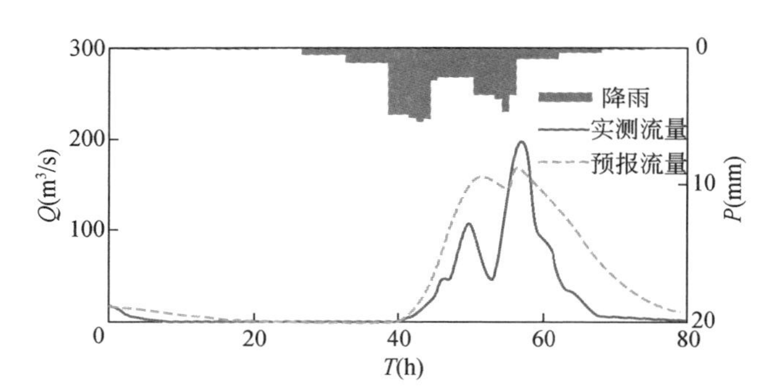

图 6-6　志丹流域 2001081612 号次洪模拟过程线

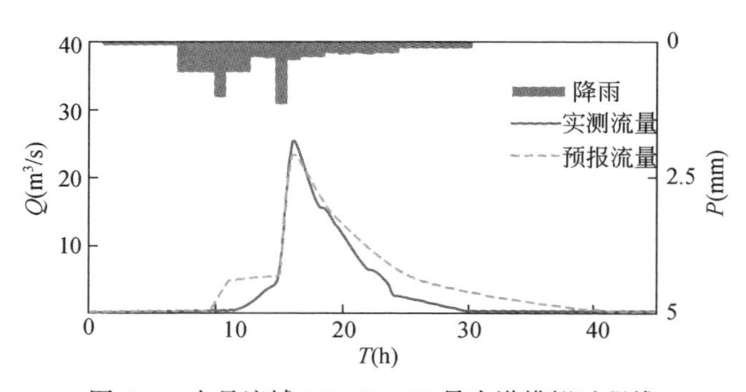

图 6-7　志丹流域 2003080708 号次洪模拟过程线

表 6-4　超渗产流模型马渡王流域应用结果

洪水起始时间	总雨量(mm)	实测径流深(mm)	预报径流深(mm)	径流深误差(%)	径流是否合格	实测洪峰(m^3/s)	预报洪峰(m^3/s)	洪峰是否合格	洪峰相对误差(%)	峰现时间误差(h)	确定性系数
2000101008	85.9	22.93	30.96	-8.03	0	688	631.8	1	8.1	0.65	-7
2001042008	34.4	9.28	4.45	4.82	0	94	29.4	0	68.6	-0.09	5
2002060111	89.4	13.69	29.54	-15.86	0	584	690.8	1	-18.3	-0.54	-5
2003090408	49.6	28.01	33.07	-5.07	1	264	280.8	1	-6.4	0.78	-2
2003091408	115.3	40.00	52.41	-12.41	0	652	749.2	1	-15	0.71	0
2004093001	47.9	13.83	10.96	2.86	1	590	263.3	0	55.3	0.49	-5
2005092608	210.7	70.63	112.35	-41.72	0	844	941.6	1	-11.6	0.44	-7
2006092508	102.7	22.11	13.24	8.87	0	304	95.8	0	68.4	0.37	-4
2007071302	104.5	25.93	30.30	-4.37	1	339	278.2	1	17.9	0.78	7
2008072108	45.1	8.26	9.52	-1.26	1	271	230.8	1	14.8	0.71	-3
2009082814	61.8	14.66	24.17	-9.52	0	616	582.6	1	5.4	0.22	-6
2010082002	203.7	55.38	66.09	-10.72	1	375	581.4	0	-55	0.56	-1

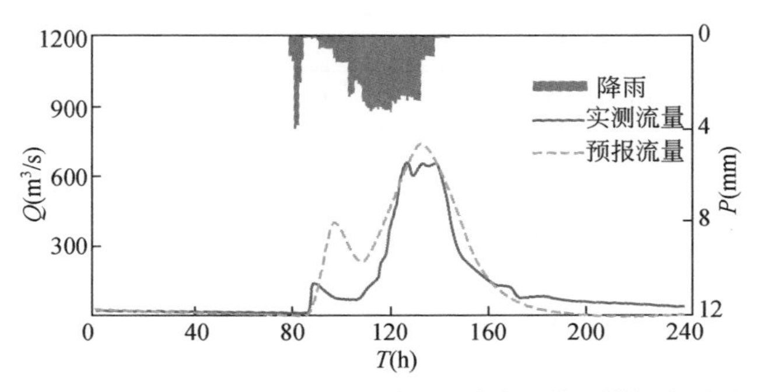

图 6-8　马渡王流域 2003091408 号洪水超渗产流模型模拟流量过程线

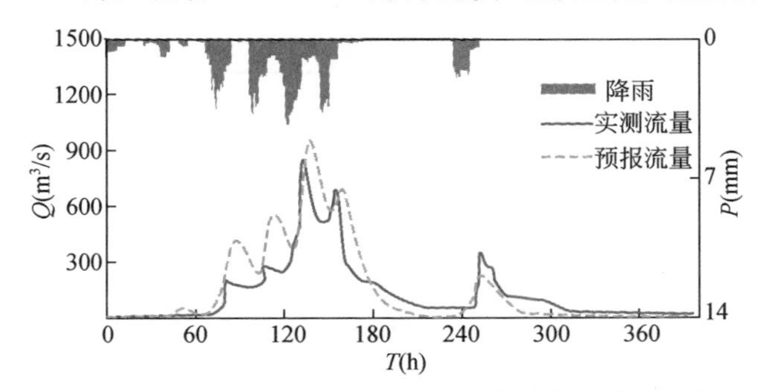

图 6-9　马渡王流域 2005092608 号洪水超渗产流模型模拟流量过程线

表 6-5　超渗产流模型板桥流域应用结果

洪水起始时间	总雨量(mm)	实测径流深(mm)	预报径流深(mm)	径流深误差(%)	径流是否合格	实测洪峰(m^3/s)	预报洪峰(m^3/s)	洪峰是否合格	洪峰相对误差(%)	峰现时间误差(h)	确定性系数
2000081714	49.1	19.41	12.27	7.14	0	81.1	27.2	66.4	0	0	0.19
2001081420	31.8	3.63	3.77	−0.1	1	112	39.7	64.5	0	−5	−0.15
2002060820	78.8	11.24	36.87	−26	0	64.8	75.7	−16.9	1	−1	−3.43
2002062608	47.6	7.34	16.64	−9.3	0	42	34.1	18.7	1	−2	−0.76
2003082420	281.9	131.93	71.85	60.1	0	550	91.9	83.2	0	−10	0.13
2004092808	49	8.64	6.92	1.72	1	45.2	14.7	67.4	0	−5	0.42
2005092908	145.4	80.86	21.77	59.1	0	160	25.7	83.8	0	−6	−0.25
2006092608	98.4	12.11	11.69	0.41	1	16.2	16.1	0.3	1	2	0.74
2007080808	52	10.95	20.89	−9.9	0	26.8	39	−45.4	0	−4	−2.19
2008061208	2.9	0.22	0.47	−0.3	1	3.8	2.6	31.2	0	1	−2.26
2009051208	48.9	12.43	4.65	7.78	0	28.3	8.2	71	0	3	−0.2
2009082808	52.5	15.81	15.84	−0	1	41.2	28.8	30	0	1	0.84
2010072309	78.3	46.80	34.52	12.3	0	123	36.5	70.2	0	−31	0.47

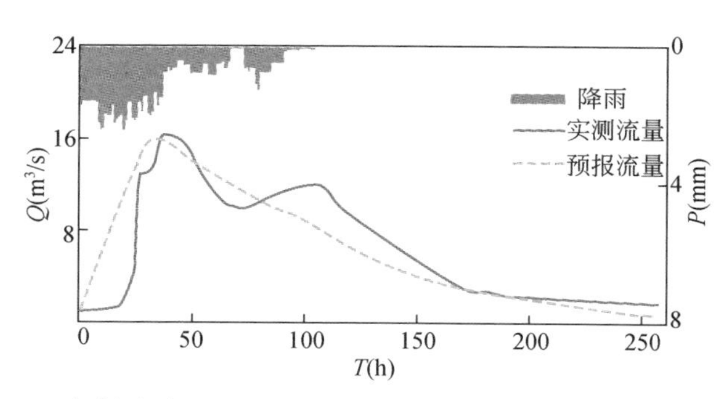

图 6-10　板桥流域 2006092608 号洪水超渗产流模型模拟流量过程线

志丹和板桥流域属于比较典型的超渗产流区域，洪水普遍陡涨陡落，以蓄满产流为机理的各模型均不能得到较好的应用，该流域降水量较少，对于各模型模拟的难度较大，在保证水量平衡的条件下难以做到对山洪陡涨陡落特性的及时响应，这很大程度上影响了概念性模型的表现。总体来看，含有超渗机理的概念性模型明显可以得到较多的洪峰、洪量合格数。

超渗产流模型完全舍弃了蓄满产流结构，仅考虑地表超渗径流，洪峰模拟精度优于新安江模型，但洪量精度较低。超渗产流区是超渗产流机制占主导的区域，并不纯粹是超渗产流，总有蓄满产流因素，此时，超渗产流模型能准确模拟洪峰，但不能准确模拟洪量。在山洪预警预报中，洪峰流量及峰现时间预报最为关键，超渗产流模型参数少，调试容易，精度较高，是超渗产流区域合适的模型。

6.4.3 SAC 模型的应用

1. 模型估算与模型校验

总共选取志丹流域的 15 场洪水，其中 11 场率定，4 场验证。由于志丹流域发生的都是小洪水，绝大多数径流深实测值本身小于 3mm，如果以径流深合格作为判断标准，会造成虚假的高精度。确定性系数指标在南方确实能够用于评价模型模拟结果，但在北方并不合适（Perrin et al.，2001）。因此，评判模拟精度应该以洪峰合格率为主，以径流深合格率为辅，模拟结果见表 6-6。

表 6-6 志丹流域模型模拟结果

模型		M1	M2	M3	M4	M5	M6
洪峰合格率	率定	27%	9%	27%	27%	27%	36%
	验证	25%	25%	25%	50%	25%	25%
峰现时间	率定	64%	64%	91%	82%	64%	80%
	验证	25%	25%	25%	50%	50%	50%

2. 精度评定与误差分析

志丹流域洪峰模拟效果不佳，模型的总体效果均不理想，未能达到预报标准。首先是由于志丹流域降雨量少，处于半干旱流域。志丹流域的植被发育较差，以稀疏灌木林和草原为主，水土保水性差，且降雨前期干旱，土壤容易发生板结现象，一旦降雨立即发生超渗产流，而且在土层湿润后也不容易产生蓄满产流。而萨克拉门托模型是经典的水文模型，在半干旱地区的确不能很好地反映流域特性，因此不能取得好的模拟结果。

6.4.4 IHACRES 模型的应用

1. 模型估算与模型校验

IHACRES 模型由 SCE-UA 算法自动优化。SCE-UA 算法参数设置如下：复合形个数 $p=15$，目标函数最大评价次数 maxn = 1E5，目标函数改进失败次数 kstop = 10，目标函数改进量最小容许百分比 pcento = 0.1，参数收敛最小区间 peps = 0.001，算法其他参数的设置参见第四章 SCE-UA 算法介绍。首先率定日模型，日模型率定完成后，计算日状态变量。率定次洪模型时，使用对应的日模型状态变量作为次洪模型的初始状态变量进行次洪模型的率定。IHACRES 模型次洪模型参数优化结果见表 6-7。

表 6-7 IHACRES 模型次洪参数优化结果

参数名	志丹	参数名	志丹
L	4.72	$\tau^{(q)}$	0.1
p	0.33	$\vartheta_0^{(s)}$	0.58
τ_ω	99.64	λ	-0.08
f	6.59	L	3
$\tau^{(s)}$	69.12		

2. 精度评定与误差分析

(1) 误差评定准则

与 BP-KNN 神经网络模型的评定指标相同，IHACRES 模型的次洪模拟结果的选取以下三个准则。

1) 纳什效率系数（CE）（Nash and Sutcliffe，1970）。

2) 均方根误差（RMSE）。

3) 平均绝对值误差（MAE）

(2) 模拟结果与分析

IHACRES 模型和新安江 CXAJ 模型模拟结果误差统计表见表 6-8。对于志丹流域，总体上两者模拟结果相差不大，这一事实证明在干旱流域、半数据驱动模型和概念性模型均不能取得很好的模拟效果。志丹为干旱流域，植被稀疏且降雨多为短历时暴雨。志丹流域的产流机制主要是超渗产流。新安江模型没有考虑超渗产流，因此模拟精度不高。IHACRES 模型是专为干旱流域设计的，能够取得比新安江模型略好的模拟精度。

表 6-8　IHACRES 模型和新安江模型模拟结果误差统计表

流域	率定/检验	洪水序号	CE		RMSE		MAE	
			IHACRES	XAJ	IHACRES	XAJ	IHACRES	XAJ
志丹	率定期	20000727	0.07	-0.01	41.38	43.24	20.21	20.8
		20010725	0.15	0.22	17.64	16.83	8.2	7.48
		20010815	0.12	0.22	32.19	30.38	11.64	12.65
		20010816	0.41	0.44	33.11	32.2	19.68	20.11
		20020608	0.38	0.02	27.86	35.05	11.11	21.97
		20020618	-0.04	0.35	94.66	75.09	44.33	33.77
		20020626	0.19	0.43	20.32	17.12	7.67	6.49
		20030807	0.32	0.43	4.65	4.26	2.07	2.15
		20040817	0.46	0.5	13.27	12.7	6.4	8.5
		20050718	-0.04	0.15	14.59	13.2	7.5	7.67
	检验期	20060805	0.44	-4.49	9.66	30.32	3.87	13.41
		20070725	-0.55	-5.87	27.69	58.28	21.18	34.05
		20080807	-0.05	0.07	2.91	2.73	1.37	1.18
		20090715	-3.2	-8.65	6.71	10.18	3.91	5.41
		20100811	0.3	0.05	18.59	21.64	12.18	11.54

6.5　小　　结

本章简要介绍了超渗产流模型、萨克拉门托模型（SAC）及澳大利亚 IHACRES 模型。半干旱流域在产汇流机理上与半湿润流域有所不同，半湿润产流可能是蓄满与超渗同时发生的产流机制，而半干旱则以霍顿超渗坡面流为主，陕北模型是最适用的水文模型。制约半干旱地区洪水预报精度的主要因素是雨量资料的时空分辨率，半干旱地区降水时空变化大，需要几平方公里一个雨量站，降水时段长需要几分钟。至于水文模型，除了上面提及的 4 个之外，API 模型、TANK 模型、TOPKAPI 模型及数据驱动的一类模型均可以用于半干旱区域的洪水预报。

参 考 文 献

阚光远 . 2014. 数据驱动与半数据驱动模型在降雨径流模拟中的应用与比较研究 . 南京：河海大学博士学位论文 .

水利部水文局，长江水利委员会水文局 . 2010. 水文情报预报技术手册 . 北京：中国水利水电出版社 .

水利部水文局、长江水利委员会水文局 . 2010. 水文情报技术手册 . 北京：中国水利水电出版社 .

翟家瑞 . 1995. 常用水文预报算法和计算程序 . 太原：黄河水利出版社 .

赵人俊 . 1983. 流域水文模型——新安江模型与陕北模型 . 北京：水利电力出版社 .

赵人俊 . 1994. 水文预报文集 . 北京：水利电力出版社 .

Carcano E C，Bartolini P，Muselli M，et al. 2008. Jordan recurrent neural network versus IHACRES in modelling daily streamflows. Journal of Hydrology，362：291-307.

Carpenter T M，Georgakakos K P. 2004. Continuous streamflow simulation with the HRCDHM distributed hydrologic model. Journal of Hydrology，298 (1-4)：61-79.

Chow V T，Maidment D R，Mays L W. 1988. Applied hydrology. Singapore：Mc Graw-Hill.

Jakeman A J，Hornberger G M. 1993. How much complexity is warranted in a rainfall-runoff model?. Water Resources Research，29：2637-2649.

Jakeman A J，Littlewood I G，Whitehead P G. 1990. Computation of the instantaneous unit hydrograph and identifiable component flows with application to two small upland catchments. Journal of Hydrology，117：275-300.

Kokkonen T S，Jakeman A J. 2001. A comparison of metric and conceptual approaches in rainfall-runoff modeling and its implications. Water Resources Research，37 (9)：2345-2352.

Nash J E，Sutcliffe J V. 1970. River flow forecasting through conceptual models；part I - a discussion of principles. Journal of Hydrology，10：282-290.

Perrin C，Michel C，Andreassian V. 2001. Does a large number of parameters enhance model performace? Comparative assessment of common catchment model strctures on 429 catchments. Journal of Hydrology，(242)：275-301.

Wheater H S，Sorooshian S，Sharma K D. 2007. Hydrological Modelling in Arid and Semi-Arid Areas. Cambridge：Cambridge University Press.

Wheater H，Sorooshian S，Sharma K D. 2008. Hydrological Modelling in Arid and Semi-Arid Areas. Cambridge：Cambridge University Press.

Whitehead P G，Young P C，Hornberger G M. 1979. A systems model of streamflow and water quality in the Bedford-Ouse：1. Streamflow modeling. Water Resources Research，13：1155-1169.

Ye W，Bates B C，Viney N R，et al. 1997. Performance of conceptual rainfall-runoff models in low-yielding ephemeral catchments. Water Resources Research，33：153-166.

第7章　GBHM模型在中小河流洪水预报中的应用

分布式水文模型GBHM（geomorphology-based hydrological model）是典型的基于水文过程的物理机制而构建的流域水文模型（杨大文等，2001，2002）。GBHM模型利用描述流域地貌的面积方程和宽度方程将流域产汇流过程概化为“山坡-沟道”系统，一方面可以反映流域下垫面条件和降雨输入的空间变化，同时还采用了描述产流和汇流过程机制的数学物理方程，使模型既得到了简化又保持了分布式水文模型的优点。本章介绍GBHM模型的基本原理、模型结构、模型参数以及在周河流域、灞河流域、板桥河流域进行山洪预警预报的应用情况。

7.1　GBHM模型的建立

7.1.1　GBHM模型的结构

GBHM模型是一个建立在DEM及GIS基础上的，以山坡为基本单元的分布式水文模型。模型由四个主要部分组成，如图7-1所示。

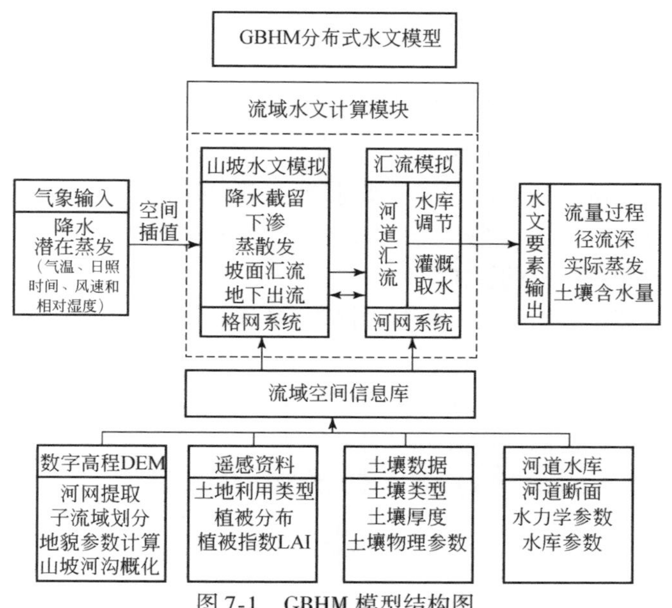

图7-1　GBHM模型结构图

（1） 流域空间信息库

流域空间信息库是模型的支撑模块，首先是利用 ArcGIS 中的 GRID 工具，按照 D8 方法（Ocallaghan and Mark，1984）从 DEM 生成河网水系并进行子流域划分，然后提取描述流域地形地貌的参数，包括汇流面积、汇流长度、平均坡度和河网密度，并由此计算面积方程和宽度方程等。结合相关的下垫面地理信息数据，如土壤类型、土地利用方式及植被类型等，构建一个流域空间信息库。依据下垫面属性的空间变化，将流域在空间上离散为一系列山坡单元，并附给每个单元的地形参数、土地利用、植被和土壤类型等参数，这样形成一个流域空间上格网系统。最后利用生成的河网系统并结合相应的河道测量数据和水库参数，形成山坡-河网产汇流系统。

（2） 流域水文计算模块

流域水文计算模块是整个分布式水文模型的核心。在上述山坡-河网产汇流系统中每个离散的计算单元内，先进行基本的山坡水文模拟计算，包括降水截留、洼蓄、下渗、蒸散发和坡面汇流等。然后依据这些计算单元与所在子流域河系之间的拓扑关系，进行汇流计算得到各子流域出口的流量。最后进行河网汇流演算，从而得到整个流域的径流。

（3） 模型输入模块

模型的输入主要是气象数据，包括降水、气温、平均风速、相对湿度和日照时间等。由于目前的气象数据都是来源于气象站点，因此需要采用一定的空间插值方法将点的观测数据展布到每个离散的计算单元上。

（4） 模型输出模块

模型输出的结果，除了各子流域和干流的河道流量过程线，还可以输出每一时步、各计算单元水文要素的状态量，包括土壤水分、地表产流量、坡面滞蓄量、地下水位、实际蒸散发量等，这些状态量以空间分布的栅格数据形式输出。

在 GBHM 模型中，对于每一个子流域，利用网格形式的 DEM，从其河口到河源将子流域划分为一系列的汇流区间（图 7-2），同一汇流区间至河口的汇流距离相等。将每个汇流区间概化为一系列沿河沟两岸呈对称分布的山坡。

从宏观而言，同一汇流区间内的山坡可认为是几何相似的。单位宽度的山坡称为山坡单元，山坡单元的坡面概化为一个长为 l、倾斜角为 β 的矩形斜面。其中倾斜角 β 为同一汇流区间内所有山坡的平均坡度，长度 l 可以依据该子流域的面积方程 $A(x)$ 和宽度方程 $W(x)$ 来估算，计算方法如式（7-1）：

$$l = \frac{A(x)}{2W(x)} \tag{7-1}$$

宽度方程 $W(x)$ 和面积方程 $A(x)$ 都是从 DEM 提取的，方法如下：

$$W(x) = \sum_{i=1}^{N} n_i(x,\ d_{i\min},\ d_{i\max}) \tag{7-2}$$

$$n_i(x,\ d_{i\min},\ d_{i\max}) = \begin{cases} 1, & d_{i\min} < x \leqslant d_{i\max} \\ 0, & x \leqslant d_{i\min} \text{ 或 } x > d_{i\max} \end{cases} \tag{7-3}$$

$$A(x) = \frac{\sum_{i=1}^{W(x)} a_c(x) - \sum_{i=1}^{W(x+\Delta x)} a_c(x+\Delta x)}{\Delta x} \tag{7-4}$$

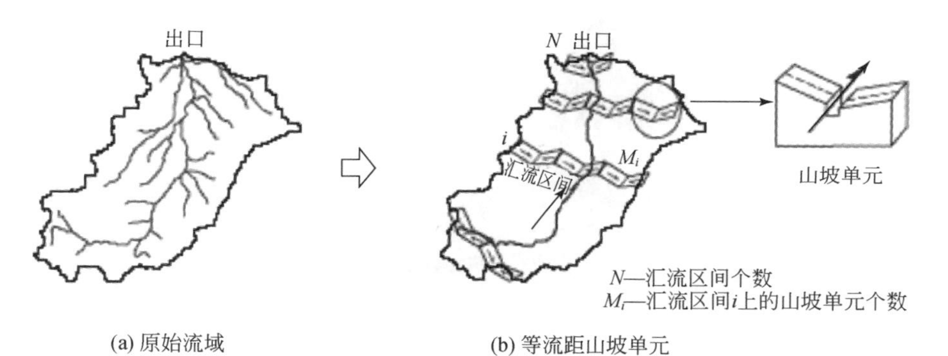

图 7-2　山坡单元概化图

式中，x 为河网中任意一点汇流至河口的汇流距离；$W(x)$ 定义为汇流距离同为 x 的河网连接数目；N 为流域内所有河网连接数；$d_{i\min}$ 和 $d_{i\max}$ 分别为河网中任意一段连接 i 的下游接点和上游接点的汇流距离；$a_c(x)$ 为同一汇流距离 x 的汇流面积总和；Δx 为汇流区间长度，一般取为 DEM 网格尺寸的 1 ~ 2 倍。在常用的格网形式的 DEM 中，河网连接数目取决于所采用的河网生成阈值的大小，所以宽度方程 $W(x)$ 也随该阈值的大小，Yang（1997，1998a）认为利用 DEM 生成河网时，阈值一般取为 0.1 ~ 1.0 km。而一个流域的面积方程 $A(x)$ 是一定的。

由于同一汇流区间内的下垫面条件（土壤类型、土地利用及植被等）不一定相同，模型中依据土地利用和土壤类型的各种组合，将汇流区间内的山坡也相应地归类为许多单一的植被-土壤类型，这样，一个汇流区间就划分成了若干下垫面条件均一的山坡单元，即 GBHM 模型中的基本计算单元。

GBHM 模型将子流域的河网简化成为单一的主河道，这样同一汇流区间中的山坡产流集中注入主河道，然后通过主河道汇流出子流域河口。

7.1.2　坡面产汇流计算

流域水文响应过程的最小单元是山坡。山坡单元在垂直方向划分为三层：植被层、非饱和带、潜水层（图 7-3）。在植被层，考虑降水截留和截留蒸发。对非饱和土壤层，沿深度方向进一步划分为 10 小层，每层厚度约 0.1 ~0.5 m，在非饱和土壤层用 Richards 方程来描述土壤水分的运动，降雨入渗是该层上边界条件，而蒸发和蒸腾是其中的源汇项。在潜水层，考虑其与河流之间的水量交换。各水文响应过程的数学物理描述具体如下。

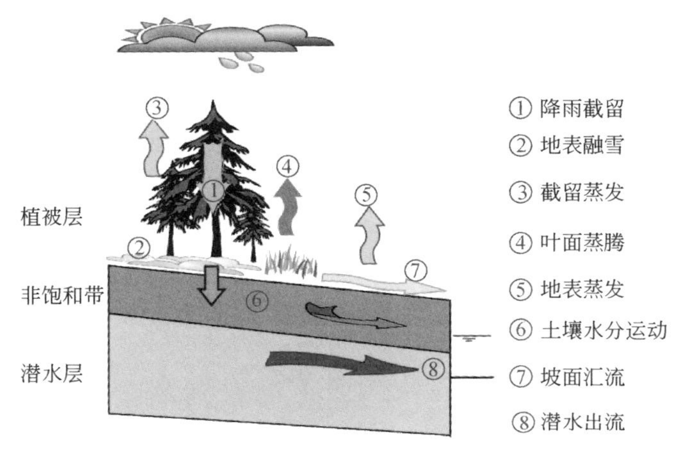

图 7-3 山坡单元水文过程描述

1. 植被冠层降雨截留

植被冠层对降雨的截留是一个极其复杂的过程，难以用具体的数学方程来描述降雨在植被叶面上的运动。因此在 GBHM 模型中，将该过程进行简化，仅考虑植被冠层叶面截留能力对穿过雨量的影响。植被对降雨截留能力一般随植被种类和季节而变化，可视为叶面积指数 LAI 的函数（Sellers et al.，1996）：

$$S_{co}(t) = I_0 K_v \mathrm{LAI}(t) \tag{7-5}$$

式中，$S_{co}(t)$ 为 t 时刻的植被冠层的最大截留能力（mm）；I_0 为植被截留系数，与植被类型有关，一般为 0.10 ~0.20；K_v 为植被覆盖率；$\mathrm{LAI}(t)$ 为 t 时刻的植被叶面积指数，该指数可依据遥感获得的 NDVI 值估算。

降雨首先须饱和植被的最大截留量，而后盈出的部分才能到达地面。某一时刻的实际降雨截留量由该时刻的降雨量和冠层潜在截留能力共同决定的，t 时刻的冠层潜在截留能力为

$$S_{cd}(t) = S_{co}(t) - S_c(t) \tag{7-6}$$

式中，$S_{cd}(t)$ 为 t 时刻的冠层潜在截留能力（mm）；$S_c(t)$ 为 t 时刻冠层的蓄水量（mm）。考虑到降雨强度 $R(t)$（mm/h），则在该 Δt 时段内冠层的实际截留量为

$$I_{\text{actual}}(t)=\begin{cases}R(t)\Delta t, & R(t)\Delta t<S_{\text{cd}}(t)\\ \\ S_{\text{cd}}(t), & R(t)\Delta t>S_{\text{cd}}(t)\end{cases} \tag{7-7}$$

2. 实际蒸散发量估算

蒸散发是水转化为水蒸气返回到大气中的过程，包括植被冠层截留水量、开敞的水面和裸露的土壤，以及土壤水经植物根系吸收后在冠层叶面气孔处的蒸发（也称蒸腾）。在GBHM模型中，实际的蒸散发量在考虑植被覆盖率、冠层叶面积指数、土壤含水量及根系分布的基础上，由潜在蒸发能力计算而来。它包括三个部分。

（1）植被冠层截留蓄水的蒸发率计算

当有植被覆盖时，首先从植被冠层截留的蓄水开始蒸发。当t时刻的冠层截蓄水量满足潜在蒸发能力时，则实际蒸发量等于潜在蒸发量；当不满足时，则实际蒸发量等于该时刻的冠层截蓄水量，计算的表达式如下：

$$E_{\text{canopy}}(t)=\begin{cases}K_{\text{v}}K_{\text{c}}E_{\text{p}}, & S_{\text{c}}(t)>K_{\text{v}}K_{\text{c}}E_{\text{p}}\Delta t\\ \\ S_{\text{c}}(t)/\Delta t, & S_{\text{c}}(t)<K_{\text{v}}K_{\text{c}}E_{\text{p}}\Delta t\end{cases} \tag{7-8}$$

式中，$E_{\text{canopy}}(t)$为t时刻的冠层截留蓄水的蒸发率（mm/h）；K_{v}为植被覆盖率；K_{c}为参考作物系数；E_{p}为潜在蒸发率（mm/h）。

（2）由根系吸水经植被冠层叶面的蒸腾率计算

当植被冠层的截留蓄水量不能满足潜在蒸发能力时，叶面蒸腾开始。蒸腾的水量来自植被根系所在的土壤层含水。因此，蒸腾率除与植被的叶面积指数有关以外，还与植物根系的吸水能力有关，也就是与根系分布和土壤含水量相关。植被蒸腾率估算的数学表达式如下：

$$E_{\text{tr}}(t,j)=K_{\text{v}}K_{\text{c}}E_{\text{p}}f_1(Z_j)f_2(\theta_j)\frac{\text{LAI}(t)}{\text{LAI}_0} \tag{7-9}$$

式中，$E_{\text{tr}}(t,j)$为t时刻植被根系所在j层土壤水分经根系至植被叶面的实际蒸腾率（mm/h），$f_1(z_j)$为植物根系沿深度方向的分布函数，概化为一个底部在地表的倒三角分布；θ_j为j层土壤的含水量；$f_2(\theta_j)$为土壤含水量的函数，当土壤饱和或土壤含水量大于等于田间持水量时$f_2(\theta_j)=1.0$，当土壤含水量小于等于凋萎系数时$f_2(\theta_j)=0.0$，其间为线形变化；LAI_0为植物在一年中的最大叶面指数。

（3）裸露土壤的蒸发

当没有植被覆盖时，蒸发从地表开始。如果地表有积水，计算实际蒸发的表达式如下：

$$E_{surface}(t)=\begin{cases}(1-K_v)E_p, & S_s(t)\geqslant E_p(1-K_v)\Delta t\\ S_s(t)/\Delta t, & S_s(t)<E_p(1-K_v)\Delta t\end{cases}\tag{7-10}$$

式中，$E_{surface}(t)$ 为 t 时刻的裸露地表实际蒸发率（mm/h），$S_s(t)$ 为 t 时刻的地表积水深（mm）。当地表没有积水或地表积水不能满足潜在蒸发能力时，蒸发将发生在土壤表面，其蒸发率计算如下：

$$E_s(t)=[(1-K_v)E_p-E_{surface}(t)]f_2(\theta)\tag{7-11}$$

式中，$E_s(t)$ 为 t 时刻的土壤表面的实际蒸发率（mm/h），$f_2(\theta)$ 同样为土壤含水量的函数，当地表积水时 $f_2(\theta)=1.0$，当土壤含水量小于等于凋萎系数时 $f_2(\theta)=0.0$，其间为线形变化。

3. 非饱和带土壤水分运动

地表以下、潜水面以上的土壤通常称为非饱和带。降雨入渗和蒸发蒸腾都通过非饱和带。非饱和带铅直方向的土壤水分运动用一维 Richards 方程（雷志栋等，1988）来描述：

$$\begin{cases}\dfrac{\partial\theta(z,t)}{\partial t}=-\dfrac{\partial q_v}{\partial z}+s(z,t)\\ q_v=-K(\theta,z)\left[\dfrac{\partial\Psi(\theta)}{\partial z}-1\right]\end{cases}\tag{7-12}$$

式中，z 为土壤深度（m），坐标向下为正方向；$\theta(z,t)$ 为 t 时刻距地表深度为 z 处的土壤体积含水量；s 为源汇项，在此为土壤的蒸发蒸腾量；q_v 为土壤水通量；$K(\theta,z)$ 为非饱和土壤导水率（m/h）；$\Psi(\theta)$ 为土壤吸力，均是土壤含水量的函数。其中土壤含水量与土壤吸力 $\Psi(\theta)$ 之间的关系，采用 Van Genuchten 公式来表示：

$$\begin{cases}S_e=\left[\dfrac{1}{1+(a\psi)^n}\right]^m\\ S_e=\dfrac{(\theta-\theta_r)}{(\theta_s-\theta_r)}\end{cases}\tag{7-13}$$

式中，θ_r 为土壤残余含水量；θ_s 为土壤饱和含水量；a、n 和 m 为常数，$m=1-1/n$，

这些参数与土壤类型相关，需要试验确定。

非饱和土壤导水率 $K(\theta, z)$ 的计算如式（7-14）：

$$K(\theta, z) = K_s(z) S_e^{1/2} [1 - (1 - S_e^{1/m})^m]^2 \tag{7-14}$$

式中，$K_s(Z)$ 为距地表深度为 z 处的饱和导水率（m/h）。一般土壤饱和导水率在垂直方向一般随深度增加而减小，因此用一指数衰减函数来表示：

$$K_s(z) = K_0 \exp(-fz) \tag{7-15}$$

式中，K_0 为地表的饱和导水率（m/h）；f 为衰减系数。

进入土壤的入渗过程受上述的一维 Richards 方程控制。土壤表面的边界条件取决于降雨强度，当降雨强度小于或等于地表饱和土壤导水率，所有降雨将渗入土壤，不产生任何地表径流。对于较大的雨强，在初期，所有降雨渗入土壤，直到土壤表面变成饱和。此后，入渗小于雨强时，地表开始积水。该过程可以用式（7-16）表示：

$$\begin{cases} -K(h)\dfrac{\partial h}{\partial z} + 1 = R, & \theta(0, t) \leqslant \theta_s, \quad t \leqslant t_p \\ h = h_0, & \theta(0, t) = \theta_s, \quad t > t_p \end{cases} \tag{7-16}$$

式中，R 为降雨强度（mm/h），h_0 为土壤表面积水深（mm），$\theta(0, t)$ 为土壤表面含水量，t_p 为积水开始时刻。

采用有限差分方法来求解上述一维的 Richards 方程，模拟非饱和带的土壤水分运动，时间步长取为 1 小时。

4. 坡面汇流计算

用上述 Richards 方程可以算出山坡单元的超渗产流和蓄满产流。当坡面地表积水超过坡面的洼蓄后，开始在山坡坡面产生汇流，采用一维的运动波方程来描述：

$$\begin{cases} \dfrac{\partial h}{\partial t} + \dfrac{\partial q_s}{\partial x} = i \\ q_s = \dfrac{1}{n_s} S_0^{1/2} h^{5/3} \end{cases} \tag{7-17}$$

式中，q_s 为坡面单宽流量［m^3/（s·m）］；h 为扣除坡面洼蓄后的净水深（mm）；i 净雨量（mm）；S_0 为坡面坡度；n_s 为坡面曼宁糙率系数。在较短的时间间隔内，坡面流可直接用曼宁公式按恒定流来计算。

5. 潜水层与河道之间流量交换

在 GBHM 模型中假设每个山坡单元都与河道相接，其中潜水层内的地下水运动可以简化为平行于坡面的一维流动。山坡单元潜水层与河道之间的流量交换，采用下列的质量守恒方程和达西定律来描述：

$$\begin{cases}\dfrac{\partial S_G(t)}{\partial t} = \text{rech}(t) - L(t) - q_G(t)\dfrac{1000}{A} \\ q_G(t) = K_G \dfrac{H_1 - H_2}{l/2}\dfrac{h_1 + h_2}{2}\end{cases} \tag{7-18}$$

式中，$\partial S_G(t)/\partial t$ 是饱和含水层地下水储量随时间的变化（mm/h）；rech(t) 为饱和含水层与上部非饱和带之间的相互补给速率（mm/h）；$L(t)$ 为向下深部岩层的渗漏量（mm/h）；A 为单位宽度的山坡单元的坡面面积（m^2/m）；$q_G(t)$ 为地下水与河道之间地下水交换的单宽流量［$m^3/(h.m)$］；K_G 为潜水层的饱和导水率（m/h）；l 为山坡长度（m）；H_1、H_2 分别为交换前、后潜水层地下水位，h_1、h_2 分别为交换前、后河道水位（m）。

7.1.3 河道汇流计算

GBHM 模型根据 Shreve 河道分级方法（Shreve，1996）对流域进行编码，该方法的定义如下：①一级河流是指直接发源于河源的小河流；②两条同级别的河流汇合成为级别更高一级的河流；③两条不同级别的河流汇合而成的河流级别为原来更高一级的河流级别；④流域级别为河网中最高级的河流级别。河网编码采用四位数，第一位数字表示的是本条河流的级别，后三位数字表示该河流在本级别河流中的编号。各子流域的编号即为其对应的支流或干流某河段的编号。根据 DEM 的网格尺寸和实际需要，流域可细分至一个合理尺度。细分后的子流域是水文模拟的最小流域单元。按照这种方法划分的子流域消除了人为的主观影响，并且划分的流域相对更加均匀，更为合理。

图 7-4 分别表示周河流域、灞河流域和板桥河流域在 100m 分辨率的 DEM 下划分的子流域，其中周河流域的级别为 3 级，共划分 88 个子流域；灞河流域的级别为 4 级，共划分 153 个子流域；板桥河流域的级别为 4 级，共划分 101 个子流域。

鉴于“汇流区间-山坡单元”系统中难以确定复杂的河网与坡面位置，对河道汇流演进模型进行了简化。将子流域河网简化为一条主河道，并假定汇流区间内所有山坡单元的坡面汇流和地下水出流都直接排入主河道，在此河道中按照汇流区间距河口距离，进行汇流演进，采用一维运动波模型来描述：

$$\begin{cases}\dfrac{\partial A}{\partial t} + \dfrac{\partial Q}{\partial x} = q \\ Q = \dfrac{S_0^{1/2}}{n_r p^{2/3}} A^{5/3}\end{cases} \tag{7-19}$$

式中，q 为侧向入流［$m^3/(s \cdot m)$］；包括坡面入流 q_s 和地下水入流 q_G；x 为沿河

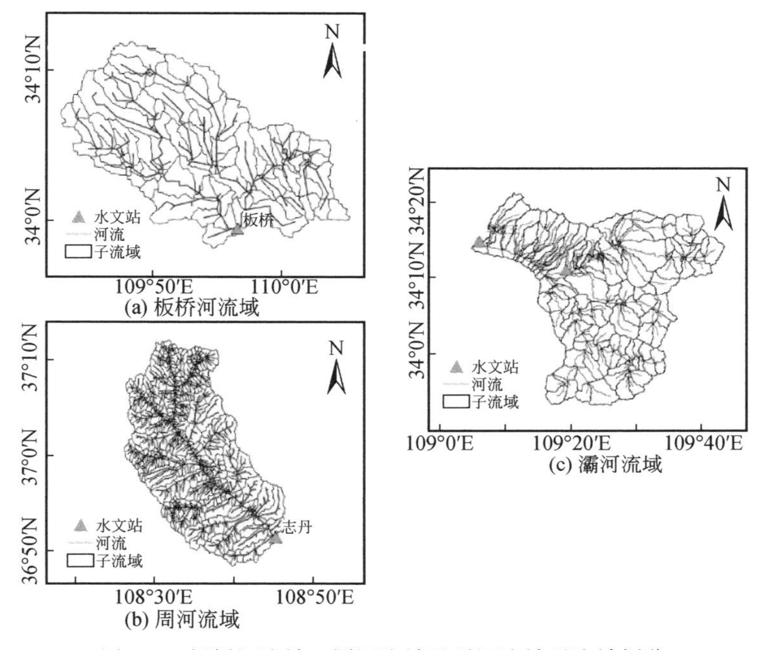

图 7-4　板桥河流域、周河流域及灞河流域子流域划分

道方向的距离（m）；A 为河道断面面积（m^2）；S_o 为河道坡度；n_r 为河道曼宁糙率系数；p 为湿周长度（m）。

运动波方程的求解采用非线性的显性有限差分方法。首先演算得到每个子流域出口处的流量，然后依据子流域与支流以及干流之间的河网拓扑关系，同样采用一维运动波方程，演算得到整个流域出口处的流量过程。

7.2　水文模拟及模型参数

7.2.1　模型参数与初始条件

GBHM 模型的参数主要有三类：土壤参数、植被参数和河道参数，具体可见表 7-1（许继军，2007）。GBHM 模型为具有物理机制的水文模型，模型参数大多具有明确的物理意义，因此为了避免模型“过参数化”，模型中的大多数参数一般根据实测或者来源于相应的数据库，需要单独率定的参数仅有地下水导水率 Kg，融雪系数 Mf 等少数几个参数。参数率定方法采用试错法。率定的基本单元为子流域而非山坡单元。

模型的初始条件分预热与非预热两种。预热的初始条件直接读取前一步长的土壤含水量和地下水位等；非预热的初始条件模型将给出一初始值，模型运行一段时间后将快速收敛于正常状态。

表 7-1　GBHM 主要模型参数

分类	参数	估算方法
植被和地表参数	叶面指数（LAI）	可从卫星遥感数据中提取
	植物蒸发系数（kc）	参考联合国粮食与农业组织《作物需水计算指南》
	地表截流能力	取决于土地利用类型
	地表 Manning 系数（ns）	取决于土地利用类型
	表层土壤各向异性（ra）	取决于土地利用类型，仅考虑自然植被情况
土壤水分参数	饱和含水率（θ_s）	一般来源于实测，模型中根据北京师范大学的面向陆面过程模型的中国土壤水文数据集取值
	吸着含水率（θ_r）	
	饱和导水率（Ks）	
	土壤水分特征曲线和非饱和土壤导水率的经验关系中的系数，如 α 和 n	
河道参数	河道形状	来源于实测
	河道的 Manning 系数	根据有关手册估计，或进行率定
其他	融雪系数（Mf）	从观测资料推算
	地下水传导系数（Kg）	一般来源于实测，或进行率定
	地下水储水系数	一般来源于实测，或进行率定

表中 α 和 n 为 Van Genuchten 公式当中的土壤水参数。该公式为

$$\theta = \theta_r + \frac{(\theta_s - \theta_r)}{[1 + (\alpha \cdot h)^n]^m} \tag{7-20}$$

土壤、植被参数主要来源于遥感数据和相应数据库，地表参数根据土地利用类型来估计。

7.2.2　模型的参数识别与地区综合

分布式水文模型在描述复杂的水文过程时要用到大量具有物理意义的参数。虽然其中大部分可以根据遥感、全球数据库和实测资料等进行估计，但由于其间接观测和非接触式观测的特性，势必含有一定的不确定性。同时，实际应用中还会有实测资料难于获得或者精度不能满足要求的情况，将增加这种不确定性。此外，大量的参数还可能导致严重的异参同效性（equifinality）。因此，分布式水文

模型的参数率定和不确定性估计密不可分。

这里采用广义似然不确定性分析的GLUE（generalized likelihood uncertainty estimation）方法对模型参数进行率定及不确定性分析。似然函数作为不确定性分析时的关键评价指标，是显著影响分析结果的重要参数，通常采样Nash效率系数（确定性系数）或它的幂来作为似然函数。

7.3 GBHM模型在山洪预报中的应用

7.3.1 应用流域概况和基础数据信息处理

1. 应用流域概况和基础数据信息处理

本节选取了3个流域开展应用研究，分别是周河、灞河和板桥河流域，其中包括4个水文站点（表7-2），研究时段为2000～2006年。

表7-2 水文站编码、位置和控制面积表

站名	站号	经度	纬度	绝对高程（m）	控制面积（km^2）
志丹	41301300	108°46′	36°49′	1219	774
马渡王	41108500	109°09′	34°14′	473	1601
罗李村	41108300	109°22′	34°09′	531	—
板桥	62000300	109°57′	33°58′	781	493

2. 流域基础资料收集

（1）周河流域

周河流域收集到的数据包括：7个雨量站（5个流域内的，2个流域周边的）的逐日、逐时段降雨数据；1个流量站的水文数据；流域周边7个国家气象站的气象数据；1个主要测站大断面数据。流域内的水文站和雨量站的分布如图7-5所示。同时收集的分布式水文模型所需要的数据包括地形、土壤、植被状况等。其中100m精度的数字高程模型（DEM）数据来自美国地质调查局全球DEM数据库；土地利用数据来自美国地质调查局的全球土地利用数据库2.0版（20世纪90年代的土地利用情况，空间分辨率为1km）；土壤类型数据来源于国际粮食及农业组织和联合国教育、科学及文化组织（FAO-UNESCO）的全球土壤分类数据（空间分辨率为8km）；土壤参数数据来自土壤信息数据（包括土壤饱和含水量、残余含水量、饱和水力传导系数、参数n、参数alpha等）源自北京师范大学的面向陆面过程模型的中国土壤水文数据集（戴永久等，2013）（http://westdc.westgis.ac.cn/data/205da4ae-63cd-48e1-994e-0b5d8830812a），该数据网格精度为0.00083°，原始数据以nc文件格式储存，用户需要自行处理后才能得到ArcGIS可识别的栅格数据；NDVI资料（反映植被状态）来源于SPOT卫星的观测数据（空间分辨率为1km，时间分辨率在1998年以前为15天，之后为10天）。

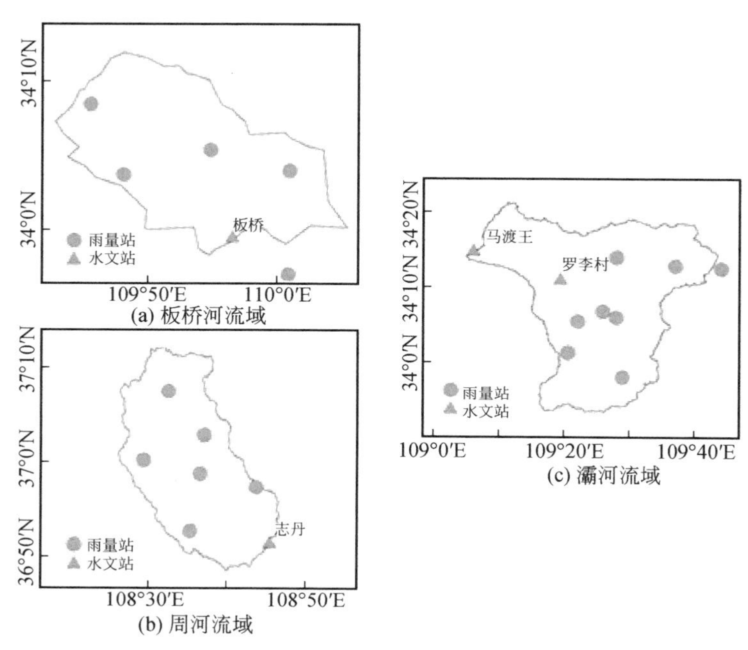

图7-5　板桥河流域、周河流域及灞河流域水文站及雨量站分布图

（2）灞河流域

灞河流域收集到的数据包括：9个雨量站（7个流域内的，2个流域周边的）的逐日、逐时段降雨数据；2个流量站的水文数据；流域周边9个国家气象站的气象数据；2个主要测站大断面数据。流域内的水文站和雨量站的分布如图7-5所示。其他收集到的分布式水文模型所需要的数据包括地形、土壤、植被状况等资料等同周河流域。

（3）板桥河流域

板桥河流域收集到的数据包括：9个雨量站（4个流域内的，5个流域周边的）的逐日、逐时段降雨数据；1个流量站的历史资料；流域周边10个国家气象站的气象资料；1个主要测站大断面数据。流域内的水文站和雨量站的分布如图7-5所示。其他收集到的分布式水文模型所需要的数据包括地形、土壤、植被状况等资料等同周河流域。

3. 应用流域分布式水文模型的建立

(1) 流域生成与划分

模型建立采用 Lambert 等面积投影。该投影为等面积的非透视方位投影，以亚洲中心东经 100°北纬 45°为投影中心。投影中纬线为同心圆，经线为圆的半径，经线间的夹角等于地球面上相应的经差。地形地貌参数由 100m 精度 DEM 提取，在周河流域和灞河流域平均到 1km 单元网格内、在板桥河流域平均到 500m 单元网格内，包括山坡坡长、山坡坡度、河道坡度和汇流距离等。由此得到的周河流域、灞河流域和板桥河流域的坡度分布如图 7-6 所示。

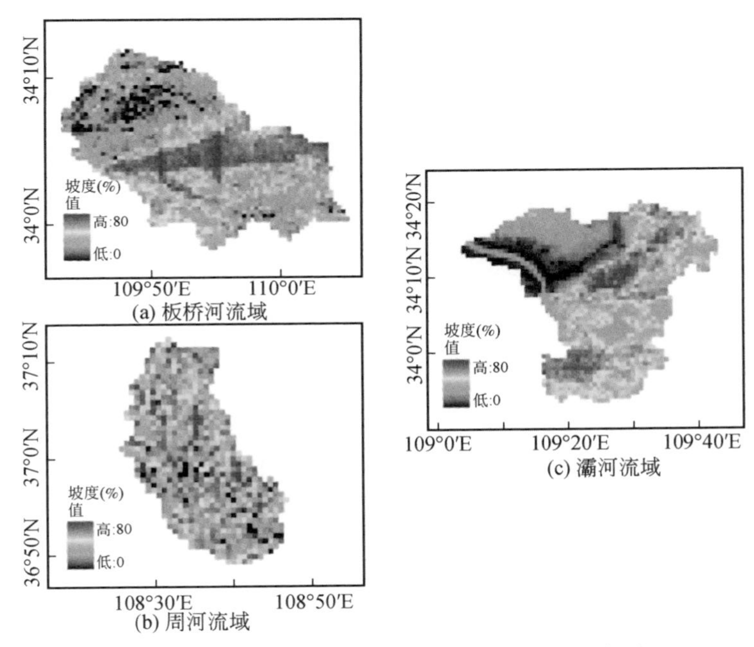

图 7-6　板桥河流域、周河流域及灞河流域坡度图

根据 100m 精度的数字高程模型（DEM），采用改进的 D8 方法，提取了周河流域志丹水位站以上（782km^2）的、灞河流域马渡王水文站以上（1630km^2）以及板桥河流域板桥水文站以上（488.5 km^2）流域范围和河网，具体结果如图 7-4 所示。生成的数字河网与实际河网吻合良好。

子流域划分及河道编码采用 Shreve 河道分级方法。三个应用流域分别划分得到了 88、153、101 个子流域。按照一定的汇流距离差将子流域进一步划分为汇流区间。每个汇流区间包含若干个格网，在每个格网上进行产流计算，通过汇流区间概化成的河网进行汇流计算。

（2）下垫面数据的处理

下垫面的土壤水分参数采用北京师范大学戴永久教授提供的《面向陆面过程模型的中国土壤水文数据集》，空间分辨率为0.0083°。采用土壤水分参数包括饱和含水率（θ_s）、吸着含水率（θ_r）、饱和导水率（K_s）以及土壤水分特征曲线和非饱和土壤导水率的经验关系中的系数，如α和n。

土地利用图来源于美国联邦地址调查局的全球土地利用数据库2.0版，是20世纪90年代的土地利用情况，数据精度为1km。根据USGS的24种标准分类，模型中把土地利用归为10大类，分别为水体、建筑物、裸地、森林、农田、旱地、草地、灌木、湿地和冰川。图7-7显示的是周河流域、灞河流域以及板桥河流域的土地利用图，其中分布较广的分别是草地、旱地、裸地；森林、草地、灌木；草地、森林。

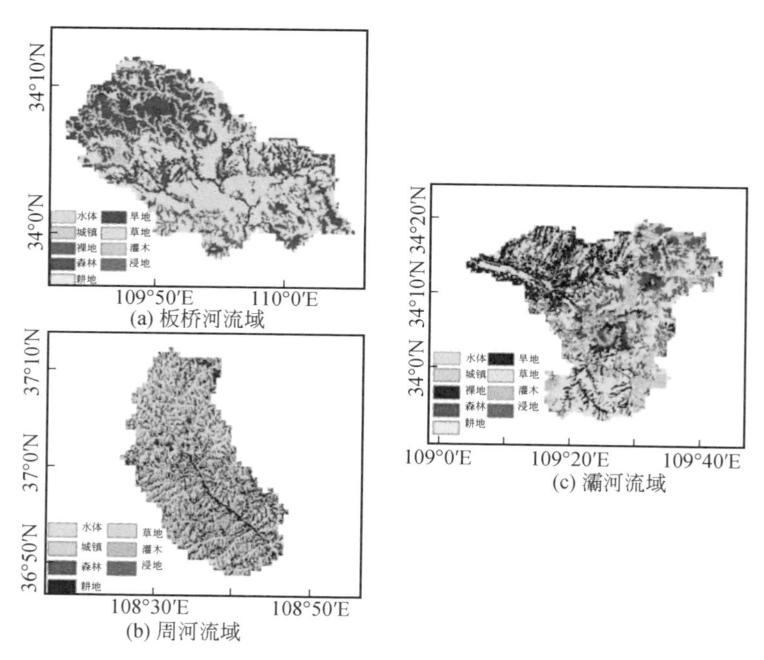

图7-7　板桥河流域、周河流域及灞河流域土地利用图

植被的分布和季节变化由植物叶面指数（LAI）来反映，叶面指数可以从全球逐月的NDVI（normalized deviation of vegetation index）数据来估计。NDVI资料来源于SPOT卫星的观测数据，空间分辨率为1km。月NDVI的空间分布情况如图7-8所示。

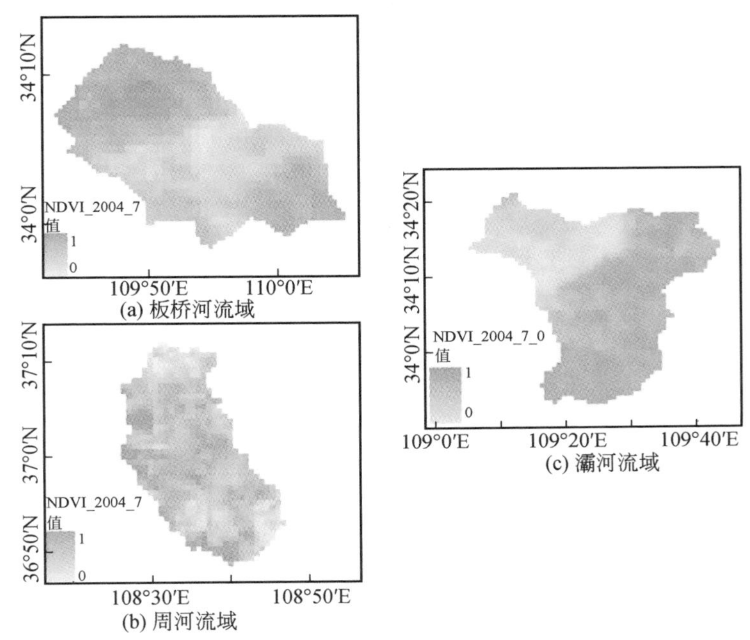

图 7-8　板桥河流域、周河流域及灞河流域某月 NDVI 分布图

非饱和带的土壤水分运动利用一维 Richards 方程进行求解，计算时将土层分为自上而下厚度逐渐增加的十层。降雨入渗为非饱和带的边界条件，土壤蒸发和植被蒸腾是源汇项。非饱和带的最下层与潜水面之间的水量交换量根据达西定律进行计算，进一步计算得到潜水位的变化在非饱和带的计算中加以更新。土壤水分特征曲线采用 VG（van Genuchten）方程，方程中的土壤水分特征参数根据《面向陆面过程模型的中国土壤水文数据集》确定。坡面汇入河道的流量采用曼宁公式计算。

7.3.2　模型估算与模型校验

1. 率定期模拟结果

选择 2000～2005 年为率定期，对连续模拟的结果进行评价，评价指标包括 Nash 效率系数（NSE）和水量平衡误差（E），计算公式如下。

$$\mathrm{NSE} = 1 - \frac{\sum_{t=0}^{N} [q_0(t) - q_s(t)]^2}{\sum_{t=0}^{N} [q_0(t) - \overline{q_0(t)}]^2} \tag{7-21}$$

$$\mathrm{RE} = \frac{\sum_{t=0}^{N} q_s(t) - q_0(t)}{\sum_{t=0}^{N} q_0(t)} \tag{7-22}$$

评价的具体结果见表 7-3。

表 7-3　率定期各站日流量连续模拟评价指标

年份	志丹水文站		罗李村水文站		马渡王水文站		板桥水文站	
	NSE	*E*（%）	NSE	*E*（%）	NSE	*E*（%）	NSE	*E*（%）
2000 ~ 2005	0. 52	17	0. 81	−2	0. 85	0. 3	0. 90	3

各水文站 2000 ~ 2010 年的日流量模拟结果如图 7-9 ~ 图 7-12 所示。

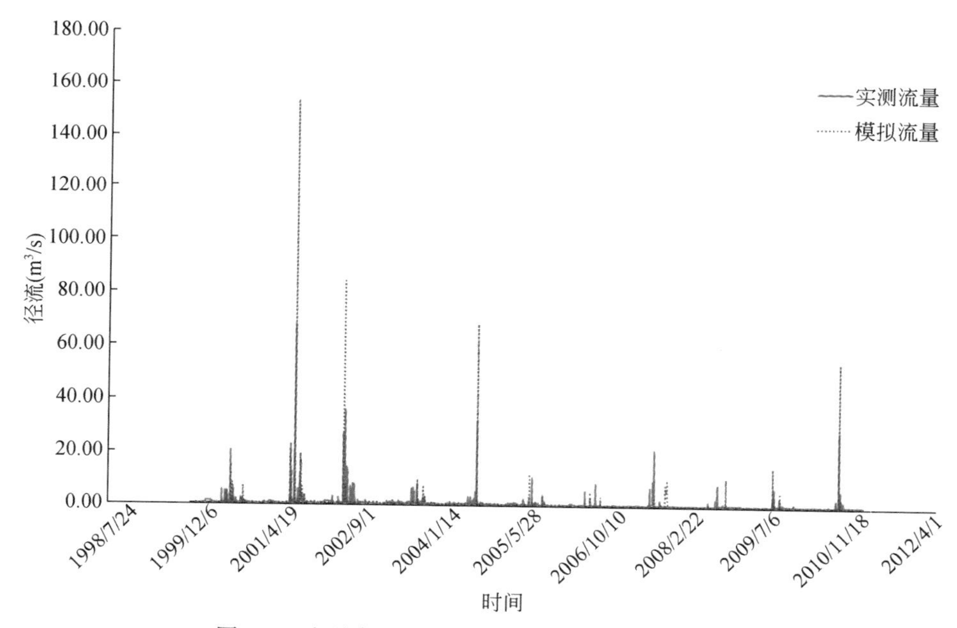

图 7-9　志丹水文站 2000 ~ 2010 年日流量模拟结果

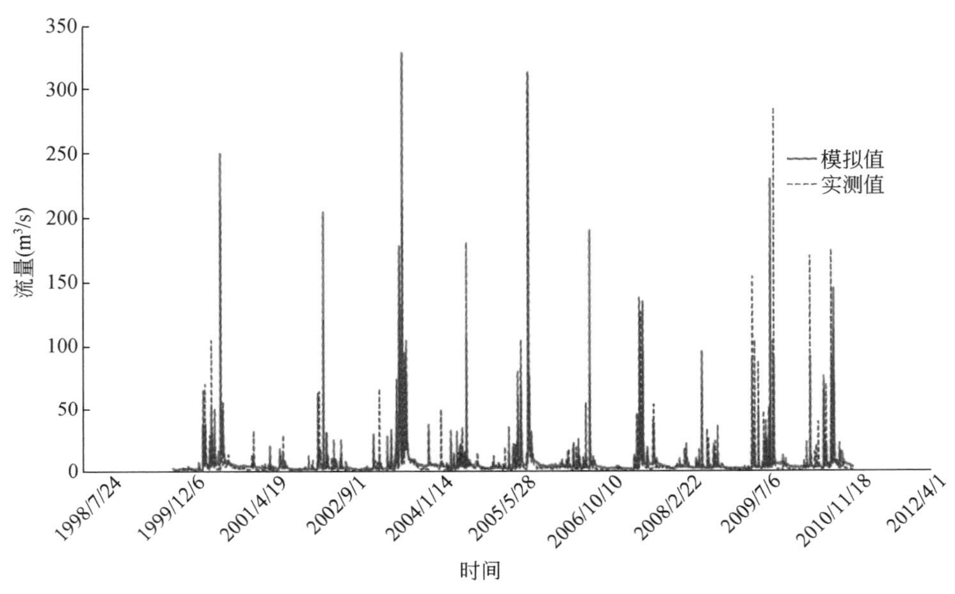

图 7-10　罗李村水文站 2000 ~ 2010 年日流量模拟结果

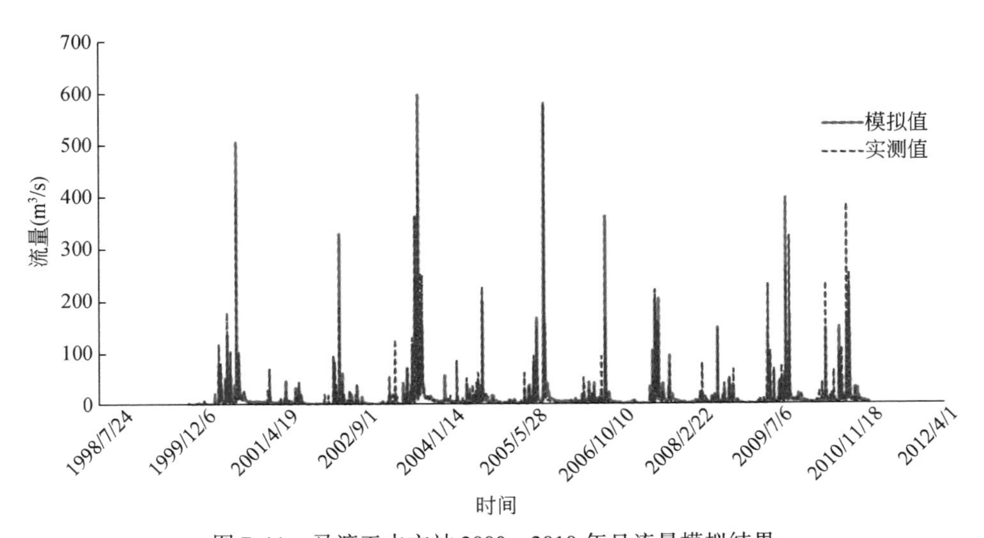

图 7-11　马渡王水文站 2000 ~ 2010 年日流量模拟结果

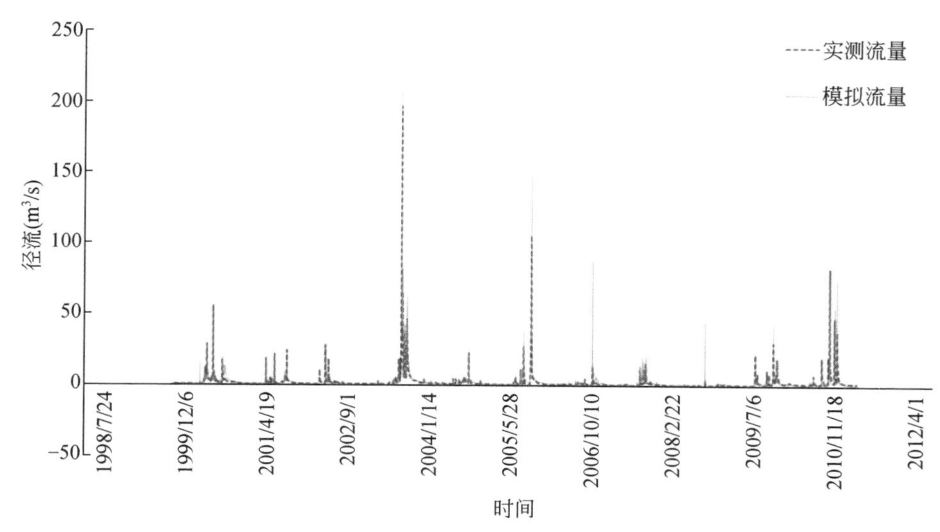

图 7-12　板桥水文站 2000 ~ 2010 年日流量模拟结果

对连续模拟结果中洪峰流量相对较大的场次洪水过程的模拟效果进行评价，以洪峰的大小和洪峰出现的时刻偏差作为评价指标，评价结果见表 7-4 ~ 表 7-7。

表 7-4　志丹水文站次洪过程模拟评价指标

洪号	实际峰现时间	实际洪峰大小（m³/s）	模拟峰现时间	模拟洪峰大小（m³/s）	洪峰相对偏差（%）	延迟（小时）	提早（小时）
20000604	8：36：00	42	12：00：00	1	−98	3. 4	
20000727	8：00：00	162	6：00：00	99	−39		2
20010724	8：00：00	281	无	无			
20010818	20：00：00	186	19：00：00	581	212		1
20020608	19：24：00	264	19：00：00	274	4		0. 4
20020618	23：30：00	403	1：00：00	3	−99	1. 5	
20040820	7：00：00	110	6：00：00	231	110		1
20050719	17：30：00	98	20：00：00	4	−96	2. 5	
20060602	3：18：00	76	14：00：00	3	−96	10. 7	
20070725	22：30：00	66	7：00：00	48	−27	8. 5	
20080809	4：30：00	42	无	无			
20100811	11：30：00	104	12：00：00	306	194	0. 5	

表 7-5　板桥水文站次洪过程模拟评价指标

洪号	实际峰现时间	实际洪峰大小（m^3/s）	模拟峰现时间	模拟洪峰大小（m^3/s）	洪峰相对偏差（%）	延迟（小时）	提早（小时）
20000818	11：00：00	81	8：00：00	34	-58		3
20001011	14：20：00	34	13：00：00	34	-1		1.3
20010625	0：00：00	202	无	无			
20010720	23：00：00	69	无	无			
20010815	1：12：00	114	无	无			
20030829	3：30：00	550	7：00：00	306	-44	3.5	
20031003	14：00：00	48	7：00：00	71	48		7
20040930	14：00：00	45	14：00：00	19	-58		0
20050820	8：00：00	39	8：00：00	44	12		0
20051001	17：00：00	160	19：00：00	229	43	2	
20090829	8：00：00	41	5：00：00	116	180		3
20100724	14：00：00	123	7：00：00	146	19		7
20100824	7：00：00	52	7：00：00	137	162		0
20100906	20：00：00	46	17：00：00	198	331		3

表 7-6　罗李村水文站次洪过程模拟评价指标

洪号	实际峰现时间	实际洪峰大小（m^3/s）	模拟峰现时间	模拟洪峰大小（m^3/s）	洪峰相对偏差（%）	延迟（小时）	提早（小时）
20001011	12：00	341	10：00	360	6		2
20011014	10：00	33.8	11：00	17	-49	1	
20020506	6：00	70.9	6：00	17	-76	0	
20020609	10：48	268	12：00	388	45	1.2	
20030901	8：00	199	7：00	266	34		1
20030919	10：30	252	17：00	482	91	6.5	
20040930	15：18	483	14：00	192	-60		1.3
20050730	22：54	147	7：00	47	-68	8.1	
20050802	9：51	94.2	8：00	69	-27		1.8
20050819	6：12	162	3：00	113	-30		3.2
20051001	19：51	491	18：00	501	2		1.8
20060927	20：12	149	19：00	258	73		1.2
20070705	14：30	103	10：00	71	-31		4.5

续表

洪号	实际峰现时间	实际洪峰大小（m³/s）	模拟峰现时间	模拟洪峰大小（m³/s）	洪峰相对偏差（%）	延迟（小时）	提早（小时）
20070719	19：30	174	20：00	104	-40	0.5	
20070729	9：30	188	13：00	51	-73	3.5	
20070809	7：06	234	9：00	130	-44	1.9	
20080721	22：36	132	20：00	193	46		2.6
20090514	17：00	196	14：00	40	-79		3
20090528	14：30	208	14：00	23	-89		0.5
20090829	7：30	312	6：00	456	46		1.5
20090920	4：30	441	3：59	154	-65		0.5
20100421	14：48	270	13：59	144	-47		0.8
20100717	14：42	83.9	14：00	43	-49		0.7
20100824	10：00	239	7：59	141	-41		2

表 7-7　马渡王水文站次洪过程模拟评价指标

洪号	实际峰现时间	实际洪峰大小（m³/s）	模拟峰现时间	模拟洪峰大小（m³/s）	洪峰相对偏差（%）	延迟（小时）	提早（小时）
20001011	12：00	688	13：00	630	-8	1	
20020506	17：59	105	18：00	24	-77	0	
20050515	0：00	140	1：00	41	-70	1	
20020609	15：00	584	14：00	558	-4		1
20030901	11：00	441	10：00	452	2		1
20030919	21：00	652	21：00	789	21	0	
20040930	18：18	590	17：00	274	-54		1.3
20050802	11：00	192	12：00	105	-45	1	
20050819	7：00	206	7：00	216	5		0
20051001	20：00	844	20：00	862	2		0
20060927	21：30	304	21：00	478	57		0.5
20070705	15：18	179	14：00	131	-27		1.3

续表

洪号	实际峰现时间	实际洪峰大小（m³/s）	模拟峰现时间	模拟洪峰大小（m³/s）	洪峰相对偏差（%）	延迟（小时）	提早（小时）
20070719	20：36	339	20：00	230	-32		0.6
20070729	13：00	284	14：00	95	-67	1	
20070809	9：30	339	14：00	256	-25	4.5	
20071012	18：18	95.8	18：00	110	15		0.3
20080722	3：54	271	23：00	267	-2		4.9
20090514	22：18	312	20：00	88	-72		2.3
20090528	18：18	249	18：00	43	-83		0.3
20090829	9：00	616	9：00	603	-2		0
20090920	5：30	525	5：30	525	0	0	
20100421	18：00	491	18：00	186	-62	0	
20100824	11：00	527	11：00	214	-59		0
20100907	1：00	375	0：00	385	3		1

2. 验证期模拟结果

以2006～2010年作为验证期，采用Nash（纳什）效率系数（NSE）和水量平衡误差（E）进行评价，评价结果见表7-8。

表7-8　率定期各站日流量连续模拟评价指标

年份	志丹		罗李村		马渡王		板桥	
	NSE	E（%）	NSE	E（%）	NSE	E（%）	NSE	E（%）
2006～2010	0.35	10	0.66	-12	0.66	-13	0.58	-5

对连续模拟结果中洪峰流量相对较大的场洪水过程的模拟效果进行评价，评价结果见表7-4～表7-7，各水文站不同场次大洪水过程模拟结果如图7-13～图7-21所示。

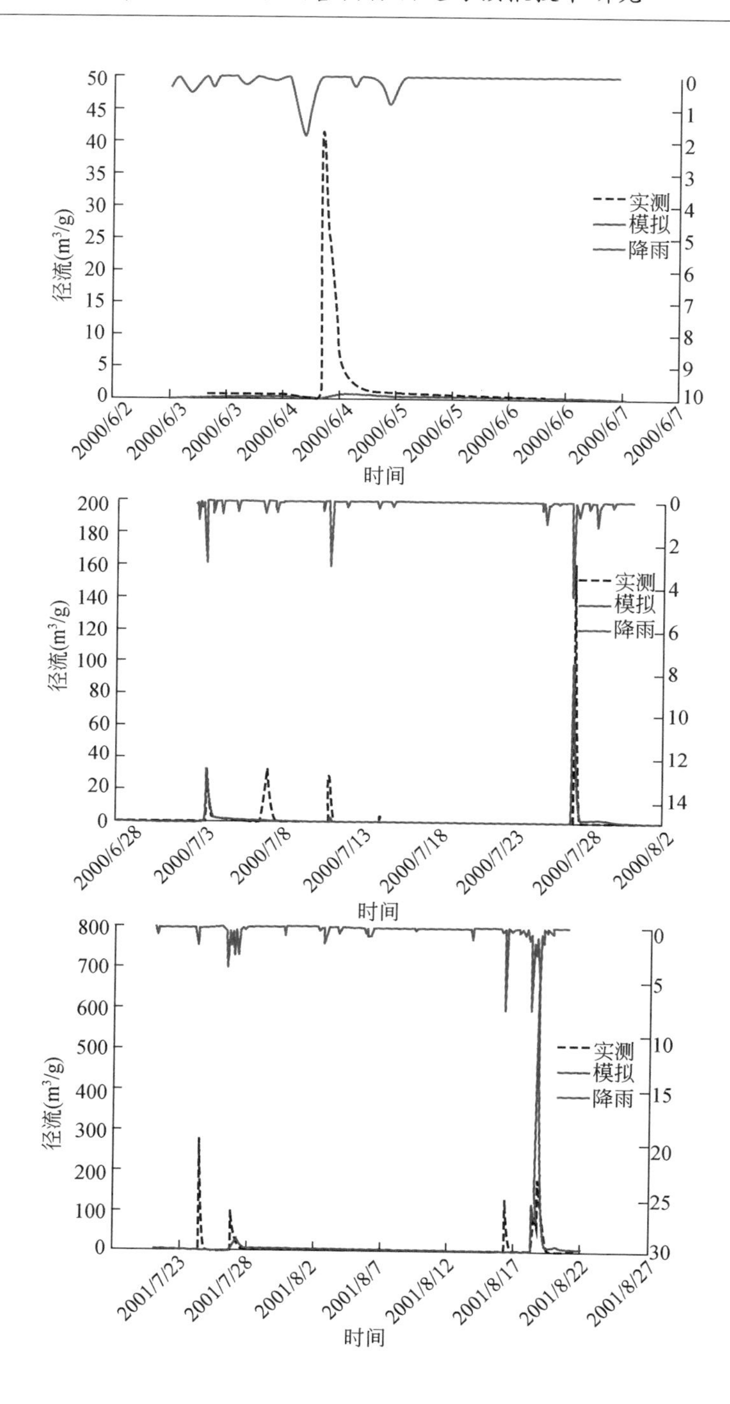
径流(m³/g)
实测
模拟
降雨
时间
2000/6/2
2000/6/3
2000/6/4
2000/6/5
2000/6/6
2000/6/7
2000/6/28
2000/7/3
2000/7/8
2000/7/13
2000/7/18
2000/7/23
2000/7/28
2000/8/2
2001/7/23
2001/7/28
2001/8/2
2001/8/7
2001/8/12
2001/8/17
2001/8/22
2001/8/27

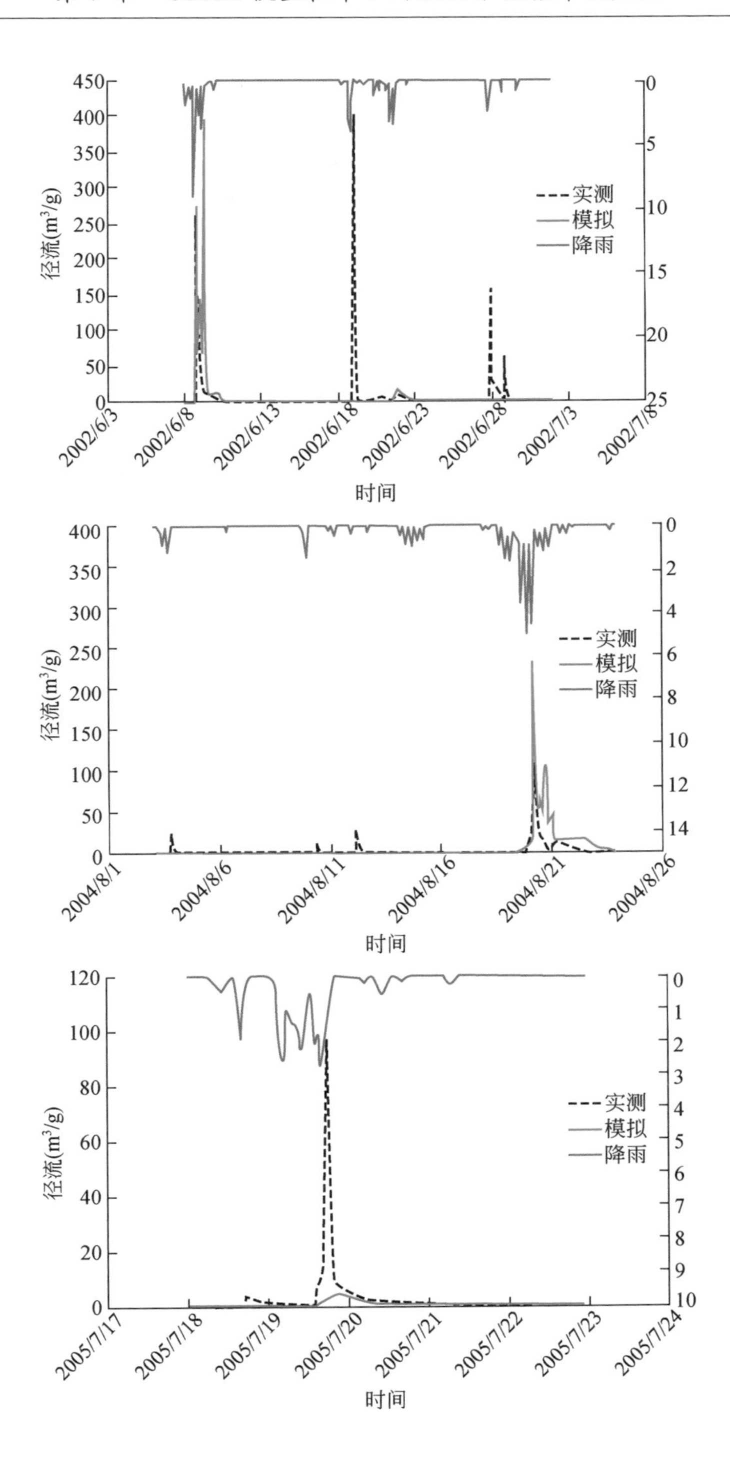
径流(m³/g)
实测
模拟
降雨
时间
2002/6/3
2002/6/8
2002/6/13
2002/6/18
2002/6/23
2002/6/28
2002/7/3
2002/7/8
2004/8/1
2004/8/6
2004/8/11
2004/8/16
2004/8/21
2004/8/26
2005/7/17
2005/7/18
2005/7/19
2005/7/20
2005/7/21
2005/7/22
2005/7/23
2005/7/24

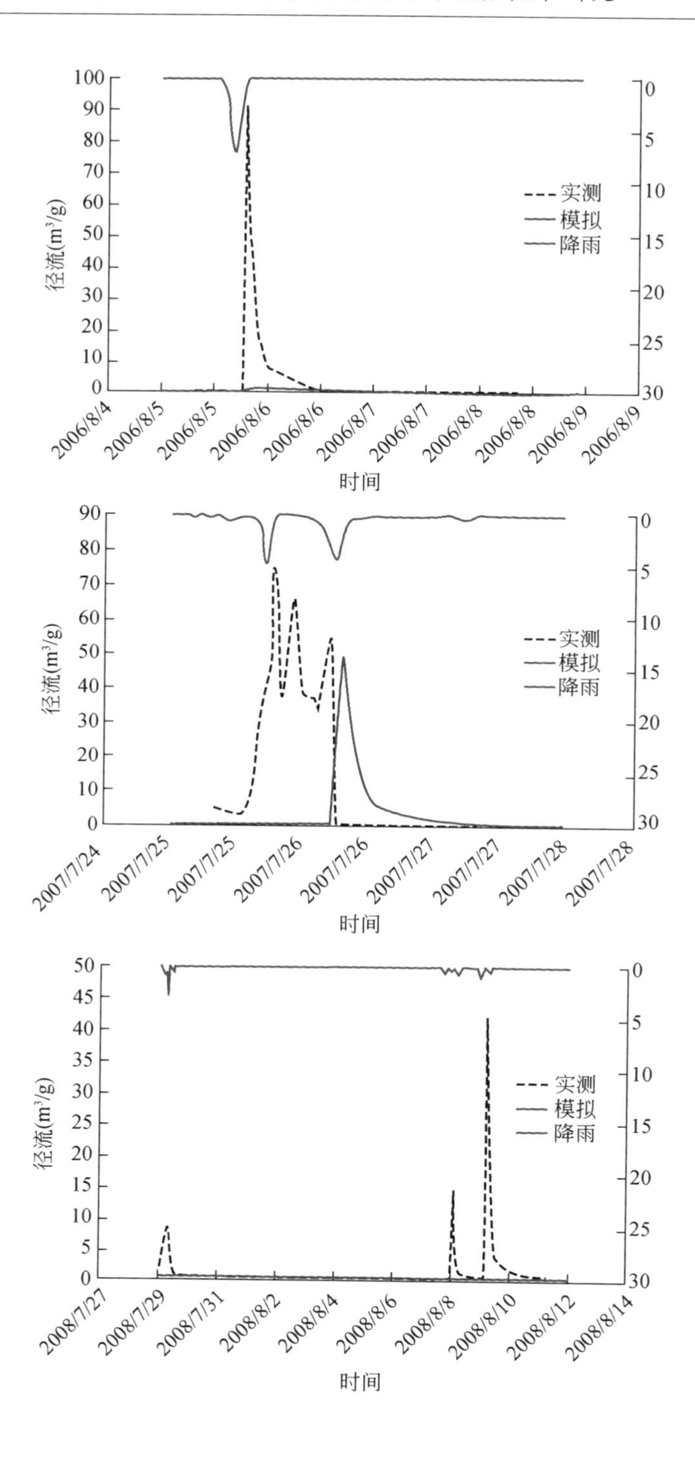
径流(m³/g)
实测
模拟
降雨
时间
2006/8/4
2006/8/5
2006/8/6
2006/8/7
2006/8/8
2006/8/9
2007/7/24
2007/7/25
2007/7/26
2007/7/27
2007/7/28
2008/7/27
2008/7/29
2008/7/31
2008/8/2
2008/8/4
2008/8/6
2008/8/8
2008/8/10
2008/8/12
2008/8/14

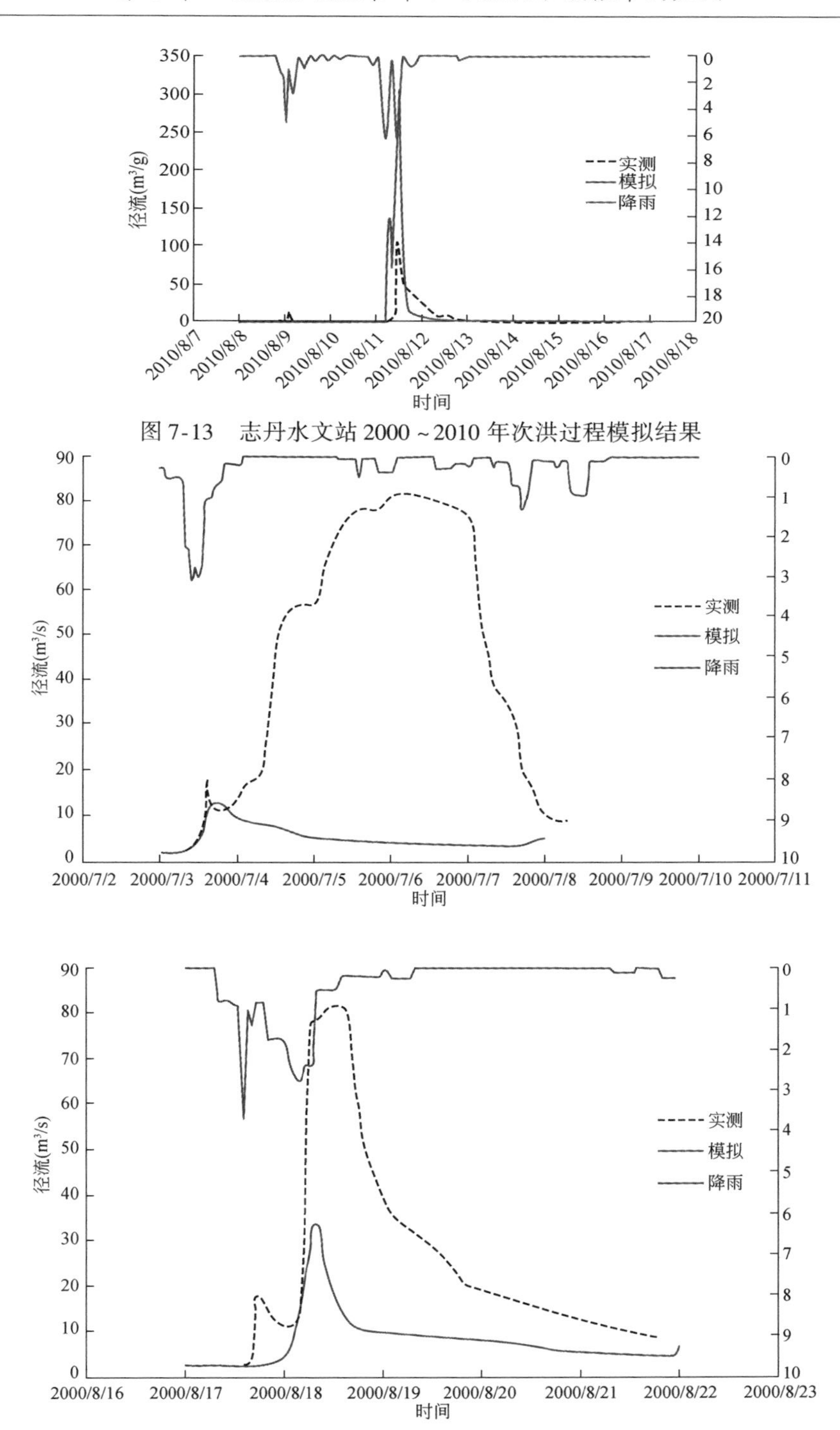

图 7-13 志丹水文站 2000 ~2010 年次洪过程模拟结果

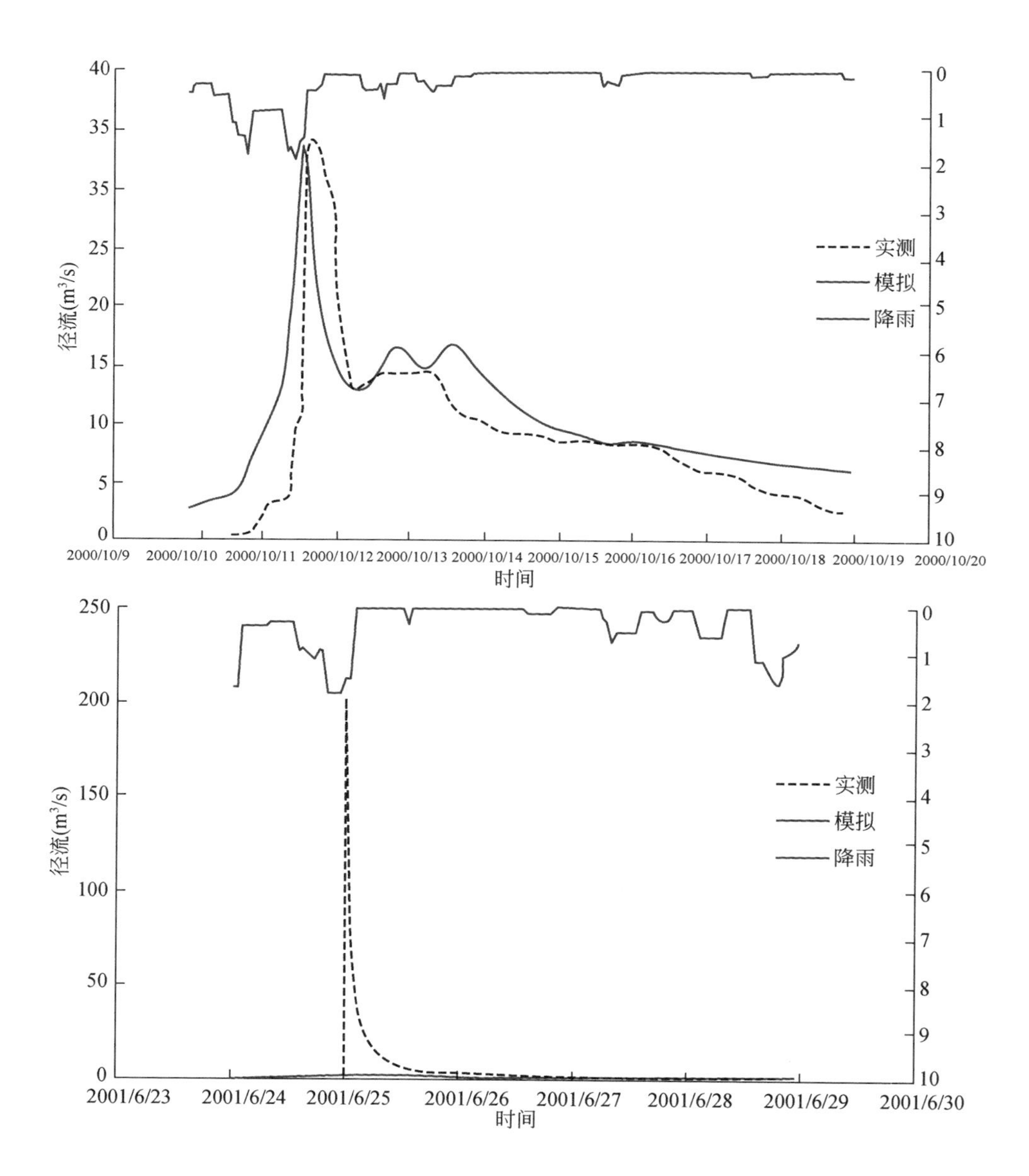
40
35
35
25
20
15
10
5
0
径流(m³/s)
0
1
2
3
4
5
6
7
8
9
10
实测
模拟
降雨
2000/10/9
2000/10/10
2000/10/11
2000/10/12
2000/10/13
2000/10/14
2000/10/15
2000/10/16
2000/10/17
2000/10/18
2000/10/19
2000/10/20
时间
250
200
150
100
50
0
径流(m³/s)
实测
模拟
降雨
2001/6/23
2001/6/24
2001/6/25
2001/6/26
2001/6/27
2001/6/28
2001/6/29
2001/6/30
时间

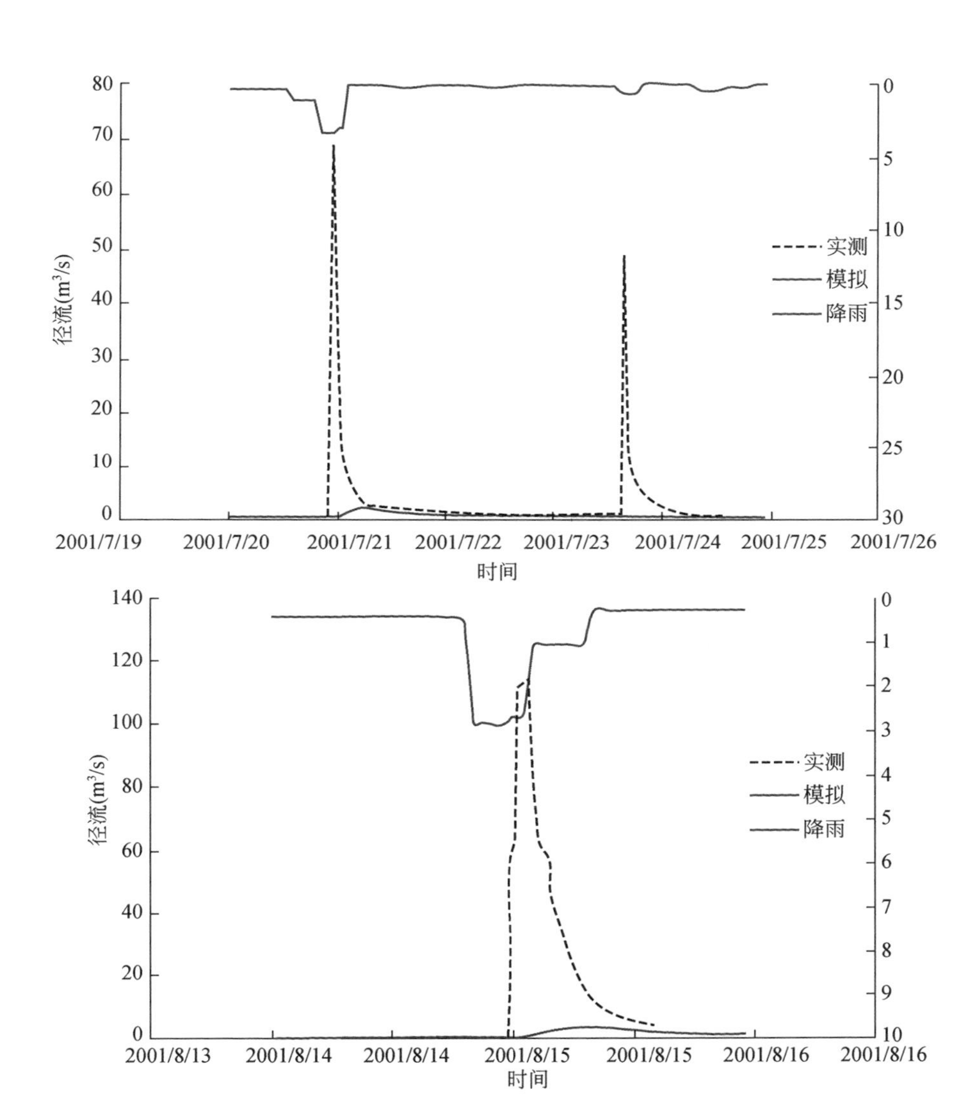

80
70
60
50
40
30
20
10
0
径流(m3/s)
0
5
10
15
20
25
30
实测
模拟
降雨
2001/7/19
2001/7/20
2001/7/21
2001/7/22
2001/7/23
2001/7/24
2001/7/25
2001/7/26
时间
140
120
100
80
60
40
20
0
径流(m3/s)
0
1
2
3
4
5
6
7
8
9
10
实测
模拟
降雨
2001/8/13
2001/8/14
2001/8/14
2001/8/15
2001/8/15
2001/8/16
2001/8/16
时间

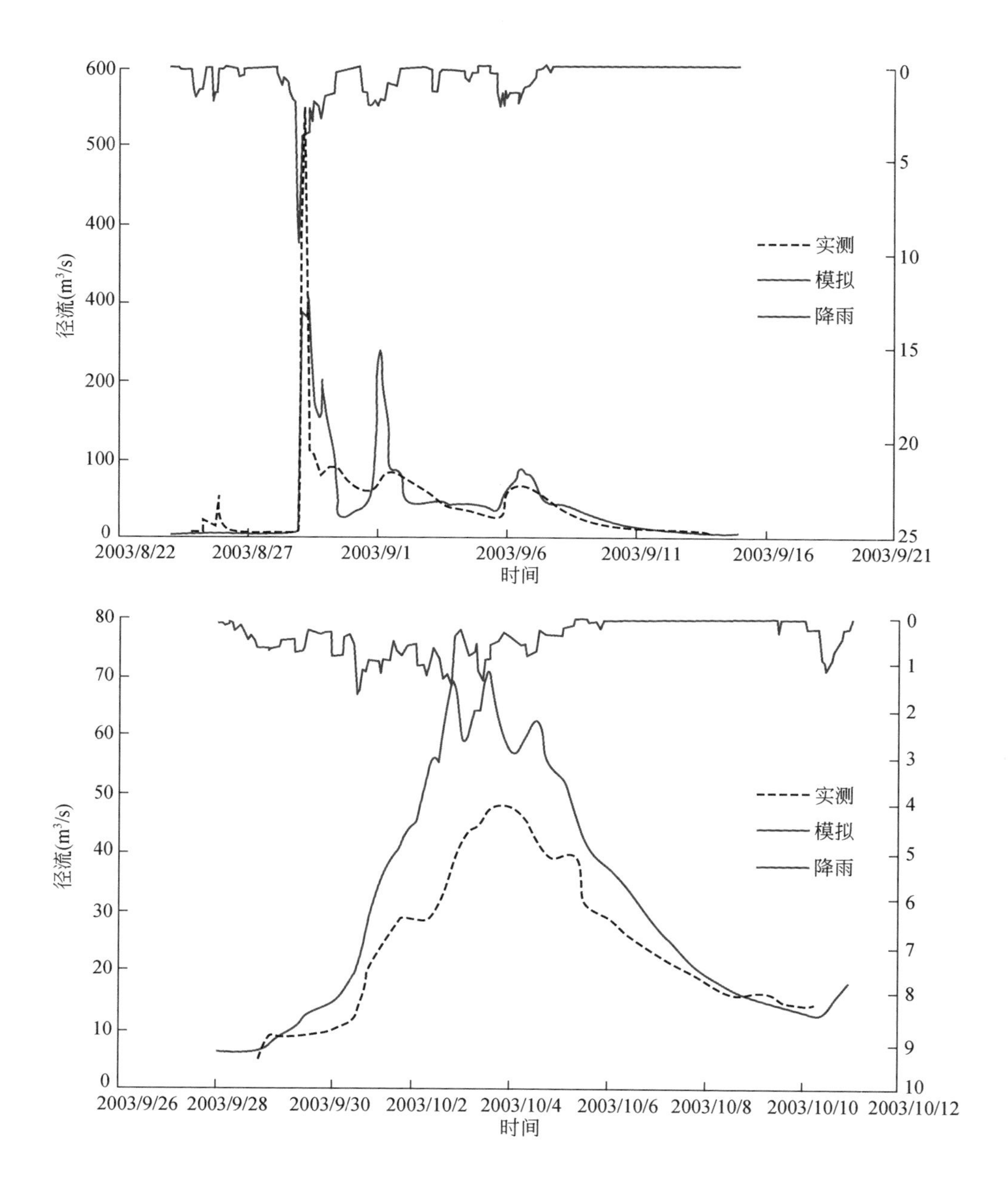
600
500
400
400
200
100
0
径流(m³/s)
0
5
10
15
20
25
实测
模拟
降雨
2003/8/22
2003/8/27
2003/9/1
2003/9/6
2003/9/11
2003/9/16
2003/9/21
时间
80
70
60
50
40
30
20
10
0
径流(m³/s)
0
1
2
3
4
5
6
7
8
9
10
实测
模拟
降雨
2003/9/26
2003/9/28
2003/9/30
2003/10/2
2003/10/4
2003/10/6
2003/10/8
2003/10/10
2003/10/12
时间

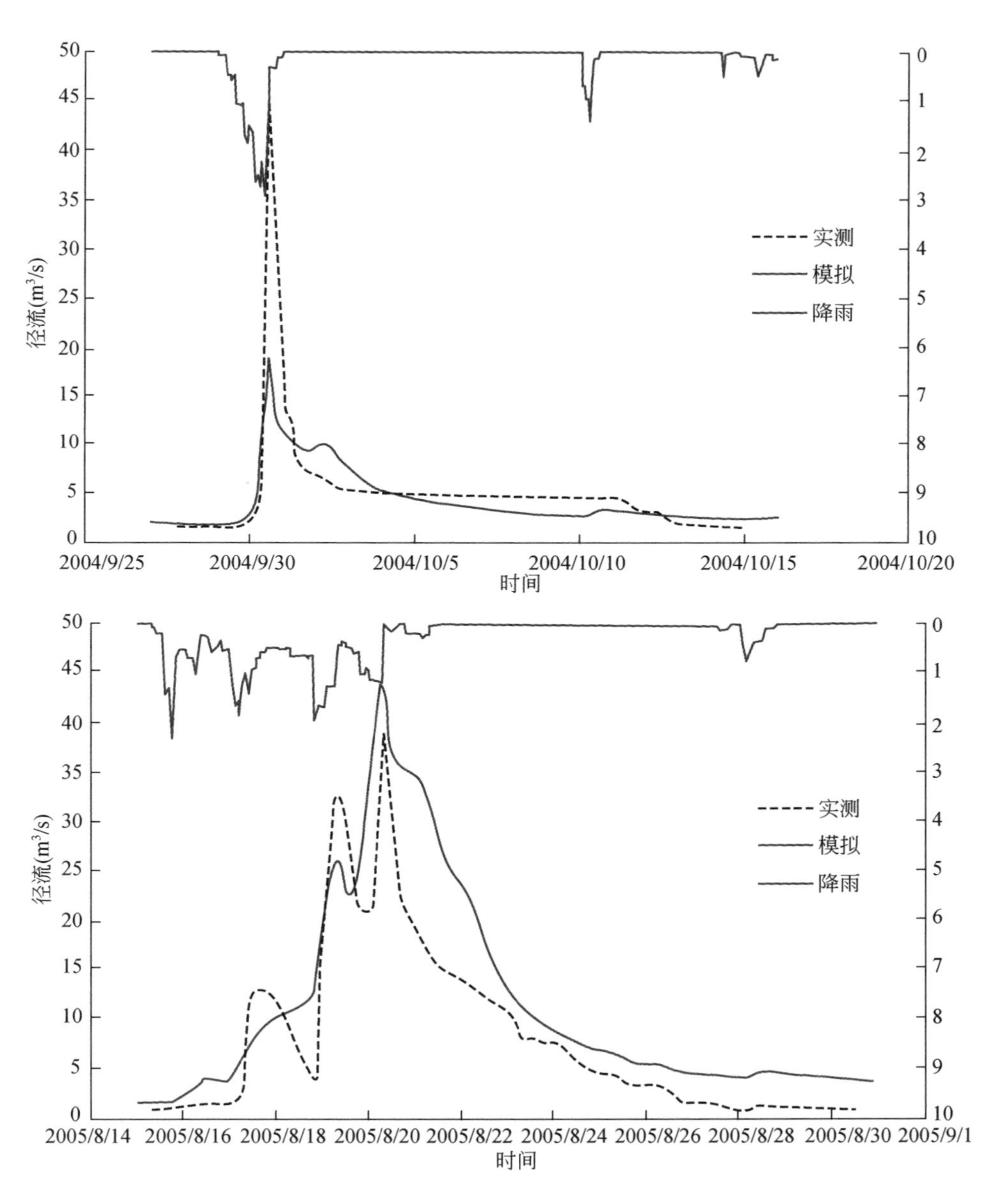

图 7-14　板桥水文站 2000 ~ 2010 年次洪过程模拟结果（一）

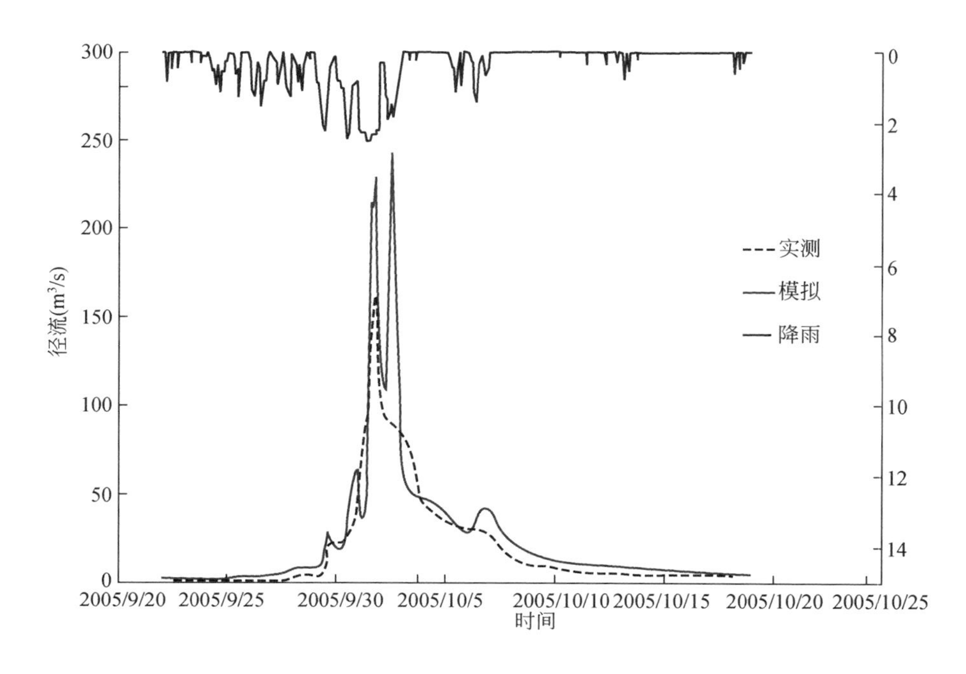

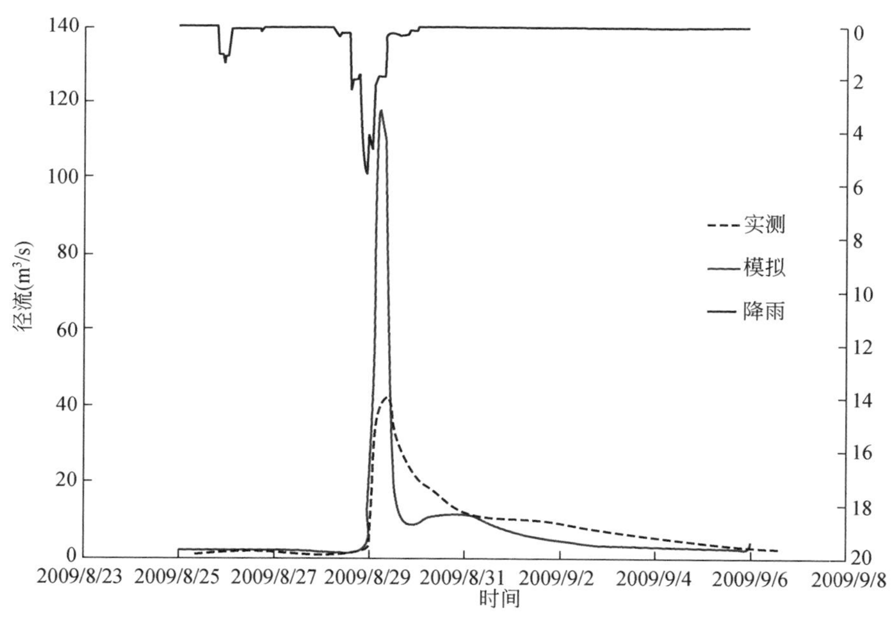

图 7-15　板桥水文站 2000 ~ 2010 年次洪过程模拟结果（二）

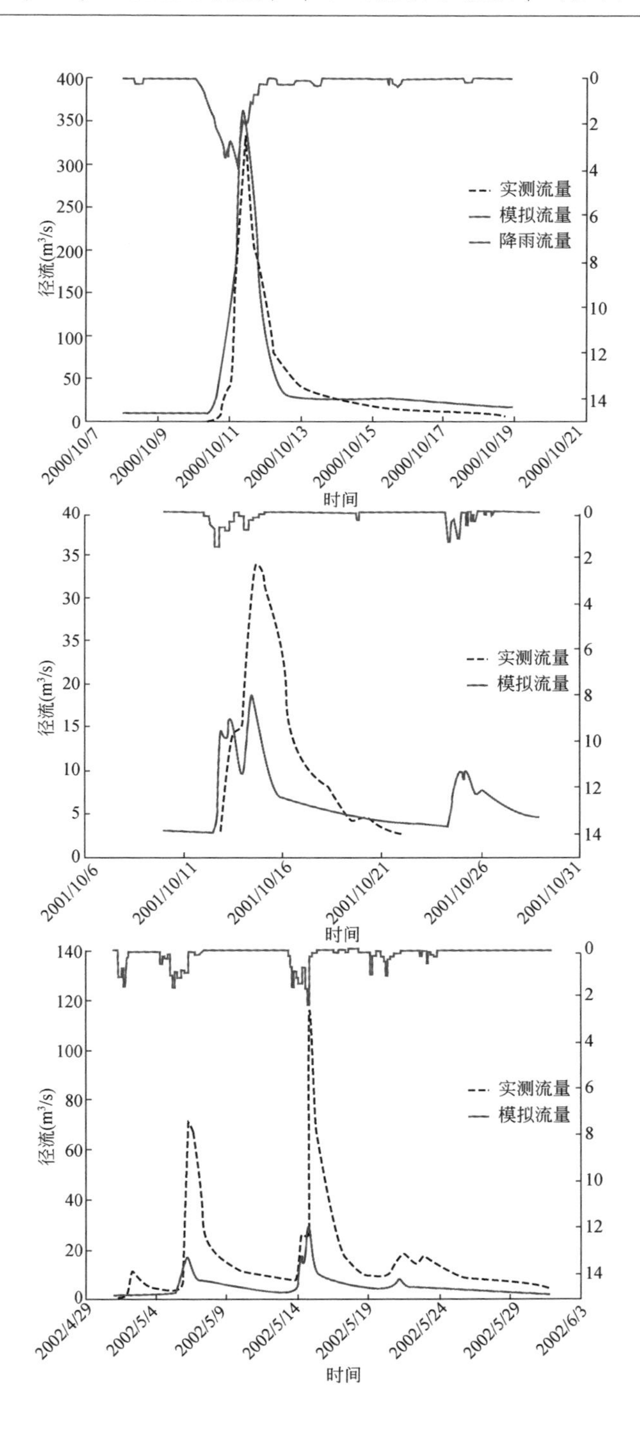
径流(m³/s)
实测流量
模拟流量
降雨流量
时间
2000/10/7
2000/10/9
2000/10/11
2000/10/13
2000/10/15
2000/10/17
2000/10/19
2000/10/21
径流(m³/s)
实测流量
模拟流量
时间
2001/10/6
2001/10/11
2001/10/16
2001/10/21
2001/10/26
2001/10/31
径流(m³/s)
实测流量
模拟流量
时间
2002/4/29
2002/5/4
2002/5/9
2002/5/14
2002/5/19
2002/5/24
2002/5/29
2002/6/3

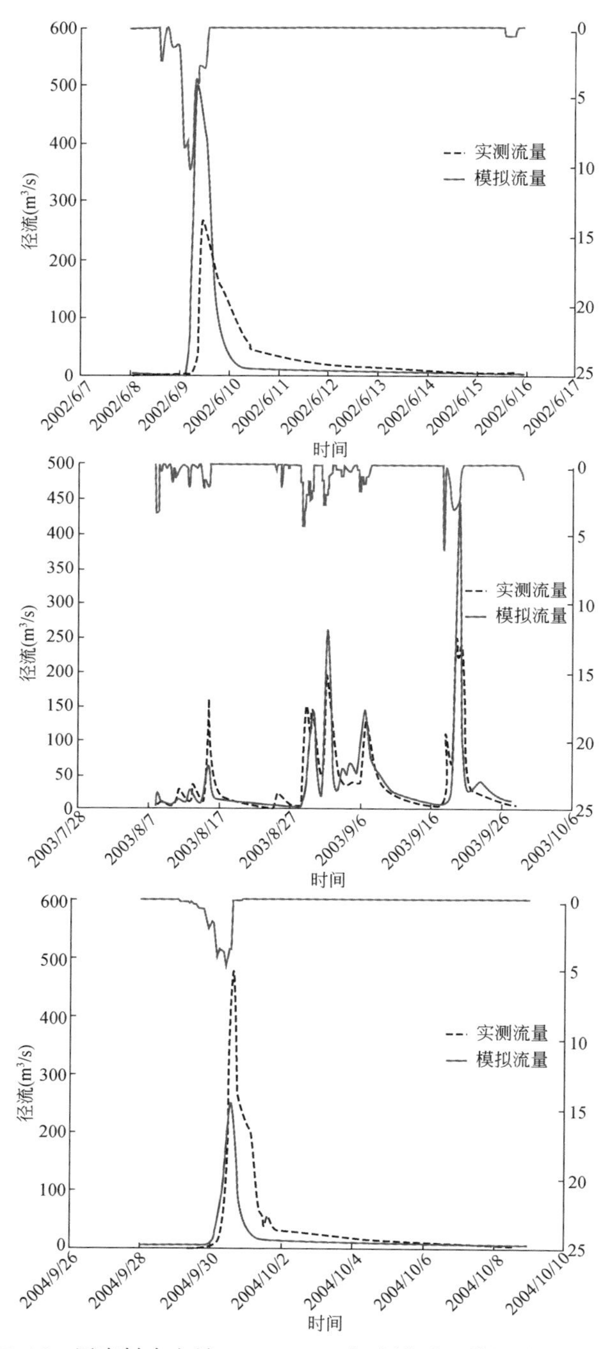

图 7-16　罗李村水文站 2000 ~ 2010 年次洪过程模拟结果（一）

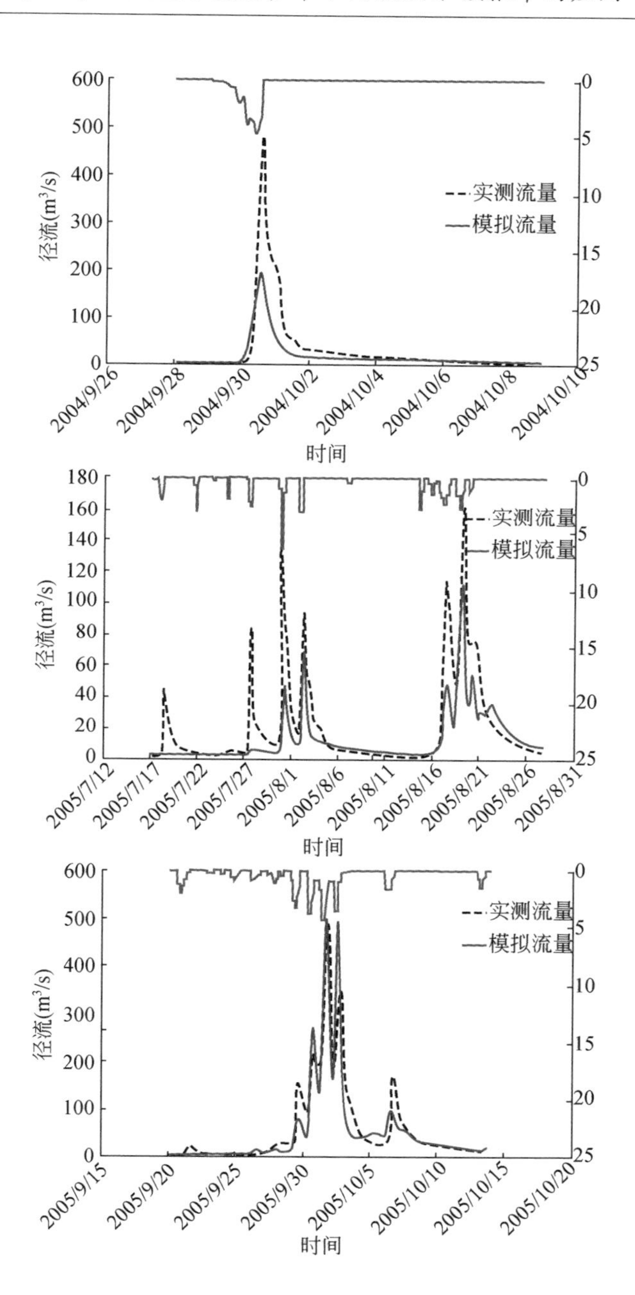
径流(m³/s)
实测流量
模拟流量
时间
2004/9/26
2004/9/28
2004/9/30
2004/10/2
2004/10/4
2004/10/6
2004/10/8
2004/10/10
2005/7/12
2005/7/17
2005/7/22
2005/7/27
2005/8/1
2005/8/6
2005/8/11
2005/8/16
2005/8/21
2005/8/26
2005/8/31
2005/9/15
2005/9/20
2005/9/25
2005/9/30
2005/10/5
2005/10/10
2005/10/15
2005/10/20

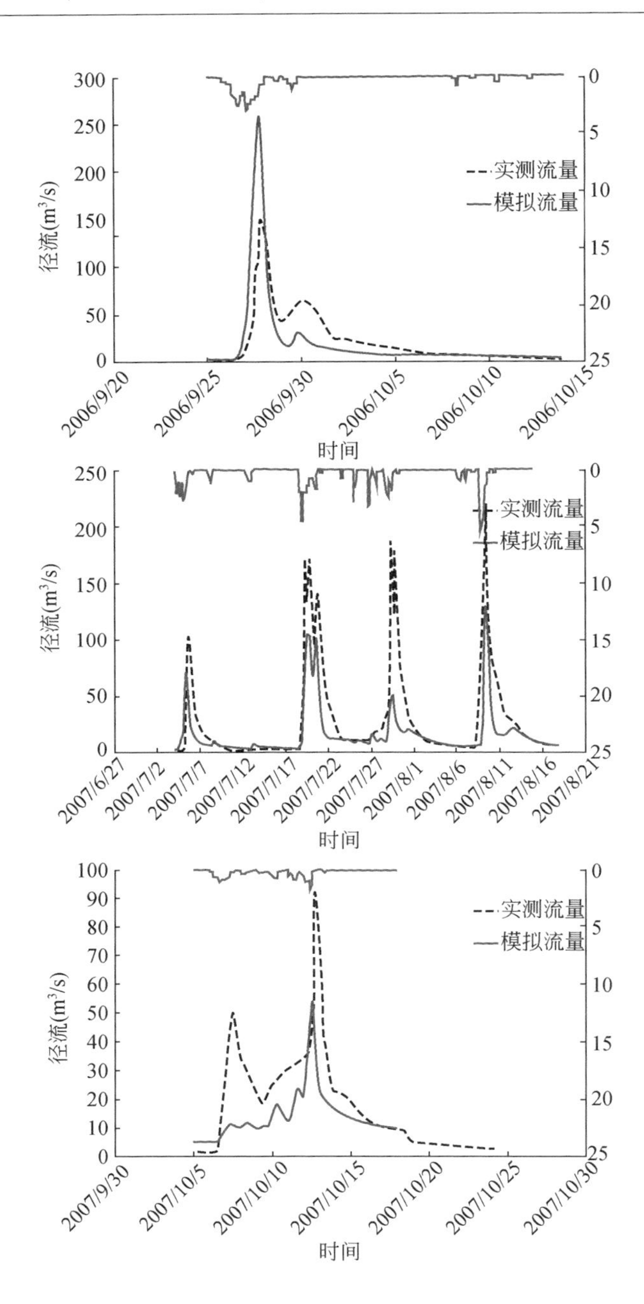

300
250
200
150
100
50
0
0
5
10
15
20
25
径流(m³/s)
实测流量
模拟流量
2006/9/20
2006/9/25
2006/9/30
2006/10/5
2006/10/10
2006/10/15
时间
250
200
150
100
50
0
径流(m³/s)
实测流量
模拟流量
2007/6/27
2007/7/2
2007/7/7
2007/7/12
2007/7/17
2007/7/22
2007/7/27
2007/8/1
2007/8/6
2007/8/11
2007/8/16
2007/8/21
时间
100
90
80
70
60
50
40
30
20
10
0
径流(m³/s)
实测流量
模拟流量
2007/9/30
2007/10/5
2007/10/10
2007/10/15
2007/10/20
2007/10/25
2007/10/30
时间

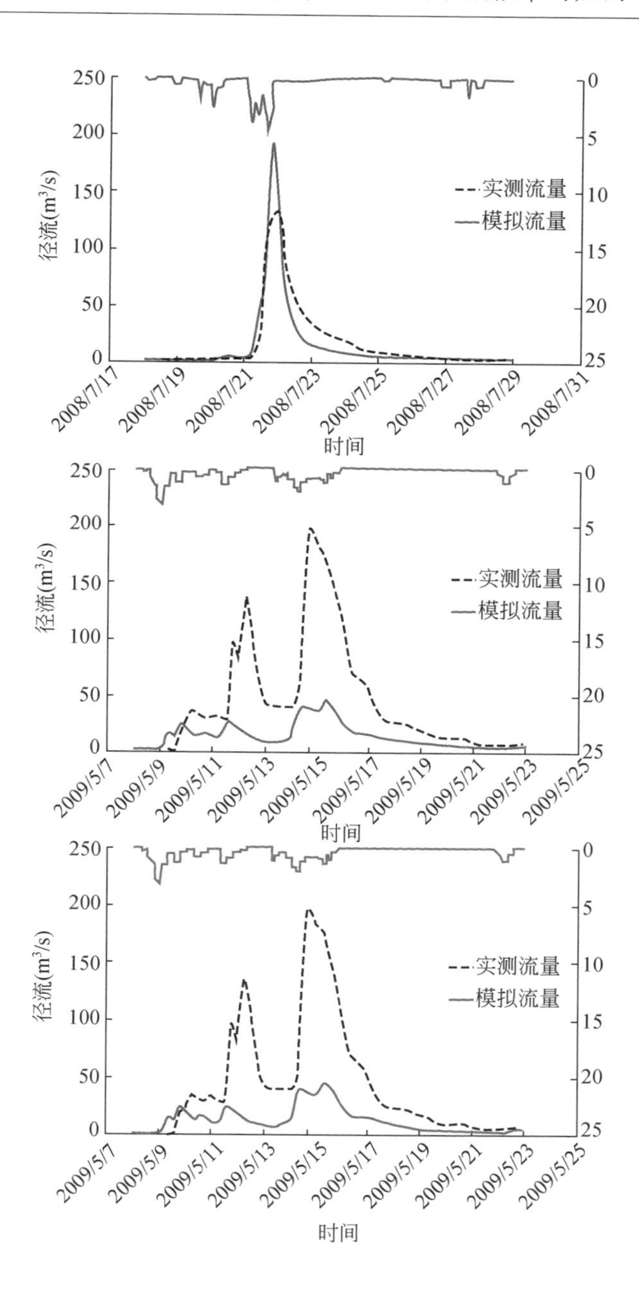
径流(m³/s)
实测流量
模拟流量
时间
2008/7/17
2008/7/19
2008/7/21
2008/7/23
2008/7/25
2008/7/27
2008/7/29
2008/7/31
2009/5/7
2009/5/9
2009/5/11
2009/5/13
2009/5/15
2009/5/17
2009/5/19
2009/5/21
2009/5/23
2009/5/25

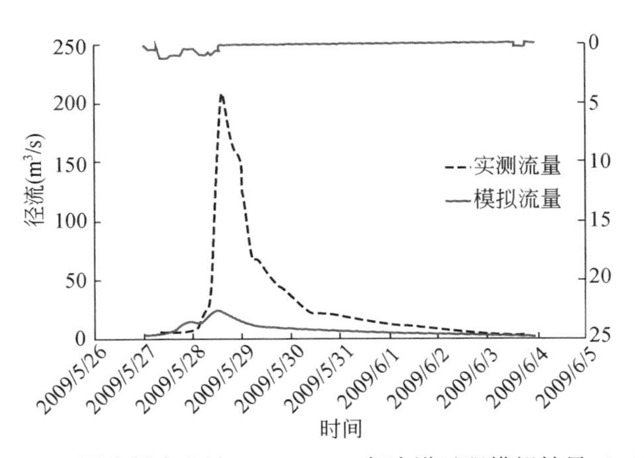

图 7-17　罗李村水文站 2000 ~ 2010 年次洪过程模拟结果（二）

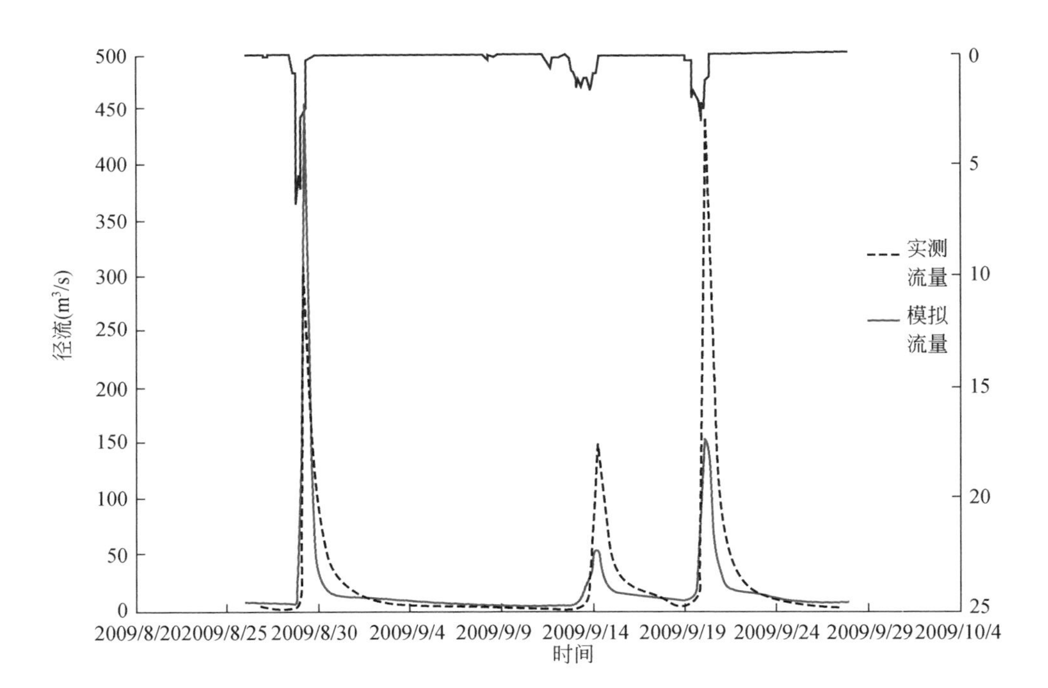

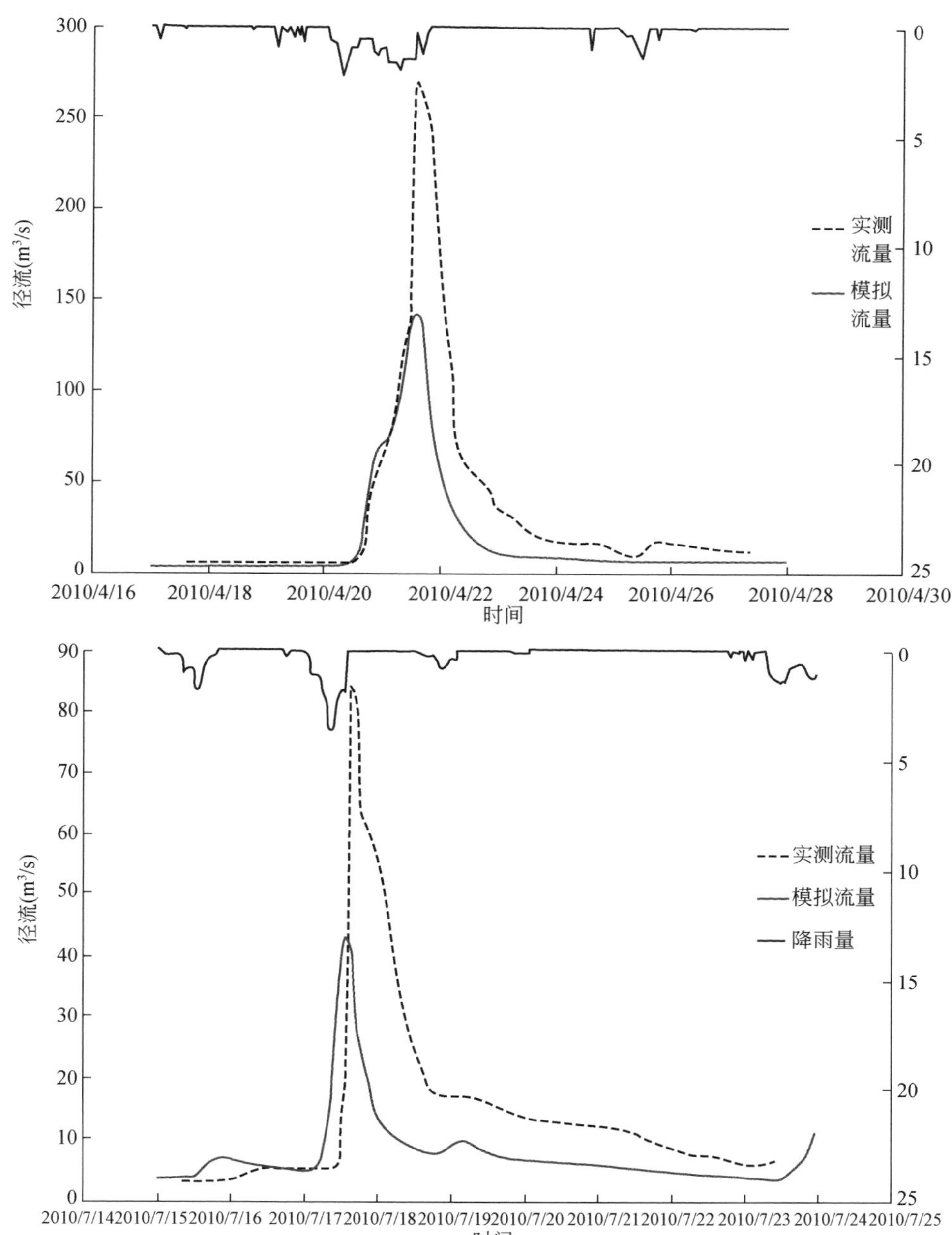
300
250
200
150
100
50
0
径流(m³/s)
0
5
10
15
20
25
实测流量
模拟流量
2010/4/16
2010/4/18
2010/4/20
2010/4/22
2010/4/24
2010/4/26
2010/4/28
2010/4/30
时间
90
80
70
60
50
40
30
20
10
0
径流(m³/s)
实测流量
模拟流量
降雨量
2010/7/14
2010/7/15
2010/7/16
2010/7/17
2010/7/18
2010/7/19
2010/7/20
2010/7/21
2010/7/22
2010/7/23
2010/7/24
2010/7/25
时间

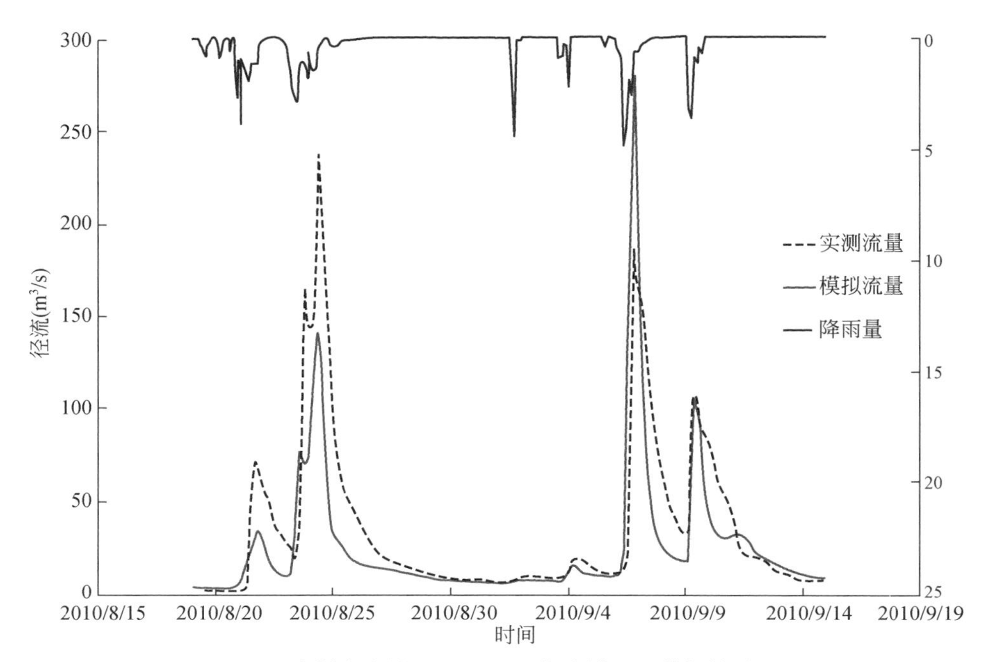

图 7-18　罗李村水文站 2000 ~ 2010 年次洪过程模拟结果（三）

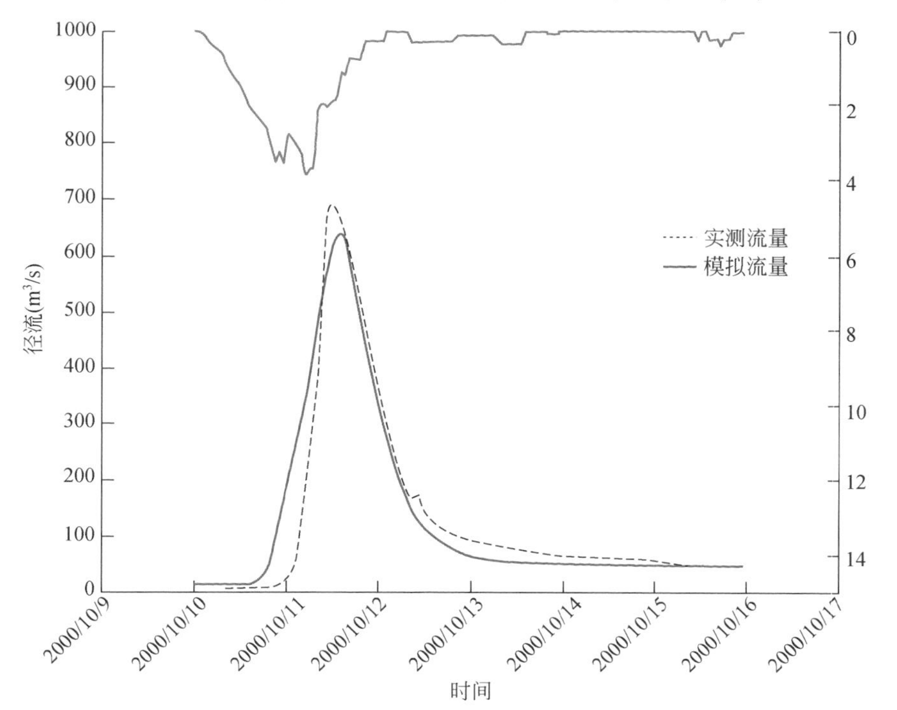

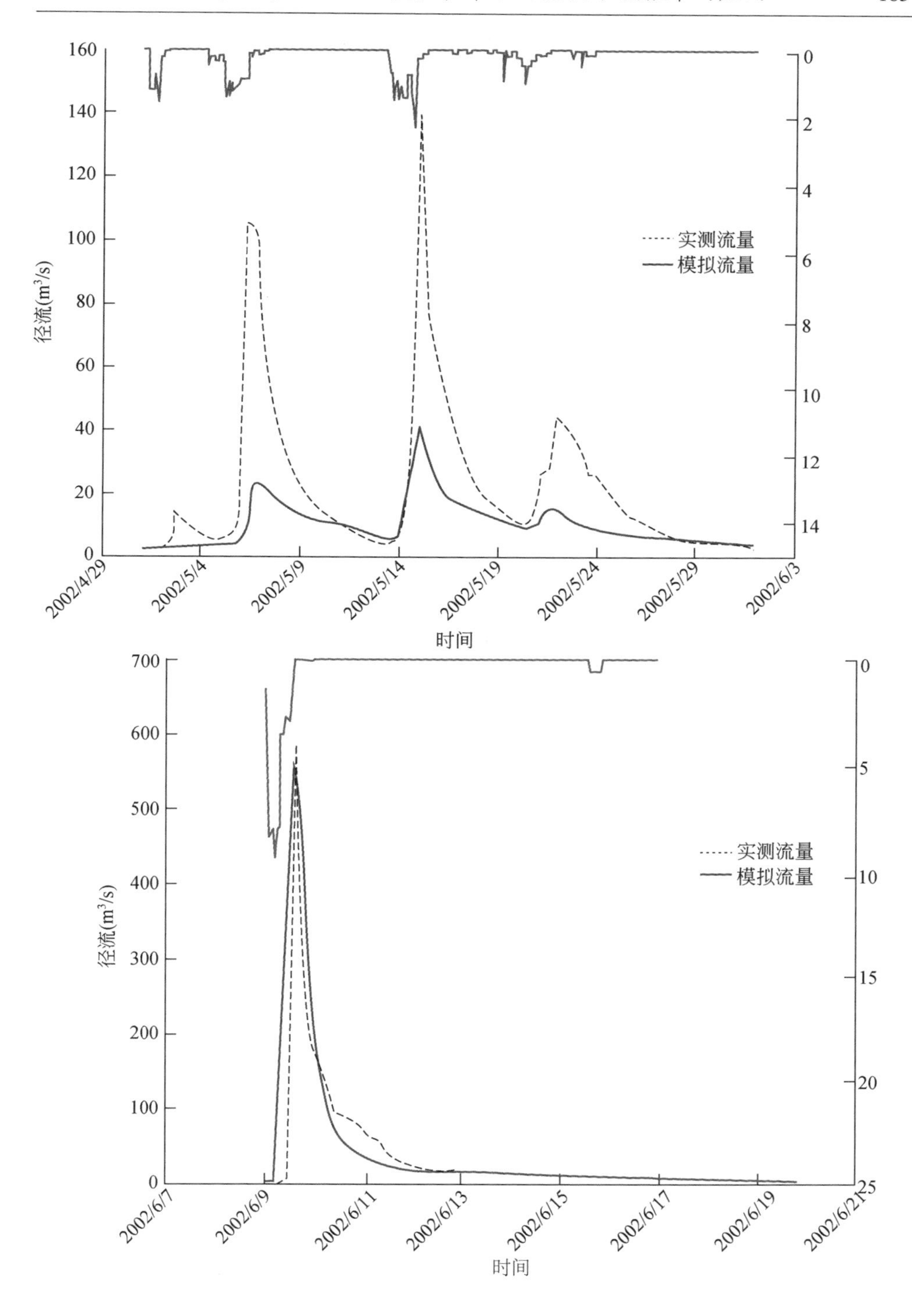

160
140
120
100
80
60
40
20
0
0
2
4
6
8
10
12
14
径流(m³/s)
实测流量
模拟流量
2002/4/29
2002/5/4
2002/5/9
2002/5/14
2002/5/19
2002/5/24
2002/5/29
2002/6/3
时间
700
600
500
400
300
200
100
0
0
5
10
15
20
25
径流(m³/s)
实测流量
模拟流量
2002/6/7
2002/6/9
2002/6/11
2002/6/13
2002/6/15
2002/6/17
2002/6/19
2002/6/21
时间

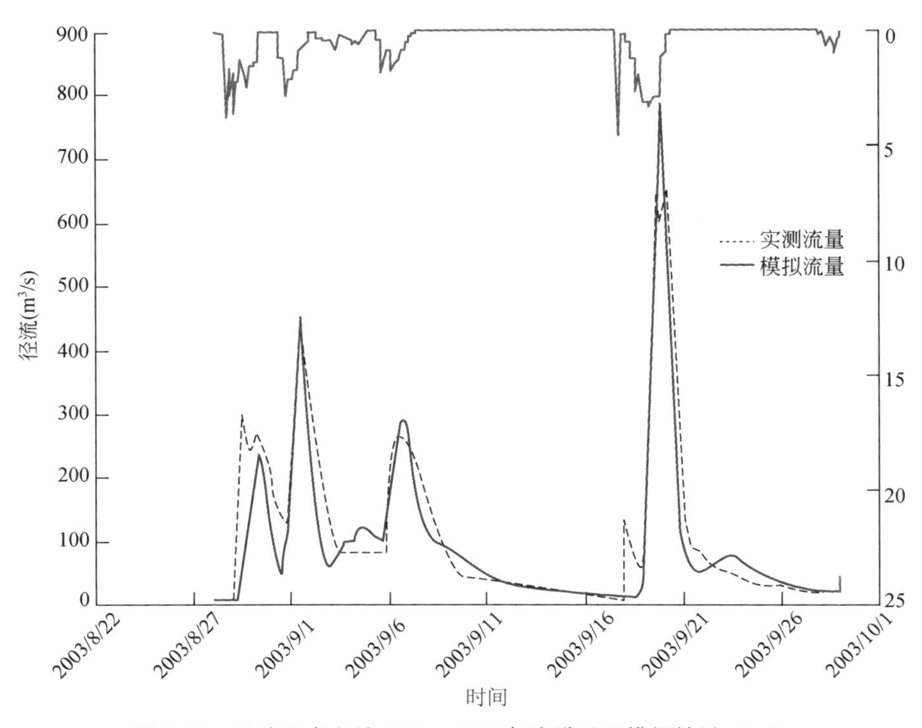

图 7-19　马渡王水文站 2000 ~ 2010 年次洪过程模拟结果（一）

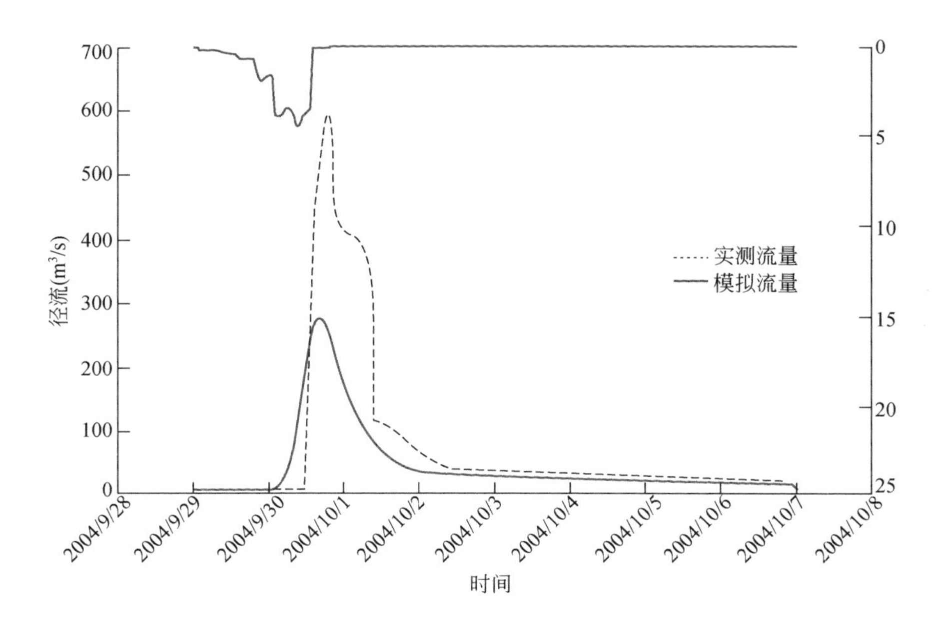

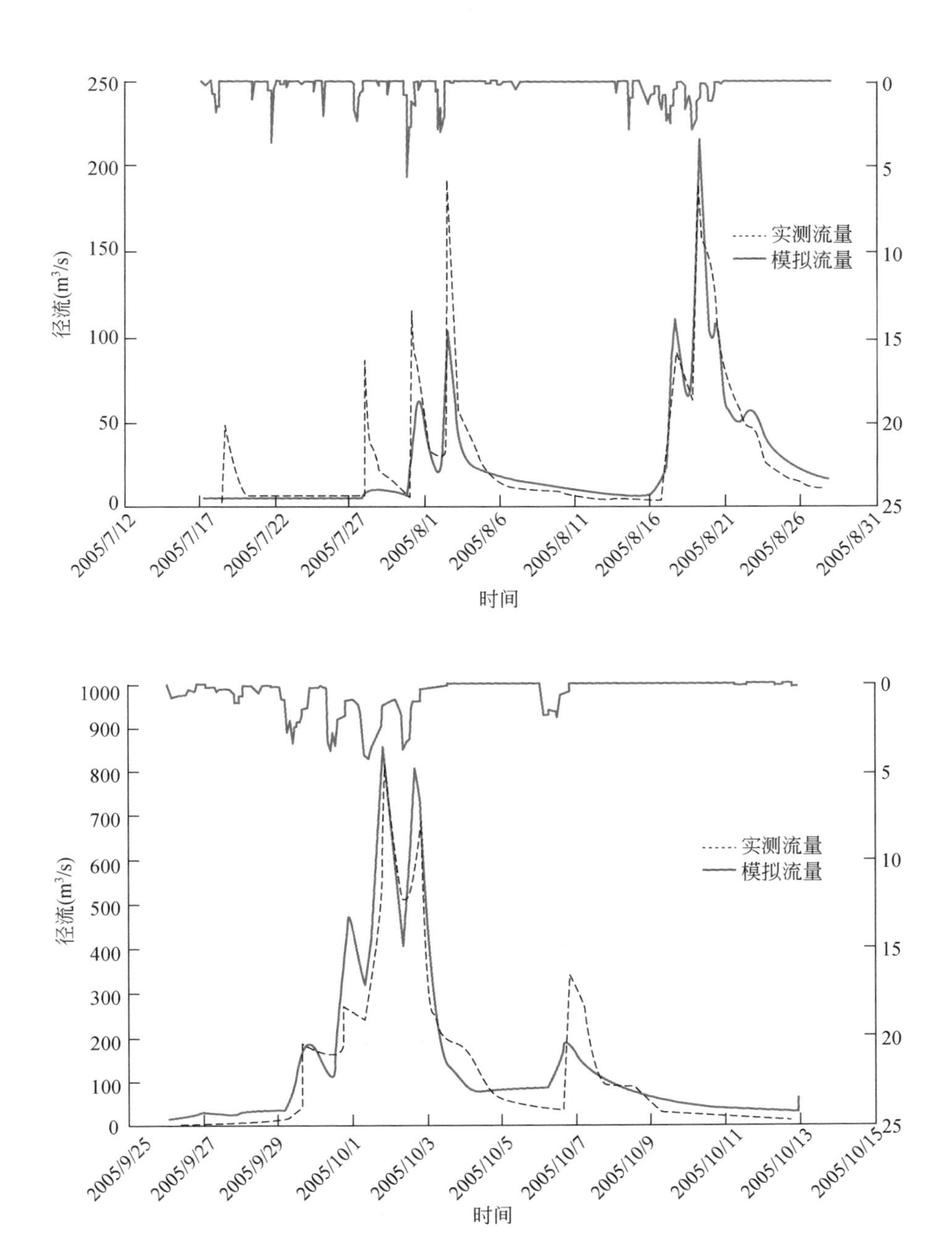

250
200
150
100
50
0
径流(m³/s)
0
5
10
15
20
25
实测流量
模拟流量
2005/7/12
2005/7/17
2005/7/22
2005/7/27
2005/8/1
2005/8/6
2005/8/11
2005/8/16
2005/8/21
2005/8/26
2005/8/31
时间
1000
900
800
700
600
500
400
300
200
100
0
径流(m³/s)
0
5
10
15
20
25
实测流量
模拟流量
2005/9/25
2005/9/27
2005/9/29
2005/10/1
2005/10/3
2005/10/5
2005/10/7
2005/10/9
2005/10/11
2005/10/13
2005/10/15
时间

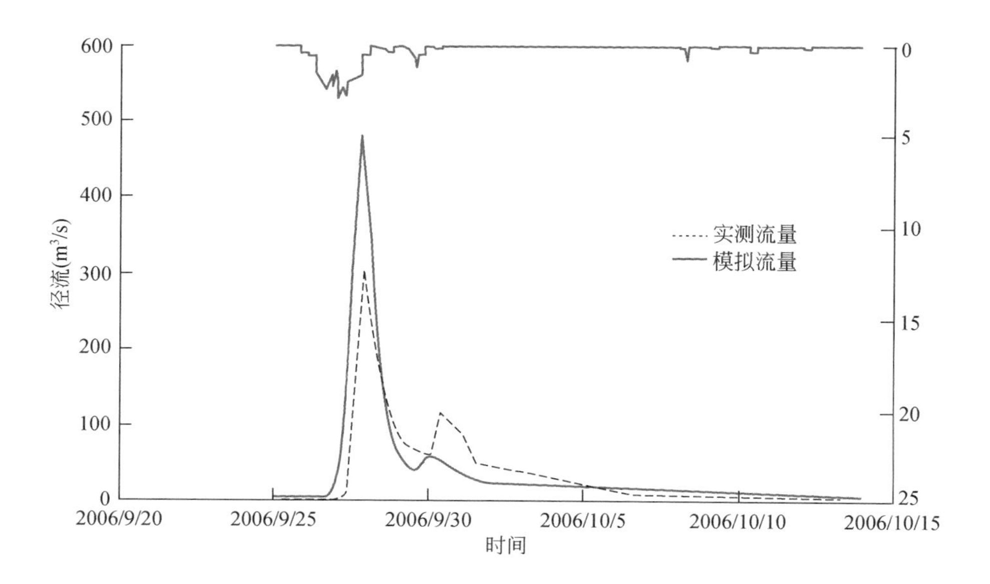

600
500
400
300
200
100
0
径流(m³/s)
0
5
10
15
20
25
实测流量
模拟流量
2006/9/20
2006/9/25
2006/9/30
2006/10/5
2006/10/10
2006/10/15
时间

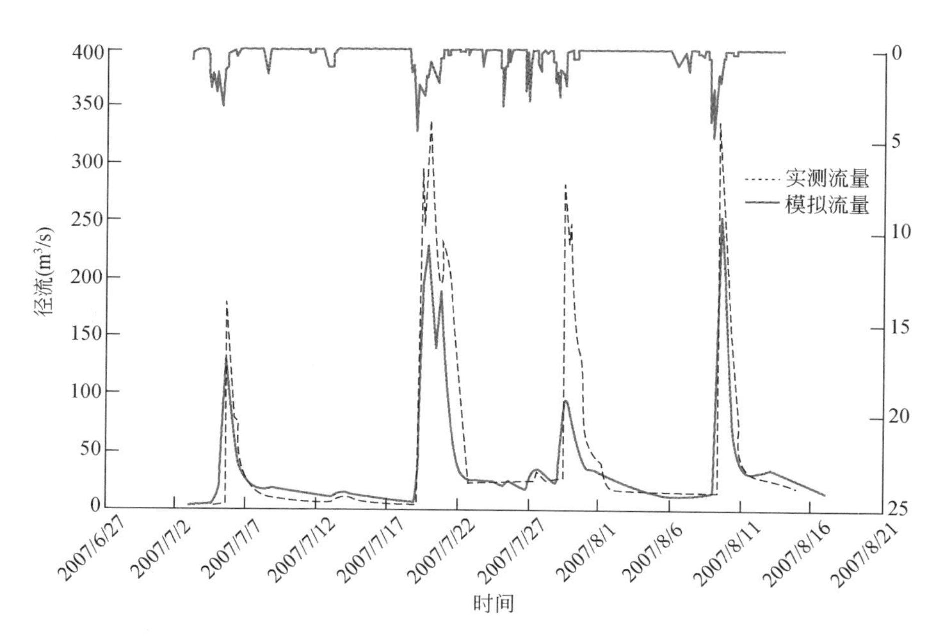

400
350
300
250
200
150
100
50
0
径流(m³/s)
0
5
10
15
20
25
实测流量
模拟流量
2007/6/27
2007/7/2
2007/7/7
2007/7/12
2007/7/17
2007/7/22
2007/7/27
2007/8/1
2007/8/6
2007/8/11
2007/8/16
2007/8/21
时间

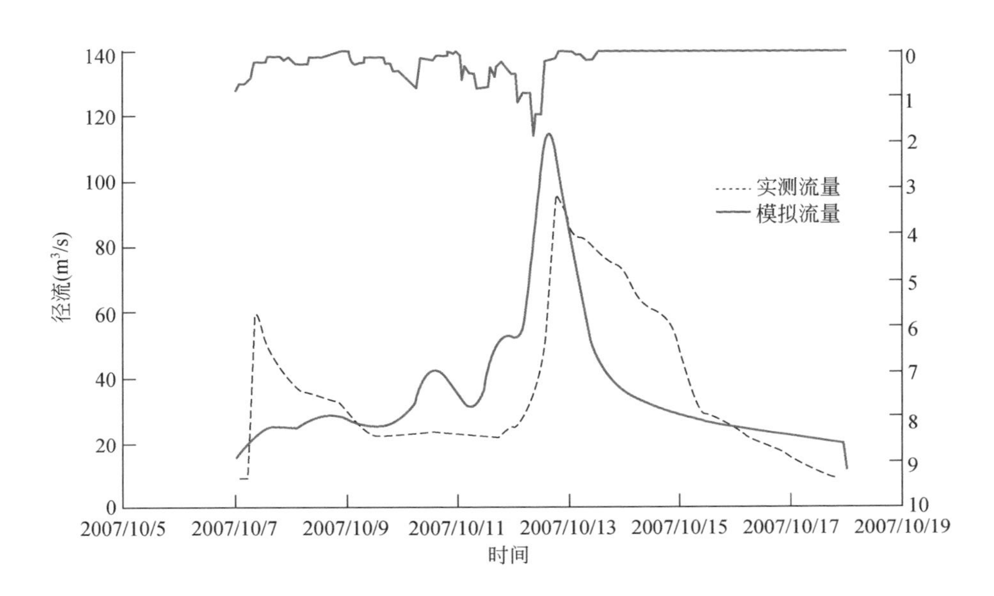

140
120
100
80
60
40
20
0
径流(m³/s)
0
1
2
3
4
5
6
7
8
9
10
实测流量
模拟流量
2007/10/5
2007/10/7
2007/10/9
2007/10/11
2007/10/13
2007/10/15
2007/10/17
2007/10/19
时间

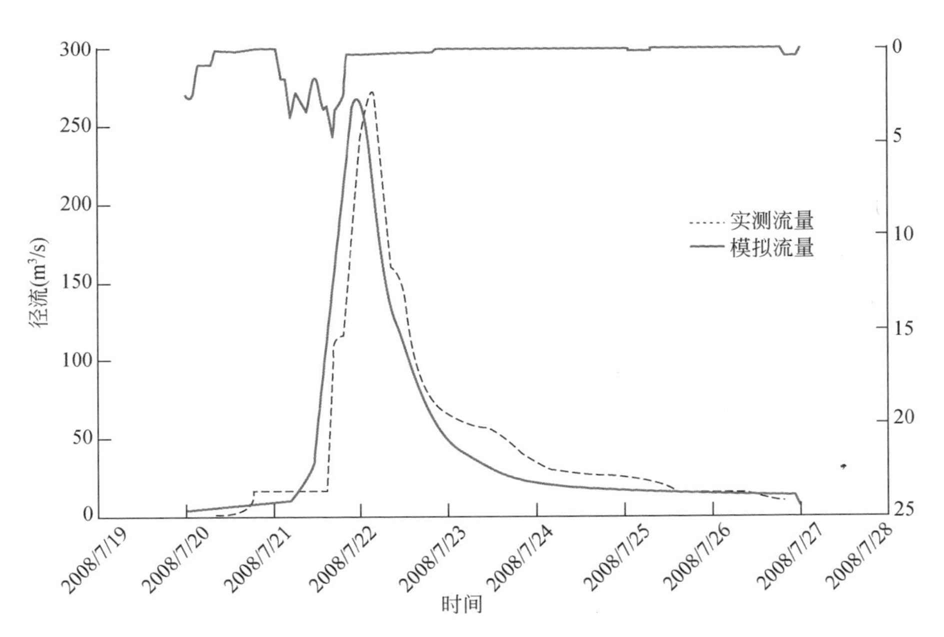

300
250
200
150
100
50
0
径流(m³/s)
0
5
10
15
20
25
实测流量
模拟流量
2008/7/19
2008/7/20
2008/7/21
2008/7/22
2008/7/23
2008/7/24
2008/7/25
2008/7/26
2008/7/27
2008/7/28
时间

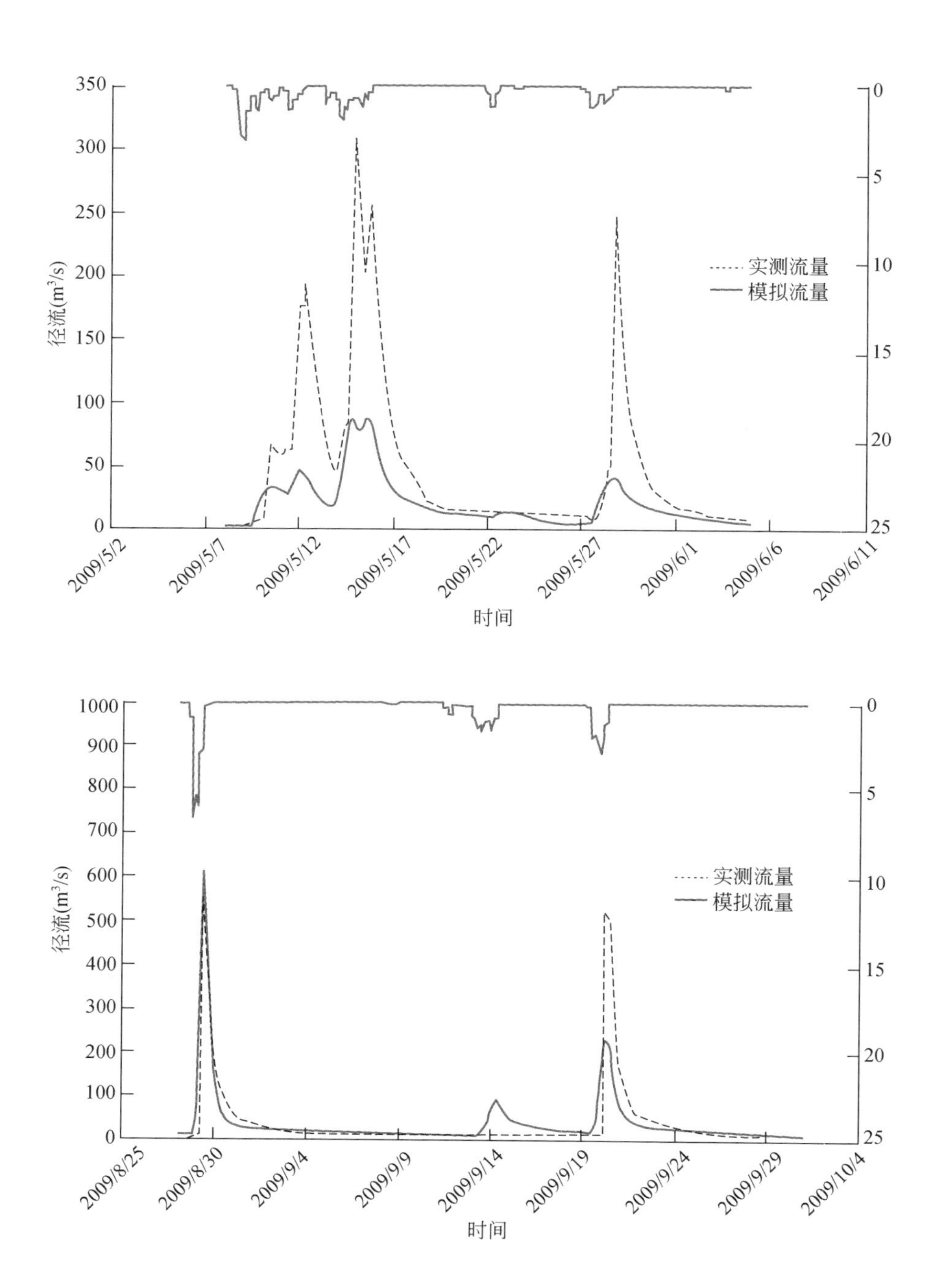

350
300
250
200
150
100
50
0
径流(m³/s)
0
5
10
15
20
25
实测流量
模拟流量
2009/5/2
2009/5/7
2009/5/12
2009/5/17
2009/5/22
2009/5/27
2009/6/1
2009/6/6
2009/6/11
时间
1000
900
800
700
600
500
400
300
200
100
0
径流(m³/s)
0
5
10
15
20
25
实测流量
模拟流量
2009/8/25
2009/8/30
2009/9/4
2009/9/9
2009/9/14
2009/9/19
2009/9/24
2009/9/29
2009/10/4
时间

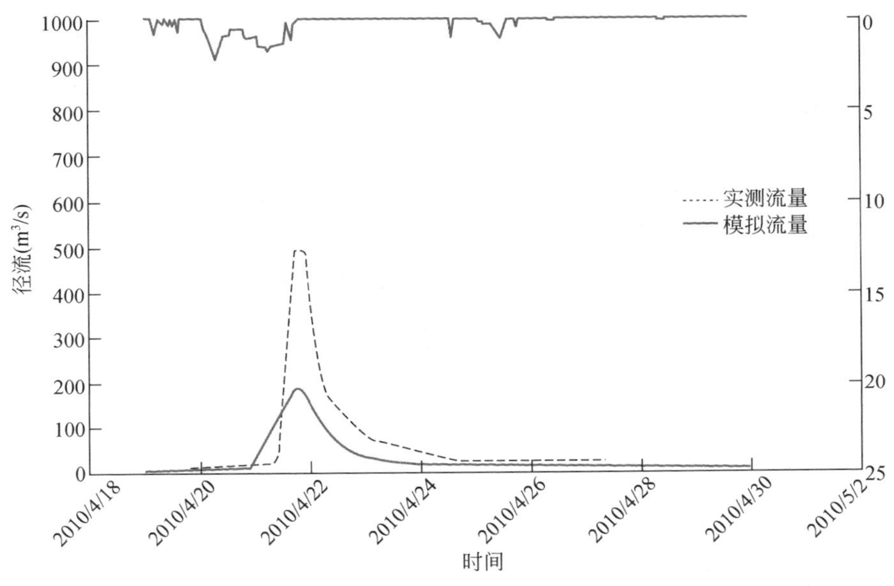

图 7-20 马渡王水文站 2000～2010 年次洪过程模拟结果（二）

7.3.3 精度评定与误差分析

从 Nash 效率系数可以看出，模型对逐日流量过程的模拟效果较好，除了在志丹水文站略差外，在板桥水文站、罗李村水文站、马渡王水文站，纳什系数达 0.8 左右，相对误差较小。对场次洪水模拟效果评价，根据《水文情报预报规范》（GB/T 22482—2008），降雨径流预报以实测洪峰流量的 20% 作为许可误差；峰现时间以预报根据时间至实测洪峰出现时间之间时距的 30% 作为许可误差，当许可误差小于 3 小时或一个计算时段长，则以 3 小时或一个时段长作为许可误差。研究表明，模型对洪峰出现时间的把握较好，但对于洪峰的大小有一定误差，这可能是由于这些流域内，超渗产流具有重要地位，而超渗产流对降雨降水强度数据的准确性要求较高，收集到的数据难以满足导致模拟的误差较大。

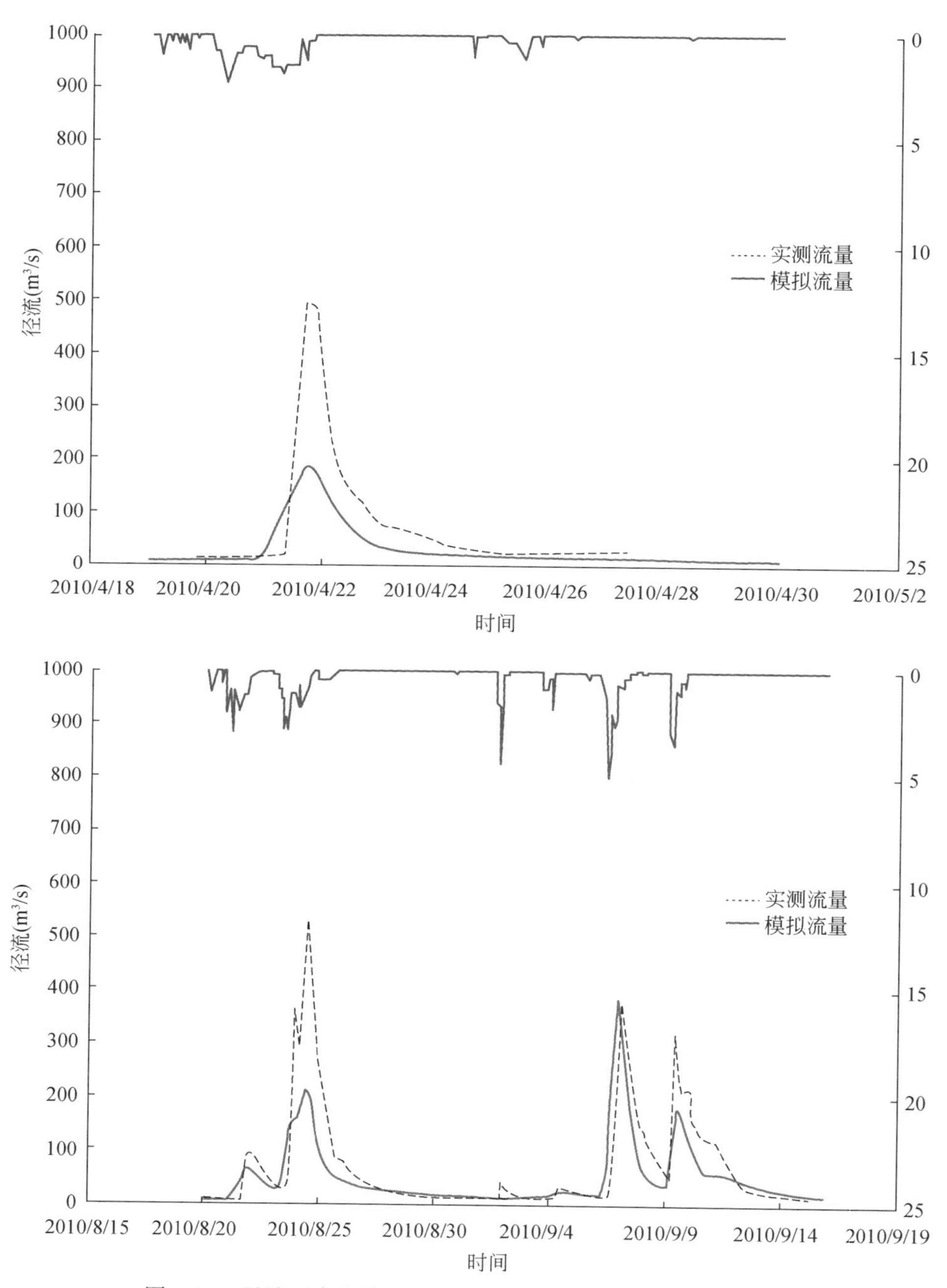

图 7-21　马渡王水文站 2000 ~ 2010 年次洪过程模拟结果（三）

7.4 小　结

本章介绍了基于地貌特征分布式水文模型 GBHM 模型的原理及方法，并以陕西周河流域、板桥河流域以及灞河流域为例，探索将分布式水文模型应用于山洪预警预报的可能性。GBHM 模型利用地貌相似性原理对流域进行概化，利用数学物理方程（如非饱和土壤水运动的 Richards 方程等）对产汇流过程进行模拟，与经验型模型相比具有更坚实的物理基础，与常见的物理性模型（如 SHE 模型等）相比计算复杂度大大降低。模型的大部分参数物理意义明确，可以通过遥感反演和普查的数据库资料得到。通过收集地形、土地利用、NDVI、土壤属性参数等数据，建立了三个典型流域的分布式水文模型，并利用实测水文数据对 10 多年对模型的模拟结果进行了评价。结果表明，分布式水文模型 GBHM 在陕西干旱半干旱地区的径流模拟结果较好，可以计算出大多数的洪水过程；针对场次洪水过程的模拟效果略差，进一步提高模拟效果需要更高精度的降雨资料。模型预报的流量过程，可以直接用于山洪预警决策中；当使用考虑土壤饱和度的雨量预警指标时，模型预报的土壤饱和度可以作为指标选择判断条件。

参 考 文 献

雷志栋等 . 1988. 土壤水动力学 . 北京：清华大学出版社 .

水利部水文局（水利信息中心）. 2010. 中小河流山洪监测与预警预测技术研究 . 北京：科学出版社 .

许继军 . 2007. 分布式水文模型在长江流域的应用研究 . 北京：清华大学博士学位论文 .

Callaghan J F, Mark D M. 1984. The extraction of drainage networks from digital elevation data. Computer Vision Graphics & Image Processing, 28（3）: 323-344.

Dai Y, Shangguan W, Duan Q, et al. 2013. Development of a China Dataset of Soil Hydraulic Parameters Using Pedotransfer Functions for Land Surface Modeling. Journal of Hydrometeorology, 14（3）: 869-887.

Dai Y, Shangguan W, Duan Q, et al. 2013. Development of a China Dataset of Soil Hydraulic Parameters Using Pedotransfer Functions for Land Surface Modeling. Journal of Hydrometeorology, 14: 869-887.

Sellers P J, Los S O, Tucker C J, et al. 1996. A revised land surface parameterization（SiB2）for atmospheric GCMs. Part2: The generation of gloabal fields of terrestrial biophysical parameters from satellite data. Journal of Climate,（9）: 706-737.

Shreve R L. Statistical Law of Stream Numbers. 1996. Journal of Geology, 74（1）: 17-37.

Yang D, Herath S, Musiake K. 2001. Spatial resolution sensitivity of catchment geomorphologic properties and the effect on hydrological simulation. Hydrol Process, 15: 2085-2099.

Yang D, Herath S, Musiake K. 1997. Analysis of Geomorphologic Properties Extracted from DEMs for Hydrologic Modeling, 41: 105-110.

Yang D, Herath S, Musiake K. 2001. Spatial resolution sensitivity of catchment geomorphologic properties and the effect on hydrological simulation. Hydrol Process, 15: 2085-2099.

Yang D, Herath S, Musiake K. 2002. A Hillslope-based hydrological model using catchment area and width functions. Hydrological Sciences Journal, 47 (1): 49-65.

Yang, D., S. Herath and K. Musiake, 2002. A Hillslope-based hydrological model using catchment area and width functions. Hydrological Sciences Journal, 47 (1): 49-65.

Yang, D. W.; Herath, S.; Musiake, K, 1998. Development of a geomorphology-based hydrological model for large catchments. Annu. J. Hydraul. Eng., 42: 169-174.

第8章　TOPKAPI模型在中小河流洪水预报中的应用

TOPKAPI模型是在对两个非常著名的而且应用广泛的半分布式水文模型（ARNO模型和TOPMODEL模型）的深刻分析的基础上建立起来的。ARNO模型（Todini，1996）是建立在由土壤蓄水量控制的变动产流面积概念上的半分布式概念性水文模型。通过简单的数学推导，可以建立土壤蓄水量与直接产流面积、蒸散发、排水以及下渗等过程之间的函数关系式。ARNO模型的主要缺点是所采用的某些参数缺乏物理意义，特别是那些非饱和区内与“排水”（侧向水流运动）有关的参数，这些参数必须通过降水和径流资料计算得到。TOPMODEL模型（Beven and Kirkby，1979；Sivapalan et al.，1987）也是一个建立变动产流面积概念上的半分布式概念性水文模型，该模型中决定径流形成的主要因素是流域地貌和一个联系土壤导水率与饱和地下水埋深的负幂函数。TOPMODEL模型广泛应用的原因在于它可以被看作是一个“简单的具有物理基础的概念性模型”，就是说，其参数值可以通过直接测量得到，或者说，其参数具有明确的物理意义。尽管需要很谨慎地接受TOPMODEL模型是“具有物理基础的模型”，但是该模型是将集总式模型的计算简便和参数简捷的优点和分布式模型的参数具有物理意义并能够经得起更严格检验的优点结合起来的第一次尝试。TOPMODEL模型的主要缺点在于，为了便于推求模型的积分方程而在空间点假设径流过程是稳态的。当栅格尺度超过一定空间尺度时（如50m），这个假设显然是不符合实际的，会导致率定的参数值可能远远超过它们的物理尺度范围（Franchini et al.，1996）。

TOPKAPI模型是一个以物理概念为基础的分布式流域水文模型。早期的TOPKAPI模型（Todini and Ciarapica，2001；Liu，2002；Liu and Todini，2002）主要包括蒸散发、融雪、土壤水、地表水和河道水五个模块。模型通过几个‘结构上相似的’非线性水库方程来描述流域降雨–径流过程中的不同的地形水文、水力学过程，模型的参数可以在地形、土壤、植被或土地利用等资料的基础上获得。现在的TOPKAPI模型（Liu and Todini，2002；Liu et al.，2005）主要模拟水文循环中最重要的陆面水文过程，主要包括十个模块：植物截留、融积雪、蒸散发、降水下渗、壤中流、土壤水深层渗漏、地下径流、地表径流、河川径流、水库调洪演算。TOPKAPI模型在国外已有相当广泛的应用，包括洪水预报、洪水极值分析、无资料地区洪水计算等方面，这些应用的流域大小从几十平方公里到几千平方公里，网格尺度从几十米到3km。研制开发TOPKAPI模型的目的在于：①挖掘具有物理基础的分布式水文模型的潜力，建立一个模型结构相对简单、参数数量少但具有明确物理意义的分布式水文物理模型；②克服TOPMODEL模型中参数与尺度具有相关性的缺点；③在不需要重新率定模型的情况下，通过对水文过程在更大尺度上积分，以获得同一模型的集总形式；④如果以上几点能够实现，那么可以考虑在更大的空间尺度上应用该模型，即从坡地尺度到流域尺度，最后应用到GCMs模型的尺度（Todini，1995）。

8.1 TOPKAPI模型的建立

为了使模型参数具有物理意义，但又相对简单且数量少，TOPKAPI模型的目的是在空间点上建立一个具有物理意义的模型，该模型能够在各种空间尺度（从栅格尺度到整个流域尺度）上保持平均意义上的物理真实性。

分布式TOPKAPI模型的思想是将水动力学方法与流域地形相结合。其中流域被划分成多个正方形网格，且网格大小随研究对象或问题而改变，模型的方程在每一个网格上积分。根据相邻网格最小能量原理采用DEM法计算出水流路径和坡度。最小能量原理，即最大高程差原理，将活动网格与周边四个相邻网格联系起来，并假定活动网格只能与一个下游网格相联系，但却可以从其他三个网格接收上游来水。

分布式TOPKAPI模型是一个具有物理基础的分布式水文模型。流域特性参数、降水和水文响应的空间分布在水平方向上用正交网格系统（DEM的方网格），在垂直方向上用各网格所相应的水平土柱进行模拟。现在的TOPKAPI模型（刘志雨和谢正辉，2003；Liu and Todini，2002；刘志雨，2004；Liu et al.，2005）中，土壤垂直分为上、下两层（图8-1）。上层非饱和区通常可以理解为降雨径流模型中的降雨产流计算层，其土壤的水力传导性比下层土壤好，一般厚度为0.10～1.50 m；下层包括下层非饱和区和下层饱和区的两种土壤层。下渗的雨水补给上层土壤，一部分水分从上层土壤中渗透到下层非饱和土壤层，再进一步渗透到下层饱和土壤层，随后在其中作水平方向运动。当地下水水位抬升到上层土壤时，下层非饱和土壤层临时消失。

水在上层土壤中、饱和坡面上和河道中任一处水平方向上的运动近似用运动波方程来描述，将偏微分运动波方程积分到网格尺度上，就得到了非线性水库方程。TOPKAPI模型就是通过三个“结构上相似的”非线性水库方程来描述水在上层土壤中、饱和坡面上和河道中的汇流过程。

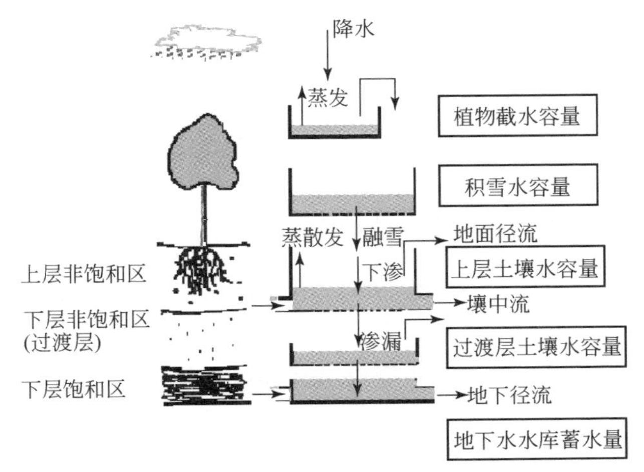

图 8-1　TOPKAPI 模型中的 DEM 网格上水量平衡计算示意图

利用泰森多边形或 Block Kriging 技术（De Marsily，1986），可以取得每个 DEM 模型的网格单元的降水、气温等气象数据，再根据网格单元的高程、土壤与植被类型以及地貌特征，从有关文献中获取其相应的模型参数，如土壤传导率、地面糙率系数、河道水流阻力等。

现在的 TOPKAPI 模型包括植物截留、蒸散发、融积雪、上层非饱和区（产流区）、下层非饱和区（过渡层）、地下径流、地面径流和河道径流部分，其 DEM 网格上水量平衡计算如图 8-1 所示。

8.1.1　TOPKAPI 模型的基本假设

TOPKAPI 模型一共有六个方面的基本假设。

1）假设降水在积分区域（即单个网格）内分布均匀，需要用适当的方法，如泰森多边形方法、块段克里金（block Kriging）方法或者其他适当方法，对采集的雨量数据进行空间内插。

2）土壤达到饱和之前，所有的降水都被土壤吸收。相当于在网格尺度中采用蓄满产流机制或顿尼（Dunne）机制来代替超渗产流机制或霍顿（Hortonian）机制。假设的事实依据是：超渗产流只对单点有效，而蓄满产流则与水量累积现象有关，且受土壤中水流的侧向重分配控制。

3）除非地表坡度非常小（小于 0.01%），一般假设饱和地下水的水力坡度与地表坡度相同。这就形成了与圣维南运动波方程类似的基本假定，也就意味着在非饱和区水分的水平运动可以采用运动波传播模型来模拟。

4）非饱和区的水压传导率在垂直方向上的积分，以及侧向水流可以表示成土壤含水总量的函数，含水总量指含水量沿垂直方向的积分。

5）表层土壤饱和区的水压传导率在表层土壤中不随深度变化而变化，但是要远大于深层土壤的。

6）过渡期内，即水流正在补给非饱和区时，假设在基本网格单元中土壤含水量随时间变化不为零，且为一常数。

8.1.2 单点土壤侧向流量计算公式的推导

给定土壤含水量的垂直分布图，可以用理查兹（Richard）方程详细地描述重力或毛细管压力作用下的水分垂直下渗过程。然而，由于土壤表层内的大孔隙会导致较高的导水率，因此重力的作用占主导地位。在重力作用下，水流从土壤表层渗入到不透水层或半透水层，最终在不透水层或半透水层上形成一层较薄的潜水层，在潜水层中将会产生侧向水流，和非饱和壤中流一起运动。

相对流域水平栅格的尺寸（一般几十米到几百米）来说，高导水率的土壤层的厚度（从几厘米到一两米）是可以忽略的。因此，在允许误差范围内可以避免用理查兹方程描述土壤的垂直渗流，而是认为在网格尺度或更大的尺度上，水将渗入土壤中直到土壤达到饱和，这与顿尼假设是一致的。

通常对饱和土壤层定义的导水率 T，可以引入到非饱和土壤层中：

$$T = \int_0^L k[\tilde{\vartheta}(z)]\,\mathrm{d}z = \int_0^L k_s \tilde{\vartheta}(z)^{\alpha}\,\mathrm{d}z \tag{8-1}$$

式中，L 为受侧向水流影响的土壤层厚度（m）；z 为垂直方向的坐标；$\tilde{\vartheta}$ 为经过标度后的土壤含水量；$k[\tilde{\vartheta}(z)]$ 为 Brooks 和 Corey 于 1964 年提出的在非饱和条件下的导水率（m/s）；k_s 为饱和土壤导水率（m/s）；α为取决于土壤特性的参数。

$$\tilde{\vartheta} = \frac{\vartheta - \vartheta_r}{\vartheta_s - \vartheta_r} \tag{8-2}$$

式中，ϑ_r 为残留土壤含水量，就是重力和毛细管压力不能带走的土壤含水量；ϑ_s 为饱和土壤含水量；ϑ 为实际的土壤含水量。

根据 TOPKAPI 模型的基本假设 4）和基本假设 5），式（8-1）所定义的导水率和式（8-3）根据土壤含水总量沿垂直断面积分而得到的导水率没有很大的差别（Benning，1994）。

$$T(\widetilde{\Theta}) = k_s L \widetilde{\Theta}^{\alpha} \tag{8-3}$$

$$\widetilde{\Theta} = \frac{1}{L}\int_0^L \tilde{\vartheta}(z)\,\mathrm{d}z \tag{8-4}$$

式中，$\widetilde{\Theta}$ 为沿垂直断面分布的 $\tilde{\vartheta}$ 的平均值。

该近似公式已经为许多数值模拟所证明。有很多关于土壤含水量沿垂直分布状况的假设。在土壤层厚度相等的条件下，每种假设都有不同的 $\widetilde{\Theta}$ 值和不同的垂直分布剖面。对于所有垂直分布状况而言，侧向流量仍是根据 Brooks 和 Corey 的公式从实际断面中积分得到：

$$q = \int_0^L \tan(\beta)\, k_s \tilde{\vartheta}^{\alpha} \mathrm{d}z \tag{8-5}$$

式中，q 为土壤层中的单宽侧向流量（m^2/s）；β 为地表坡度。

也可以用下面的近似公式计算相应于每个 $\widetilde{\Theta}$ 的侧向流量：

$$q = \tan(\beta)\, k_s L \widetilde{\Theta}^{\alpha} \tag{8-6}$$

Benning 于 1994 年比较了由式（8-1）和式（8-3）分别计算出来的非饱和土壤中的水平导水率（表示为饱和土壤导水率的百分比），如图 8-2 所示。

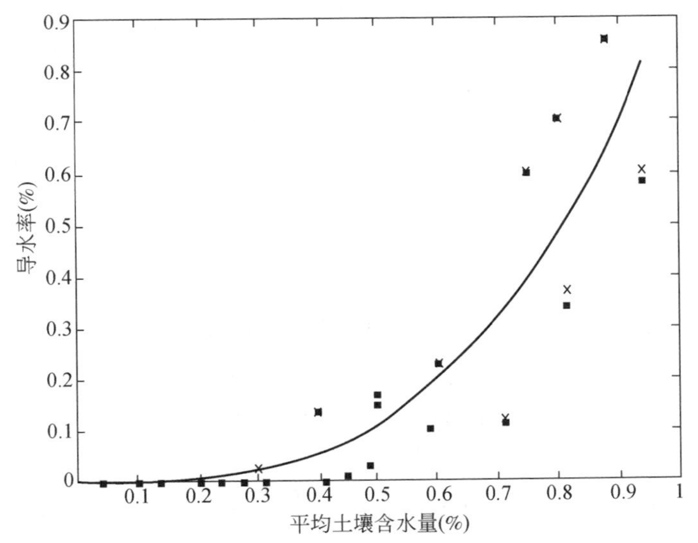

图 8-2　非饱和土壤中水平导水率的估算结果比较图

图中根据式（8-3）计算的土壤水平导水率的结果用实线表示，根据沿垂直断面分布计算的土壤水平导水率的结果用散点表示（图中不同类型的符号代表不同的断面分布）。如果仅对有限区域的总体特性感兴趣，从图中可知，不同点的饱和导水率的变化较大，可以取近似值替代，因此允许在原来的问题中忽略垂向尺度的影响。Benning 分析过 Van Genuchten（1980）方程，也得到相类似的结果。

8.1.3　网格单元壤中流模块

如图 8-1 所示，上层非饱和区（产流区）部分用以确定上层非饱和土壤区的土壤含水量、向下层土壤层的渗透量、壤中径流和地面径流。由于降水入渗、蒸散发和土壤深层渗漏，土壤含水量的大小和分布在上层非饱和区变化显著，该区在径流形成过程中起着非常关键的作用。只有当土壤含水量达到田间持水量（ϑ_f）时，模型才考虑深层渗漏过程。

单个网格壤中流的运动可以近似用运动波方程模拟，其系统方程的表达式为

$$\begin{cases}(\vartheta_s-\vartheta_r)L\dfrac{\partial\widetilde{\Theta}}{\partial t}+\dfrac{\partial q}{\partial x}=p_1\\[2ex] q=\tan(\beta)k_{sh_1}L\widetilde{\Theta}^{\alpha_s}\end{cases}\tag{8-7}$$

式中，$\widetilde{\Theta}$ 为简化体积含水量在上层土壤中垂直方向上的平均值；L 为上层土壤厚度（m）；k_{sh_1} 为上层土壤水平方向饱和水力传导率（m/s）；$\tan\beta$ 为地表坡度；q 为网格单元上层土壤中的单宽侧向流量（m^2/s）；t 为时间坐标；x 为沿水流方向的距离坐标；p_1 为考虑降水入渗量、侧向入流量和深层渗透量而设的综合强度因子（m/s）；α_s 为反映上层土壤透水特性的参数。

由于假设水流只沿占优的坡面方向（即最陡坡度）流动，因此只写出模型的一维方程。根据垂直断面的土壤含水量 η：

$$\eta=(\vartheta_s-\vartheta_r)L\widetilde{\Theta}\tag{8-8}$$

方程（8-7）又可以改写如下：

$$\begin{cases}\dfrac{\partial\eta}{\partial t}=p_1-\dfrac{\partial q}{\partial x}\\[2ex] q=\dfrac{Lk_{hs}\tan(\beta)}{(\vartheta_s-\vartheta_r)^{\alpha}L^{\alpha}}\eta^{\alpha_s}=C_s\eta^{\alpha_s}\end{cases}\tag{8-9}$$

式中，C_s 定义如下：

$$C_s=\frac{Lk_{hs}\tan(\beta)}{(\vartheta_s-\vartheta_r)^{\alpha}L^{\alpha}}\tag{8-10}$$

C_s 为局地传导系数，综合反映网格内上层土壤的水力传导特性，与上层土壤层的参数有关，与水力传导率和地表坡度等物理量成正比，而与蓄水容量成反比；角标 s 标识土壤（soil），用于区分与地面、河道水流方程，以下都是这样表示。

把式（8-9）的两个方程结合起来可以得到以下的动力方程：

$$\frac{\partial \eta}{\partial t} = p_1 - \frac{\partial q}{\partial x} = p_1 - \frac{\partial (C_s \eta^{\alpha_s})}{\partial x} \tag{8-11}$$

对于任一网格（DEM 中的一个方网格）的上层土壤层，将式（8-11）沿 x 方向在网格上积分，就可以得到以下一个非线性水库方程：

$$\frac{\mathrm{d}v_1}{\mathrm{d}t} = [(f_a X + q_o^u + q_s^u) - f_b X] - \frac{C_1}{X^{\alpha_s}} v_1^{\alpha_s} \tag{8-12}$$

式中，f_b 为深层渗漏［等于 $\min(k_{sv1}\widetilde{\Theta}^{\alpha_p}, k_{sv_2})$］；X 为网格大小（m）；$v_1$ 为网格单元内的上层土壤单宽水蓄量（m^2）；f_a 为降水入渗（m/s）；q_o^u 为上游河段的单宽入流量（m^2/s）；q_s^u 为上游河段的单宽壤中侧向入流（m^2/s）；k_{sv_1} 为上层土壤垂直方向饱和水力传导率（m/s）；k_{sv_2} 为下层土壤垂直方向饱和水力传导率（m/s）；α_p 为反映土壤渗透能力的参数。

可以采用数值法和解析法来求解（Cash and Karp，1990；Liu and Todini，2002）方程式（8-11）中的 v_1，得到壤中流流量，从而根据水量平衡原理计算出地面径流深。

事实上，根据最小排水面积（定为形成河流的阈值），TOPKAPI 模型把网格分成两类，一类网格中坡面流占主要地位，而另一类网格中坡面流和河道流并存（O' Callaghan and Mark，1984）。第一类网格的全部出流量迅速地流进下游网格；第二类网格的出流量仍按式（8-11）计算，但根据该网格与周围四个网格的平均坡度将出流量（壤中流和坡面流）分成两部分，一部分汇入河道中，另一部分流入下游网格单元，这样确定了补给河道水网的壤中流流量（Liu，2002）。

8.1.4　网格单元地下水垂直补给模块

下层非饱和区为上层土壤含水层和地下饱和含水层间的过渡层。根据上层土壤的渗漏量和下层土壤的饱和度，采用以下经验公式来确定地下水的垂直补给：

$$q_r = X f_b \left(\frac{v_2 + v_3}{v_{3m}}\right)^{\alpha_r} \tag{8-13}$$

式中，v_{3m} 为下层土壤的饱和单宽蓄水量［等于 $(d-L)\rho X$］，m^2；q_r 为地下水的垂直输入（m^2/s）；v_2 为下层非饱和区的土壤单宽蓄水量（m^2）；v_3 为地下水层的单宽蓄水量（m^2）；d 为下层土壤不透水层的深度（m）；ρ 为下层土壤的有效孔隙率；α_r 为反映土壤渗漏的参数。

8.1.5　网格单元地下水径流模块

如图 8-1 所示，下层饱和区即为地下水层，该部分采用线性水库模型计算地下水水面和地下径流。模型目前只模拟单一无压含水层的情况。假定地下饱和含水层水流仅是水平的，对于任一网格单元，该部分接收来自下层非饱和区的渗漏量（q_r）和地下水旁侧入流（q_h），计算出地下径流和地下水水面并作为下层非饱和区水量计算的下边界条件。

在达西定律和质量守恒定律的基础上，地下径流的模拟采用以下线性水库模型，其数学表达式为

$$\frac{\mathrm{d}v_3}{\mathrm{d}t} = (q_r + q_h) - \frac{k_{sh_2} s_b}{X} v_3 \tag{8-14}$$

式中，v_3 为地下水饱和含水层的蓄水量（m^2）；k_{sh_2} 为下层土壤水平方向饱和水力传导率（m/s）；s_b 为土壤不透水面的坡度。

通过解析法可直接求解方程（8-14），得到计算时段末的 v_3，从而根据水量平衡方程计算得到水平方向的地下水流量。

8.1.6 网格单元地面径流和河道径流模块

地面径流和河道径流模块是以经典的运动波近似为基础，最后也会得到和描述壤中流比较相似的结果。为了描述地面径流，引入与壤中径流模块相似的假设，并假定运动波模型的应用条件至少是在模型网络中和在具有网络长度的河段中保持积分形式不变。由于假设在上层土壤饱和之前所有的降水都会渗入到土壤中，因此地面径流模块的输入量是土壤达到饱和后的净雨量。

与壤中流的模拟相似，应用曼宁阻力定律，近似用运动波方程来描述水流在坡面上任一处水平方向上的运动，将偏微分运动波方程积分到网格尺度上，就能得到以下与壤中流模块“结构上相似”的地面径流模块的非线性水库方程：

$$\frac{\mathrm{d}V_o}{\mathrm{d}t} = r_o X^2 - \frac{C_o X}{X^{10/3}} V_o^{5/3} \tag{8-15}$$

式中，V_o 为地面水库蓄水量（m^3）；r_o 为从土壤水量平衡方程中求得的地面径流深（m）；C_o 为与曼宁公式有关的系数［等于 $(\tan\beta)^{1/2}/n_o$］；n_o 为曼宁地面糙率系数（$s \cdot m^{-1/3}$）。

推导河道径流模块的方程时，方法也较类似，假设河网是由断面为宽矩形的河段组成的树状网络。该模块中的水面宽度不是常数，而是假定越往流域下游出口断面，水面变得越宽。根据以上的假设条件，可以得到河道径流模块的通用公式：

$$\frac{\mathrm{d}V_c}{\mathrm{d}t} = (r_c XW + Q_c^u) - \frac{C_c W}{(XW_i)^{5/3}} V_c^{5/3} \tag{8-16}$$

式中，V_c 为河道水库蓄水量（m^3）；W 为河道断面的宽度（等于 $w_{max} + \left[\frac{w_{max} - w_{min}}{\sqrt{A_{tot}} - \sqrt{A_{th}}}\right](\sqrt{A_{dr}} - \sqrt{A_{tot}})$，m；$w_{max}$ 为最大的河道断面宽度（m）；w_{min} 为最小

的河道断面宽度（m）；A_{tot} 为流域总面积（m^2）；A_{th} 为形成河流的最小流域集水面积（m^2）；A_{dr} 为 DEM 网格单元的集水面积（m^2）；C_c 为与曼宁公式有关的系数（等于 $s_0^{1/2}/n_c$）；Q_c^u 为上游河段的入流量（m^3/s）；r_c 为旁侧入流量（m^3/s）；s_0 为河底坡度；n_c 为曼宁河道糙率系数（$s \cdot m^{-1/3}$）。

8.1.7　网格单元植物截留模块

该部分利用气象数据和植被参数模拟植物截留量和净降水量。用以下一个简单的经验方程计算植物的最大截留量（Chen，1996）：

$$S_r(t) = S_{r0} d_c \mathrm{LAI}(t)/\mathrm{LAI}_0 \tag{8-17}$$

式中，$S_r(t)$ 为 t 时段的植物截留能力（mm）；S_{r0} 为年最大植物截留能力（mm）；d_c 为地面植被覆盖率；$\mathrm{LAI}(t)$ 为 t 时段单位土地面积上植物的总叶面积，即叶面积指数；LAI_0 为年最大叶面积指数。

植被的实际截留量［$S_{ra}(t)$］取决于降水、植物截留能力和植物表面的缺水量，其表达式为

$$S_{ra}(t) = \min\{P(t),\ S_r(t),\ S_{cd}(t)\} \tag{8-18}$$

式中，$S_{cd}(t)$ 为植物表面的缺水量，等于 $S_{c0} - S_c(t-\Delta t)$，mm；S_{c0} 为植物表面的年最大纳水量（mm）；$S_c(t-\Delta t)$ 为 $t-\Delta t$ 时段植物表面的截水量（mm）；$P(t)$ 为实际接受的降水量（mm）；Δt 为计算时段长。

则落入地表的净降水量［$P_n(t)$］由式（8-19）计算：

$$P_n(t) = P(t) - d_c S_{ra}(t) \tag{8-19}$$

8.1.8　网格单元蒸散发模块

蒸散发计算包括植物蒸散发和土壤蒸发计算两部分。如果能提供降水、气温、风速、湿度、净辐射等气象资料，可以采用 Penman-Monteith 方程计算蒸散发。在只有降水和气温资料的情况下，TOPKAPI 模型采用 Thornthwaite 公式（Thornthwaite and Mather，1955）根据实际植被的类型和植物生长的不同时期用式（8-19）来计算蒸散发能力：

$$\mathrm{E}t_p = \mathrm{E}t_0 \frac{\mathrm{K}c_{crop}}{\mathrm{K}c_{lawn}} = 0.533\,\frac{n}{12}\left(\frac{10T}{\mathrm{J}}\right)^A \frac{\mathrm{K}c_{crop}}{\mathrm{K}c_{lawn}} \tag{8-20}$$

式中，$\mathrm{E}t_p$ 为蒸散发能力（mm）；$\mathrm{E}t_0$ 为草地的蒸散发能力（mm）；n 为实际日照时数（h）；T 为气温（°C）；J 为 Thornthwaite 热量指标（Thornthwaite and Mather，1955）；A 为与 J 有关的指数（Thornthwaite and Mather，1955）；$\mathrm{K}c_{crop}$ 为实际植物的生长因子；$\mathrm{K}c_{lawn}$ 为草地的生长因子（Chow et al.，1988）。

再根据植物的湿润情况和覆盖率以及上层土壤的饱和情况，按式（8-21）来

计算实际蒸散发量：

$$\begin{cases} ET_a = ET_p \dfrac{V}{K_p V_{sat}} & V < K_p V_{sat} \\ ET_a = ET_p & \text{otherwise} \end{cases} \tag{8-21}$$

式中，ET_a 为实际蒸散发量（mm）；V 为上层土壤实际蓄水量（mm）；V_{sat} 为上层土壤饱和蓄水量（mm）；K_p为与土地利用有关的折算系数。

8.1.9　网格单元融积雪模块

根据降水、气温和积雪资料，采用一种简单的能量收支平衡模型对单个积雪块模拟融积雪过程，包括以下四个步骤：①估算净辐射；②确定降水为降雪还是降雨；③假定无融雪发生，进行积雪块的水量和能量收支平衡计算；④计算实际的融雪量和积雪内的质量和能量。其目的是模拟在降水和融雪的影响下积雪的厚度，以及模拟融雪水补充给土壤水分的供给率。

净辐射采用以下经验公式来估算：

$$\text{Rad} = \eta\,[606.5 - 0.695(T - T_0)]\,ET_0 \tag{8-22}$$

式中，Rad 为净辐射（MJ m²/d）；η 为反照率因子（晴天 0.6，阴雨天 0.8）；T_0 为冰融化温度（°K）。

在假定无融雪发生的条件下，积雪块的可能总热量（ $E^*_{t+\Delta t}$ ）和可能总水量（ $W^*_{t+\Delta t}$ ）分别用式（8-23）和式（8-24）计算：

$$E^*_{t+\Delta t} = \begin{cases} E_t + \text{Rad} + P_n C_{si} T_0 & , T \le T_s \\ E_t + \text{Rad} + P_n [C_{si} T_0 + C_{lf} + C_{sa}(T - T_0)] & , T > T_s \end{cases} \tag{8-23}$$

式中，$E^*_{t+\Delta t}$ 为 $t+\Delta t$ 时间积雪块的可能总热量；E_t 为 t 时间积雪块的总热量；C_{si} 为冰比热［0.5 Kcal/（°K · Kg）］；C_{lf} 为冰融化潜热（79.6 Kcal/Kg）；C_{sa} 为水比热［1 Kcal/（°K · Kg）］；P_n 为净降水（mm）；T_s 为判断降水为雪或雨的临界温度（271K 或 275 K）。

$$W^*_{t+\Delta t} = W_t + P_n \tag{8-24}$$

式中，$W^*_{t+\Delta t}$ 为 $t+\Delta t$ 时间积雪块的可能总水量；W_t 为 t 时间积雪块的总水量。

根据积雪块的可能总热量是否能维持其可能总水量处于 T_0 温度的积雪状态，从而判断融雪是否发生。并分别用式（8-25）和式（8-26）来计算实际的融雪量和积雪块的水量和热量。

$$\begin{cases} R_{sm} = 0 \\ W_{t+\Delta t} = W^*_{t+\Delta t} \\ E_{t+\Delta t} = E^*_{t+\Delta t} \end{cases} \tag{8-25}$$

$$
\begin{cases}
R_{sm} = \dfrac{E_{t+\Delta t}^{*} - C_{si} T_0 W_{t+\Delta t}^{*}}{C_{lf}}, & C_{si} W_{t+\Delta t}^{*} T_0 \geqslant E_{t+\Delta t}^{*} \\
W_{t+\Delta t} = W_{t+\Delta t}^{*} - R_{sm} & \\
E_{t+\Delta t} = E_{t+\Delta t}^{*} - (C_{si} T_0 + C_{lf}) R_{sm}, & C_{si} W_{t+\Delta t}^{*} T_0 < E_{t+\Delta t}^{*}
\end{cases}
\tag{8-26}
$$

式中，R_{sm} 为 t ~ t+Δt 的融雪量（mm）；$W_{t+\Delta t}$ 为积雪块 $t+\Delta t$ 时间的水量（mm）；$E_{t+\Delta t}$ 为积雪块 $t+\Delta t$ 时间的热量（Kcal）。

8.1.10　降水下渗

下渗能力取决于植被覆盖类型和土壤蓄水状态。通过比较降水下渗能力和地面积水量（包括降水）来计算实际的降水下渗。在 TOPKAPI 模型中，目前只考虑植被覆盖的影响，降水下渗量（f_a）由式（8-27）计算：

$$f_a = P_n K_l \tag{8-27}$$

式中，P_n 为落入地表的降水量（mm）；K_l 为降水转为土壤入渗的折算系数。

8.1.11　水库调洪演算模块

TOPKAPI 模型能适用于水库入库洪水的模拟和水库规则调度运用计算，现将水库入库计算的思路描述如下。

（1）确定水库内外的网格单元

由数字高程模型自动生成每个格网中水滴流达流域出口断面的汇流路径。利用地理信息系统软件（如 ArcView 3.2）将水库水体的多边形矢量图（shape）转换成栅格图（grid）。考虑水库是一个多输入单输出系统，结合流域水系图和由 DEM 生成的汇流路径，可以确定位于水库内外的网格，并进一步确定三种不同类型的网格：汇入水库的网格（简称“水库入流网格”）、水库内网格和水库出流网格，以不同的标识符表示。

（2）水库入库计算

将所有水库入流网格的出流过程相加，再加上水库内降雨，减去水库水面蒸发，就得到水库的总入流。

8.2　资料需求及基本参数

TOPKAPI 是一种结构简单、具有物理概念的分布式流域水文模型，在实际应用时所需的基本资料包括数字高程、土壤、植被类型和降水以及气温等气象资料。TOPKAPI 模型在生产应用中每一个网格所需的基本参数，详见表 8-1。

表 8-1 TOPKAPI 模型所需的基本参数

分过程	基本参数
植物截留	随时间变化的植物表面的年最大截水容量（SC_0）、年最大植物截留能力（SR_0）、地面植被覆盖率（Cropd）、植物叶面积指数（LAI）
融雪	判断降水为雨或雪的临界温度（T_s）
蒸散发	植物生长因子（Kc_{crop}）、实际蒸散发与蒸散发能力折算系数（K）
地面径流和河道径流	曼宁地面、河道糙率系数（n_o，n_c）、河道断面宽度（W_{max}，W_{min}）
上层土壤区（深层渗漏、壤中径流）	土壤厚度（L）与土壤饱和水力传导率（k_{sh1}，k_{sv1}）、饱和体积含水量（ϑ_s）、残存体积含水量（ϑ_r）、田间持水量（ϑ_f）、土壤透水指数（α_s）
下层土壤区（地下水补给、地下水径流）	不透水层高程与土壤饱和水力传导率（k_{sh2}，k_{sv2}）、土壤有效空隙率（ρ）、土壤渗漏指数（α_p）

TOPKAPI 模型参数的初始值设定可以参阅有关文献，如土壤的饱和传导率、饱和体积含水量等可参考 USDA 模型用于 Green-Ampt 下渗模型中的土壤参数值，参数率定只是对这些参数进行微调，不同于概念性集总模型中的参数率定。

8.3 模型的率定和验证

TOPKAPI 模型的参数有明确的物理意义。从理论上讲，具有明确物理意义的参数值不需要率定，可通过直接量测得到。然而，由于量测值是基于量测点获得的，面上代表性不够，加之有些参数时空变化幅度较大，难以通过实测来确定，因而实际应用中仍需要参数率定。模型参数的参考值往往依据试验研究、田间观测等获得。例如，在试验统计基础上，可建立土壤水力特征参数（如土壤饱和传导率、土壤孔隙率等）与土壤基本物理性（如土壤颗粒大小分布、土壤质地等）的关系。分布式 TOPKAPI 模型中的土壤的饱和传导率、饱和体积含水量等参数就是参考了 USDA 模型用于 Green-Ampt 下渗模型中的土壤参数值，曼宁地面、河道糙率系数参考了周文德先生 1988 年主编的《应用水文学》一书。

TOPKAPI 模型中的参数率定只是对这些参数进行微调，不同于概念性集总模型中的参数率定。分布式水文物理模型的有效率定和验证需要更多的水文资料和对水文系统物理过程更深入的了解。为了减小参数的不确定性，在资料允许的条件下，可采用“多准则率定”（multi-criteria calibration）法，利用流域和子流域出口断面的流量资料，以及地下水位、土壤含水量等多种资料，对 TOPKAPI 模型进行综合率定。

8.4　模型应用的尺度问题

8.4.1　概述

分布式水文物理模型应尽可能逼真地反映实际的水文过程，模型本身是在对水文过程认识与了解的基础上，对客观现实进行近似和概化。这就不仅要求模型要足够简单，以便于理解和应用，而且要求模型要足够复杂，以便较好地描述水文系统。究竟一个分布式水文物理模型要复杂或简化到什么程度？模型的尺度应多大？显然，从不同的角度会得出不同的答案。然而，可获得的资料、可用的理论和方法，以及计算机条件等是选择模型结构和尺度的关键。

Beven（2002）认为，在流域水文模拟中，分布式水文物理模型所谓的“具有物理基础”应该是指模型要满足模拟的主要的水文物理过程与实测的相当地一致，而不是一定要求模型建立于确定的假设和理论基础上。例如，在土块、土柱或水槽试验中建立的水动力学理论，主要适用于微观尺度单一水体的现象，由于分布式流域水文模型应用的空间尺度往往大于参数（如水力传导率）量测的微观尺度，所以严格建立在水动力学基础上的分布式水文模型模拟的水文过程就不一定与实测的完全一致，因而通常不得不采用“有效参数”（effective parameter）代替“可量测”参数，一定程度上影响了基本方程的物理基础。

在流域尺度下，各种尺度参量的变化共存。不同尺度下影响水文过程的主导因素也不尽相同，水文模型中如何以空间尺度变量来反映流域特征不均匀性是值得研究的课题。尺度问题处于水文学研究的核心地位，无论是流域水文模型、降雨和蒸散发的面均估计、遥感资料的解译，还是无资料地区水文预报，都会遇到此类问题。一般来说，水文模型计算单元的空间分辨率（空间尺度）和其输入资料的空间分辨率应该相互匹配。如果数千平方公里区域内仅有一个单站降水资料作为模型的输入，那么基于 100m 网格的水文模拟计算则没有实用意义；同时，时间分辨率（时间尺度）与空间分辨率（空间尺度）亦应具有一致性。假如研究月径流预测问题，100m 的空间分辨率将没有什么价值。

TOPKAPI 模型克服了 TOPMODEL 模型中参数与尺度具有相关性的缺点，通过“控制性方程的空间积分（integration of the governing equations）和参数的平均化处理（averaging of the parameters）”，使得模型可以应用于较大空间尺度的流域，而不影响到模型结构和参数的物理意义。

8.4.2　控制性方程空间积分的空间尺度

TOPKAPI 模型是一个基于网格的分布式水文物理模型。模型假定土壤、地表及河道网格内侧向水流运动可以用运动波模型来模拟，将建立在空间点上的假设在网格空间尺度上进行积分，从而把初始的微分方程转变成三个“结构上相似的”非线性水库方程，最后求取它们的数值解或近似解析解（Liu and Todini，2002），分别得到壤中流流量、坡面流流量和河道流流量。

TOPLAPI 模型中，土壤、地表及河道网格内任一空间点侧向水流运动近似用运动波模型来模拟，其系统方程的一般表达式为

$$\begin{cases}\dfrac{\partial h}{\partial t} = r - \dfrac{\partial q}{\partial x} \\ q = Ch^{\alpha}\end{cases} \tag{8-28}$$

式中，h 为土壤水深、地表水深或河道水深（m）；r 为旁侧输入率（m/s），包括垂直方向的雨强、水平方向的旁侧入流速率；q 为单宽侧向流量（m^2/s）；C 为反映局地水力传导特性的系数；α 为反映水渗透特性的指数（对于地表、河道水，α 等于 5/3）。

假定一个网格的入流量（包括降水）与水位的时间变化过程在这个网格空间上差别不大，将建立在空间点上的运动波模型控制方程在网格空间尺度上进行积分，从而把初始的微分方程转变成三个“结构上相似的”非线性水库方程，其一般表达式如下：

$$\frac{\mathrm{d}V}{\mathrm{d}t} = r\Delta X^2 - \frac{C\Delta X}{\Delta X^{2\alpha}}V^{\alpha} \tag{8-29}$$

式中，V 为网格单元内“非线性水库”的蓄水量（m^3）；ΔX 为网格空间尺度长（m）；t 为时间坐标。

可以通过数值法（Cash and Karp，1990）或近似解析法（Liu，2002；Liu and Todini，2002）来求解方程（8-28），得到计算时段 Δt 内的一系列 V 值，从而根据水量平衡原理，计算出网格单元 Δt 时间内平均侧向出流量。

Liu 和 Todini（2002）根据 TOPKAPI 模型的基本假设，利用运动波特征曲线法（Chow，1959；Eagleson，1970；Singh，1988，1996），研发了计算任一空间尺度网格单元“接近真值的”平均侧向出流量的土壤模块、坡面流模块和排水网模块（Liu and Todini，2005），简称“TOPKAPI 的运动波特征曲线法网格模型”。Martina 于 2004 年进行了 TOPKAPI 模型的“非线性水库”网格模型与“运动波特征曲线法”网格模型结果的比较研究（图 8-3 和图 8-4），分析了分布式 TOPKAPI 模型应用的网格尺度有效范围。

从图 8-4 中可以看出，当网格尺度不超过千米时，无论是壤中流、坡面流，

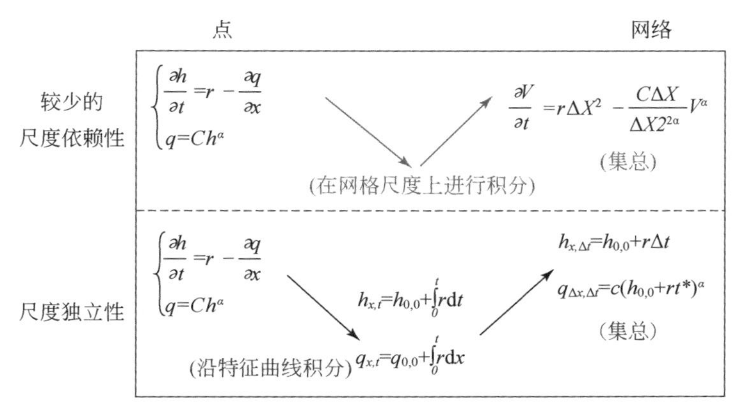

图 8-3　TOPKAPI 模型的"非线性水库"网络模型和"运动波特征曲线法"网络模型的积分方程比较示意图

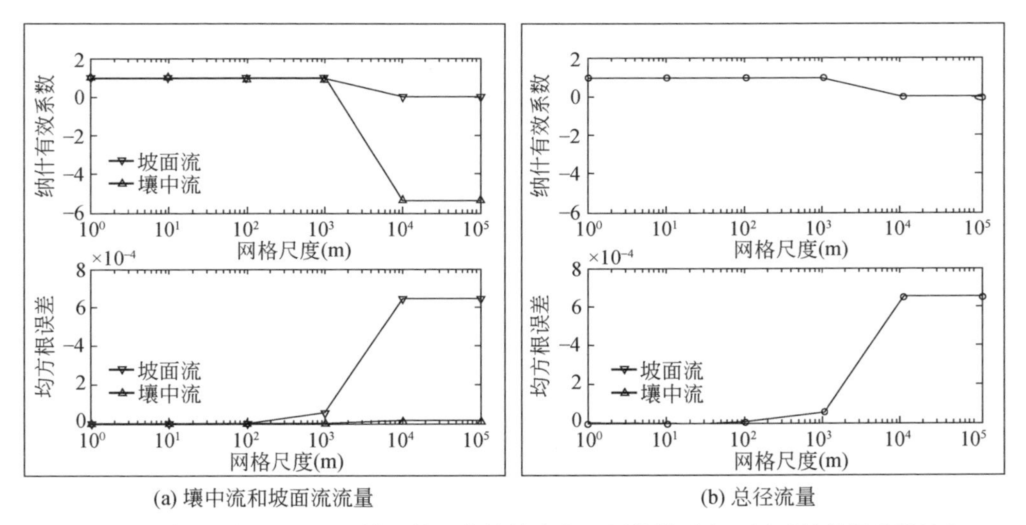

(a) 壤中流和坡面流流量　　(b) 总径流量

图 8-4　单个网格 TOPKAPI 模型的"非线性水库"网格模型和"运动波特征曲线法"网络模型计算的 Nash-Sutcliffe 和 RMSE 统计结果

还是总径流（壤中流和坡面流），单个网格 TOPKAPI 模型的"非线性水库"网格模型和"运动波特征曲线法"网格模型的计算结果，其均方根误差、Nash-Sutcliffe 效率系数几乎完全相同。研究表明：建立在运动波近似基础上的 TOPKAPI"非线性水库"模型能较好地模拟土壤层、地表和排水网的水流运动规律，TOPKAPI 模型应用的网格尺度可以从几米到几千米，但并不影响到模型的物理意义和模型计算的精度。

8.4.3　参数平均化处理的空间尺度

与控制方程空间积分密切相关的另一个重要的“集总”方式是参数（和变量）平均化处理。TOPKAPI 模型中控制性“非线性水库”方程的参数（和变量）实际上不是在单点上可以直接测量的物理量，而是对整个网格进行积分后的平均值，称为“平均参数”或“有效参数”。需要研究的问题是：在模型网格尺度下的“平均参数”能否充分模拟主要的水文物理过程，或者说，是否必须要考虑参数网格内空间分布，才能较正确地描述流域的水文过程特性。这就意味着，随着模型网格尺度增大到一定的量级，模型参数空间分布的影响不能忽略。

下面通过检验模型“平均参数”对壤中流和坡面流这两个流域水文模拟中最主要的水文过程的影响，来分析 TOPKAPI 模型应用的空间尺度。参数平均化处理方式，包括垂直、水平两个方向的参数平均。

1. 参数垂直平均处理的可行性

土壤水力动力特性表现为土壤水分特征曲线，即土壤含水量 ϑ 和毛细管压力水头 Ψ 的关系（$\vartheta \sim \Psi$），和水力传导率函数 $K(\vartheta)$，即 $K(\vartheta)$ 是土壤含水量 ϑ 或毛细管压力水头 Ψ 的函数。非饱和壤中流的模拟通常用闭式函数来描述土壤水力特性分形特征和非饱和水力传导性，如 Brooks-Corey 模型（Brooks and Corey，1964）和 van Genuchten 模型（van Genuchten，1980）。这两个模型可以用来计算非饱和土壤的水力传导率（T），计算公式如下：

$$T = \int_0^L k[\theta(z)]\mathrm{d}z \tag{8-30}$$

在允许误差范围内，可以避免用复杂的方程计算土壤的水力传导率。在 TOPKAPI 模型中，非饱和土壤的水力传导率的计算公式如下（公式推导详见本章 8.2 节）：

$$T = Lk_s\widetilde{\Theta}^{\alpha} \tag{8-31}$$

TOPKAPI 模型这个假设的可行性可以通过以下一个简单的数值试验得到证实，即比较考虑土壤含水量垂直断面分布计算的导水率［式（8-30）］和仅考虑土壤垂直平均含水量（沿垂直断面分布的土壤含水量平均值）计算的导水率［式（8-31）］。

在一个 100m×100m 的网格单元上，输入 10 年系列长的人造降雨过程，采用 SHE 模型（Abbott et al.，1986；Abbott et al.，1986b）的一维理查兹方程求解方法，比较根据以下三种非饱和土壤水力传导率计算模型的结果。

1）van Genuchten 公式（van Genuchten，1980）；

2）Brooks-Corey 公式（Brooks and Corey，1964）；

3）TOPKAPI 模型的公式［式（8-31）］。

从图 8-5 中可以看出，TOPKAPI 模型的公式［式（8-31）］计算的非饱和土壤水力传导率与 Brooks-Corey 公式、van Genuchten 公式计算的结果比较，其中约 50% 的计算结果相对误差小于 5%，90% 的计算结果相对误差小于 10%。从而说明，TOPKAPI 模型中的土壤垂直平均参数（和变量），在允许误差范围内能较好地描述土壤的水力传导特性，而不影响模型和参数的物理意义。

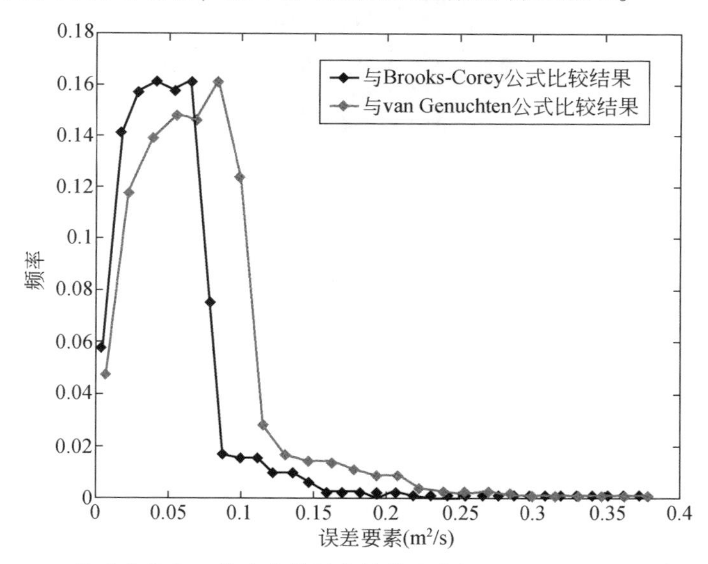

图 8-5　TOPKAPI 模型非饱和土壤水力传导率计算公式与 van Genuchten 公式、Brooks-Corey 公式计算结果比较的误差要素频率分布曲线

2. 参数水平平均处理的可行性

可以通过以下另外一个数值试验来检验参数和变量水平平均处理所带来的误差大小。在一个由 100×100 个网格单元（大小：10m×10m×1m）组成的 1000m（长）×1000m（宽）×1m（土壤厚）的矩形平面体上（图 8-6），输入人造的降雨过程（短历时强降雨和长历时弱降雨降雨事件），应用 TOPKAPI 模型，比较考虑参数水平空间分布计算得出流量和仅考虑用参数水平平均值计算的出流量，以及模型 Nash-Stucliffe 效率系数。

本数值试验仅分析对壤中流和坡面流流量估算影响最大的土壤水力传导率和地表坡度这两个模型参数，并综合考虑参数在空间上不相关的随机变化和在空间上相关的变化，其表达式如下：

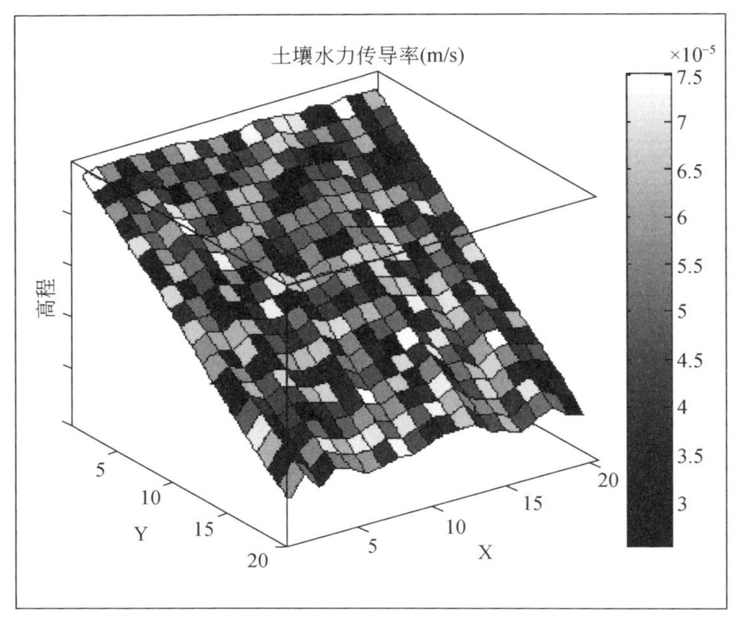

图 8-6 考虑参数空间分布的 TOPKAPI 模型数值试验矩形平面体的部分示意图

图例中不同等级的灰度标志单个网格不同的土壤水力传导率，图中还可以看出单个网格的坡度也不同

$$k_{\mathrm{s}}^{i} = \alpha_{k} k_{\mathrm{s}}^{i-1} + \varepsilon_{k}^{i} \tag{8-32}$$

$$s^{i} = \alpha_{\mathrm{s}} s^{i-1} + \varepsilon_{\mathrm{s}}^{i} \tag{8-33}$$

式中，k_s 为饱和土壤水力传导率；s 为地表坡度，角标 i 和 $i-1$ 分别指第 i 个单元及其下游单元；α_k，α_s 为常系数；ε_k，ε_s 为正态分布随机误差，其均值为 0，标准差分别为 $\sigma_{\varepsilon k}$ 和 $\sigma_{\varepsilon s}$。

利用上述这些简单公式，可以分析多种不同的参数空间变化组合结果。在考虑参数空间变化［式（8-31）和式（8-32）］和仅考虑用平均参数两种情况下，模型计算结果比较的统计成果见表 8-2。

表 8-2 考虑参数水平变化和仅应用平均参数的 TOPKAPI 模型计算结果比较表

土壤水力传导率相关变化	土壤水力传导率随机变化	地表坡度相关变化	地表坡度随机变化	壤中流 Nash 系数	坡面流 Nash 系数	总径流 Nash 系数
–	–	–	–	1.0000	1.0000	1.0000
–	+	–	–	0.9758	0.9998	0.9998
–	–	–	+	0.9957	0.9999	0.9999
–	+	–	+	0.9745	0.9997	0.9997
+	+	–	+	0.9167	0.9978	0.9990

续表

土壤水力传导率相关变化	土壤水力传导率随机变化	地表坡度相关变化	地表坡度随机变化	壤中流 Nash 系数	坡面流 Nash 系数	总径流 Nash 系数
+	−	+	+	0. 8251	0. 9974	0. 9984
+	+	+	+	0. 7932	0. 9932	0. 9954

从表 8-2 中可以看出，考虑参数不相关的随机空间变化的模型效率系数（Nash-Sutcliffe）非常高，而考虑参数相关的空间变化的模型效率系数相对低一些，特别是壤中流模拟的效率系数，但是对于总出流模拟的效率系数还是可以接受的。壤中流模拟的精度与水力传导率和地表坡度在空间上的相关性大小关系很大，因为壤中流的大小不仅与参数值有关，而且还受到参数在空间上配置的影响。然而，尽管数值试验中壤中流一些情况下模拟效果不好（图 8-7），但是土壤含水量变化过程还能较好地模拟（图 8-8）。

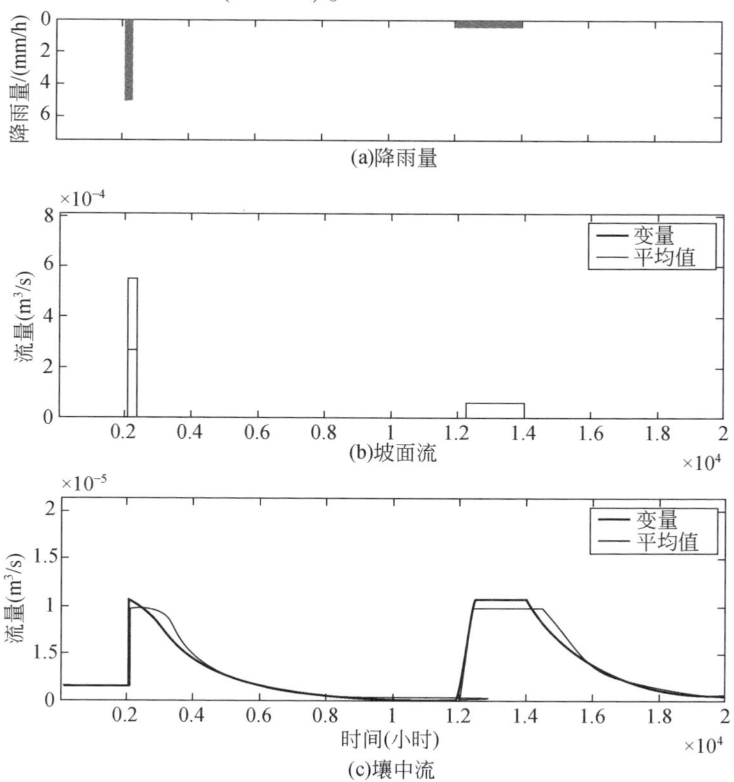

图 8-7 不同参数处理方式下 TOPKAPI 模型计算的壤中流和坡面流流量过程比较

灰色线：应用平均参数的模型结果，黑色线：考虑参数水平分布的模型结果

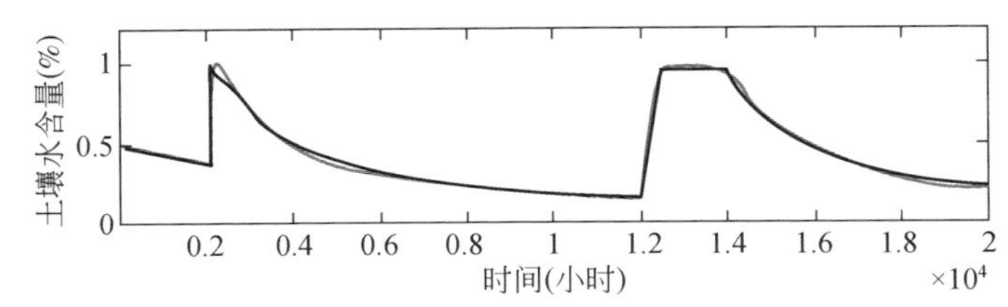

图 8-8 不同参数处理方式下 TOPKAPI 模型计算的规格化土壤含水量变化过程比较

灰色线：应用平均参数的模型结果，黑色线：考虑参数空间变化的模型结果

在大多数降雨径流模拟的实际应用中，常常忽略参数在网格尺度（千米量级）上的空间分布，但是从统计学上讲，很有可能找到在某个均值附近的正态分布（尽管有噪声），而不是具有显著相关的参数空间分布。鉴于这种情况，在一定尺度大小范围内，通过控制性方程空间上的积分和参数平均化处理这两种集总方式，TOPKAPI 模型仍能较好地描述主要的流域水文过程。以下是两种 TOPKAPI 计算模式的比较。

1）采用平均参数，在单个网格（大小从 10m 到 100km）上应用 TOPKAPI 模型计算；

2）考虑参数空间变化，在相同的空间范围（10m 到 100km）上，采用固定的 10m 空间分辨率，应用 TOPKAPI 模型计算。

图 8-9（a）和图 8-9（b）反映了不同空间尺度的计算误差。可以看出，当模型计算的单个网格单元的空间尺度小于 3km 时，计算误差仍在允许范围内。这就意味着，分布式 TOPKAPI 模型应用的空间尺度一般小于 3km，而不影响模型计算的精度和参数的物理意义。需要特别强调的是，模型应用的参数是平均参数或有效参数，因此可以从实际的量测中得到。

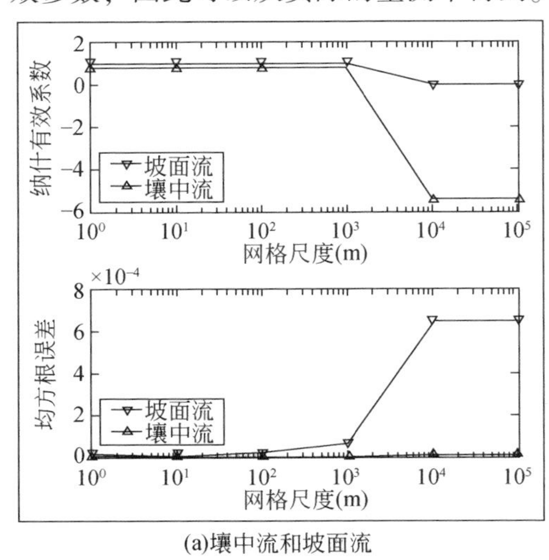

(a)壤中流和坡面流

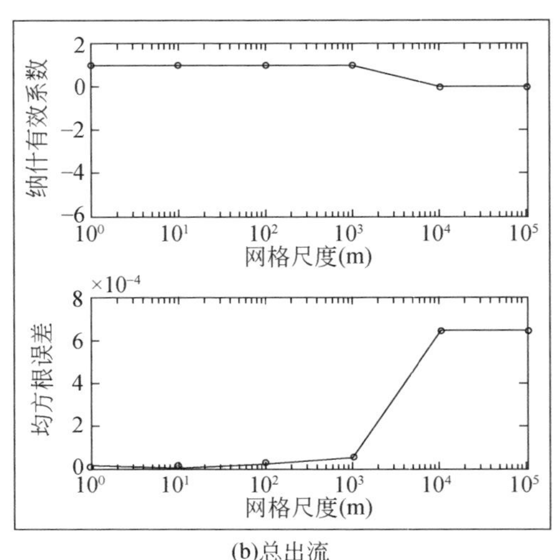

(b)总出流

图 8-9 不同 TOPKAPI 模型计算的壤中流流量、坡面流流量 Nash-Sutcliffe 和 RMSE 统计比较

8.5　TOPKAPI 模型在山洪预报中的应用

TOPKAPI 模型在安徽省皖南山区新安江流域屯溪、河南省伊洛河东湾流域、陕西省板桥河、灞河、周河等流域进行了应用，下面简要介绍一下 TOPKAPI 模型在这几个流域的应用情况。应用流域的概况在第 2 章有所介绍，在这里不再进行重复介绍。

8.5.1　基础数据信息处理

TOPKAPI 模型是一个以物理概念为基础的全分布式水文模型，应用到流域时要进行必要的处理，主要包括对数字地形高程 DEM、土地利用类型、土壤类型等基础资料进行前处理，并收集处理气象输入数据（降雨、蒸发、气温等）和水文观测数据（水位、流量等）。

（1）DEM 资料

首先根据流域的整体范围和排水网格的密度界定模型的空间分辨率，即模型的栅格尺度，一般为 100 ~ 1000m。用地理信息处理模块处理原始 DEM 数据，经过填洼、流向确定、汇流累积、选取流域出口等步骤，生成流域边界及流域的主要河网。在 TOPKAPI 模型中，资料的预处理及模型运行过程的具体流程可参考图 8-10。

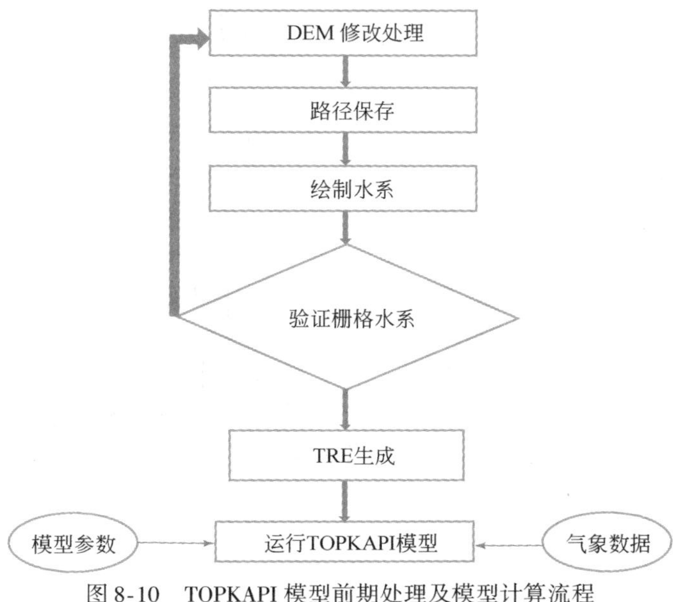

图 8-10　TOPKAPI 模型前期处理及模型计算流程

（2） 土地利用资料

土地利用的数据可以从 AVHRR 数据库、ESRI 数据库中得到，也可以从美国地质调查局的网站上下载获得。本次使用的土地利用数据是美国环境系统研究所公司（ESRI）的数据，利用上一步生成的流域边界，基于 ArcGIS 软件对原始的地图进行裁剪，得到相应研究流域的土地利用图。

（3） 土壤资料

土壤资料来源于联合国粮食及农业组织的网站，下载后利用 GIS 软件进行裁剪然后得到研究流域范围内土壤类型图。模型计算用到的参数要根据土壤类型来确定。不同的土壤类型，其形状、质地、结构、厚度及组成各不相同，参数也各不相同。

（4） 站点资料

站点资料包括：流域内站点位置信息、各个站点的雨量、气温、蒸发、水位、流量等信息。上述信息均可由国家数据信息网和年鉴等途径获取，此次模型计算选用年鉴蒸发资料插值得到的蒸发数据。

8.5.2 新安江流域–屯溪

1. 模型输入资料预处理

屯溪流域内的 DEM、土地利用、土壤类型及水系站点信息如图 8-11 所示。其中土地利用主要分为六类，分别为常绿针叶林、常绿阔叶林、灌木、河流、湖泊和农田，分布如图8-11（b）所示。土壤类型主要有黏土、粉质黏土、壤土、砂质黏壤土、砂质壤土和砂土等六类，分布如图 8-11（c）所示。

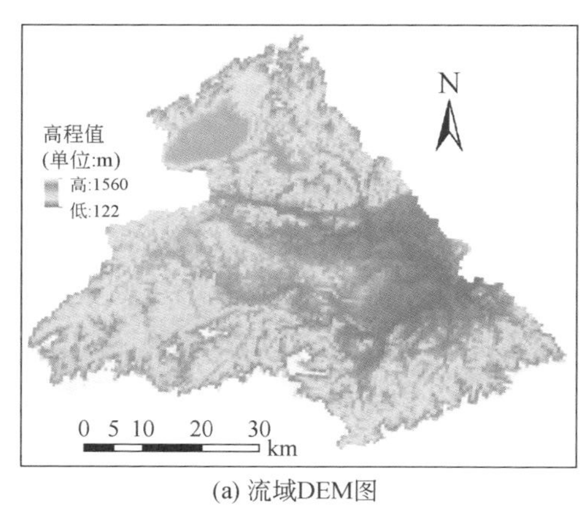

(a) 流域DEM图

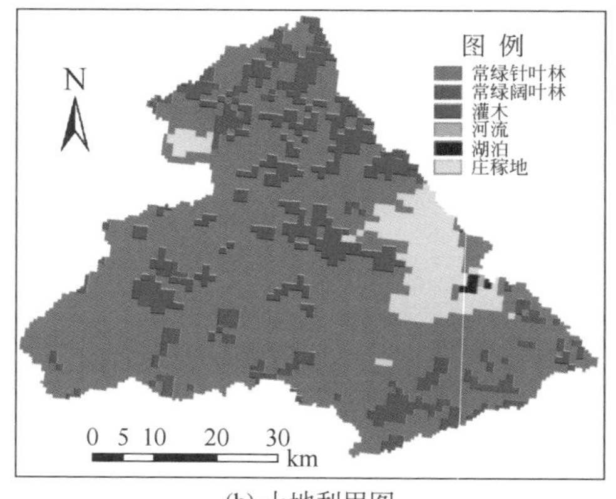

(b) 土地利用图

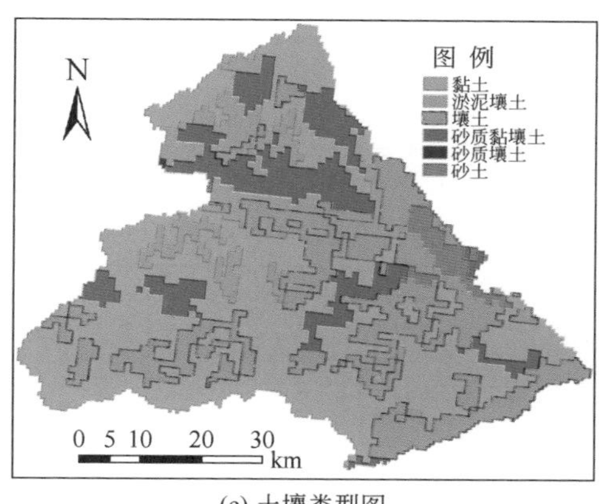

(c) 土壤类型图

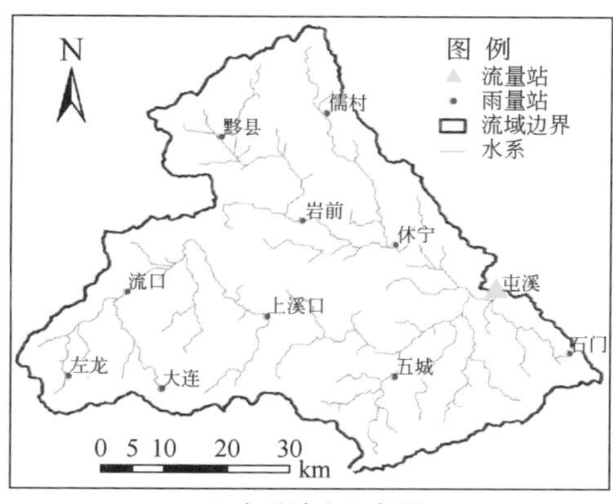

(d) 水系站点分布图

图 8-11 屯溪流域数据地图

屯溪流域内有 11 个雨量站，分别为：左龙、大连、上溪口、五城、流口、石门、休宁、岩前、儒村、黟县和屯溪。其中屯溪为流量站。其站点分布如图8-11（d）所示。各站点坐标见表 8-3。

表 8-3 屯溪流域站点坐标

站点名称	经度	纬度	站点名称	经度	纬度
流口	117°80′	29°71′	儒村	118°08′	29°96′
上溪口	118°00′	30°71′	黟县	117°93′	29°93′
五城	118°18′	31°71′	岩前	118°05′	29°81′
石门	118°43′	32°71′	休宁	118°18′	29°78′
左龙	117°71′	33°71′	大连	117°85′	29°58′
屯溪	118°33′	29°71′			

2. 模型参数率定

TOPKAPI 模型参数主要分为河道参数、土地利用参数、土壤类型参数及蒸散发、产流和汇流模块的参数。本次研究采用人工试错法进行参数率定。屯溪流域率定后的主要产流、汇流参数分别见表 8-4 和表 8-5。

表 8-4 TOPKAPI 模型应用于屯溪流域的主要产流参数

土壤类型	$\vartheta_f \sim \vartheta_r$	$\vartheta_s \sim \vartheta_r$	α_s	α_p	k_{sh_1} (m/s)	k_{sv_1} (m/s)	L (m)
黏壤土	0.270	0.390	2.5	20.0	4.917E-05	2.46E-07	0.3
淤泥壤土	0.213	0.433	2.5	13.7	1.269E-04	2.46E-07	0.3
壤土	0.263	0.433	2.5	13.8	5.472E-05	2.74E-07	0.5
砂质黏壤土	0.210	0.330	2.5	17.2	6.667E-05	5.46E-07	0.5
砂质壤土	0.172	0.412	2.5	12.8	1.456E-04	7.28E-07	0.8
砂土	0.067	0.417	2.5	11.1	1.067E-03	7.28E-07	0.5

表 8-5 TOPKAPI 模型应用于屯溪流域的主要汇流参数

坡面汇流		河道汇流	
土地利用	n_0 ($m^{1/3}$/s)	strahler 河道分级	n_c ($m^{1/3}$ · s)
常绿针叶林	0.3	Ⅰ	0.050
常绿阔叶林	0.3	Ⅱ	0.040
灌木	0.10	Ⅲ	0.030
河流	0.01	Ⅳ	0.025
湖泊	0.01		
农田	0.085		

在河道汇流计算中，曼宁系数即糙率是最重要的参数，它的取值是否合理影响着模拟结果的精确程度。天然河道的糙率是衡量河床及边壁形状不规则和粗糙程度对水流阻力影响的一个综合性系数，其影响因素很多且复杂多变，岸壁、河床的粗糙程度，河道断面形状、壁面、床面质地特征、含沙量等，都在一定程度上影响着河道的糙率。通常曼宁系数变化范围在 0.01 ~0.05。

3. 模拟结果分析

屯溪流域是典型的湿润地区，流域资料比较齐全。模型采用 1989 ~2003 年 15 场暴雨洪水资料进行模拟和率定，其中前 10 场暴雨洪水用于率定参数，后 5 场用于参数验证。

模拟步长选择 1 小时，模型网格尺度为 500m。实测降水、流量数据时间间隔不均匀，采用线性插值法，将实测降水、流量资料的时段长整理为 1 小时。各场次模拟结果相关特征值见表 8-6。

表 8-6　屯溪流域 TOPKAPI 模拟结果特征值

洪水起始时间		实测洪峰 (m^3/s)	预报洪峰 (m^3/s)	洪峰相对误差（%）	径流深相对误差（%）	峰现误差（h）	确定性系数
率定期	1989061517	2241	2230.92	-0.45	-1.03	0	0.99
	1991051800	2220	2445.33	10.15	5.02	0	0.92
	1992070100	3150	2880.05	-8.57	-5.62	0	0.79
	1993062912	4700	3936.72	-16.24	-7.50	0	0.83
	1994060804	4160	4722.85	13.53	11.02	0	0.78
	1995051820	4070	4304.43	5.76	2.88	0	0.86
	1996060121	1640	1463.37	-10.77	11.02	0	0.75
	1996062907	6490	5669.66	-12.64	-24.15	1	0.72
	1997070411	2730	2627.08	-3.77	-6.37	1	0.86
	1998061201	4030	3852.28	-4.41	5.35	-3	0.77
验证期	1998072108	3110	3524.87	13.34	-7.82	0	0.78
	1999062300	3460	3672.10	6.13	-2.47	-1	0.88
	1999082408	2890	3381.01	16.99	-4.99	0	0.77
	2001050406	1410	1384.48	-1.81	0.40	-1	0.93
	2003050303	2310	2217.83	-3.99	-18.85	2	0.77

从整体结果分析，经过率定后的 TOPKAPI 模型在验证期的确定性系数均在 0.77 以上，模拟结果良好。据统计，15 场次洪水模拟合格率为 100%。洪峰相对误差合格率为 100%，径流深相对误差合格率为 93.3%。

屯溪流域为湿润地区，产流机制为蓄满产流，土壤水分的侧向水流是不可忽略的，TOPKAPI 模型在产流计算上采用蓄满产流模式，因此模拟效果较好。可认为非饱和区的侧向水流只发生在有限厚度的土壤层内，决定了侧向水流直接排入排水网，可调节土壤水量平衡，特别是饱和区的动态变化。在屯溪流域应用 TOPKAPI 模型进行径流模拟，模拟得到的洪水有壤中流和地下径流的支持，模型具有一定的调蓄能力，与实际的水文过程相符合。

8.5.3　伊洛河流域–东湾

1. 模型输入资料预处理

东湾流域的 DEM、土地利用、土壤类型及水系站点分布情况，如图 8-12 所示。DEM 资料如图 8-12（a）所示。流域内栅格单元尺寸为 500m×500m，最高点高程为 2159m，最低点高程为 368m，平均高程为 1007.7m。土地利用分为五类：常绿针叶林、落叶阔叶林、灌木、草地和庄稼地。流域上落叶阔叶林占大部分，分布如图 8-12（b）所示。土壤类型分类主要有壤土、砂质黏壤土、砂壤土和砂土，分布如图 8-12（c）所示。

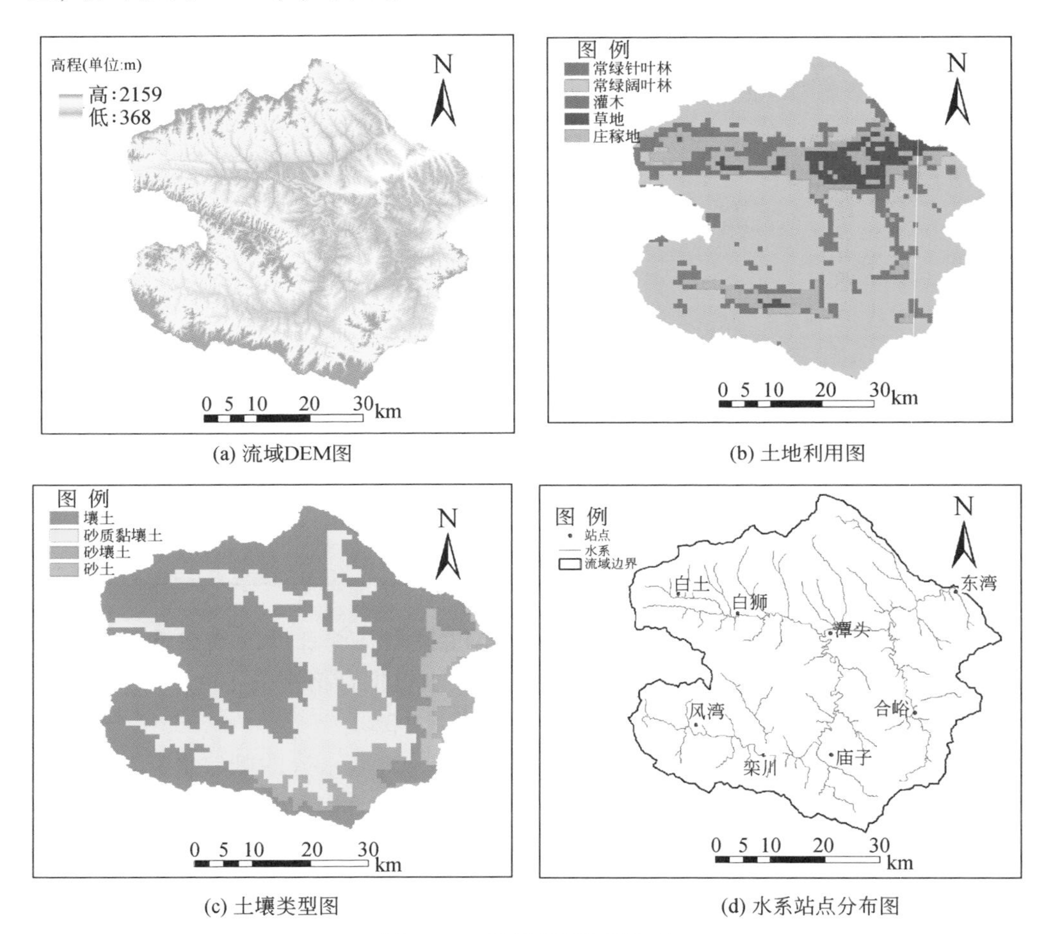

图 8-12 东湾流域数据地图

东湾流域内有 8 个雨量站：白土、白狮、潭头、淘湾、栾川、合峪、庙子和东湾，东湾水文站是该流域内的流量站，本次研究中，采用东湾水文站的实测流量资料。它们在流域中位置如图 8-12（d）所示，各站点坐标见表 8-7。

表 8-7　东湾流域站点坐标

站点名称	经纬度坐标	
	经度	纬度
东湾	111°98′	34°05′
合峪	111°90′	33°85′
潭头	111°73′	33°98′
庙子	111°73′	33°78′
栾川	111°60′	33°78′
白狮	111°55′	34°01′
淘湾	111°46′	33°83′
白土	111°43′	34°05′

2. 模型参数率定

TOPKAPI 模型参数主要分为河道参数、土地利用参数、土壤类型参数及蒸散发、产流参数和汇流参数模块的参数。模型的主要产汇流参数见表 8-8 和表 8-9。

表 8-8　TOPKAPI 模型主要的产流参数

土壤类型	$\vartheta_f \sim \vartheta_r$	$\vartheta_s \sim \vartheta_r$	α_s	α_p	k_{sh_1}/（m/s）	k_{sv_1}/（m/s）	L（m）
壤土	0. 263	0. 433	2. 5	13. 8	5. 472E-05	2. 74E-07	0. 5
砂质黏壤土	0. 210	0. 330	2. 5	17. 2	6. 667E-05	5. 46E-07	0. 5
砂壤土	0. 172	0. 412	2. 5	12. 8	1. 456E-04	7. 28E-07	0. 8
砂土	0. 075	0. 415	2. 5	11	1. 067E-03	7. 28E-07	0. 5

表 8-9　TOPKAPI 模型主要的汇流参数

坡面汇流		河道汇流	
土地利用	n_0（$m^{1/3}/s$）	strahler 河道分级	n_c（$m^{1/3}/s$）
常绿针叶林	0. 25	Ⅰ	0. 040
落叶阔叶林	0. 25	Ⅱ	0. 035
灌木	0. 10	Ⅲ	0. 030
草地	0. . 10	Ⅳ	0. 025
庄稼地	0. 085		

3. 模拟结果分析

对东湾流域 1975～2000 年 10 场洪水，进行洪水模拟，其中前 6 场洪水用于模型参数率定，后 4 场洪水用于验证。

模拟步长时段、降水资料的输入时段、实测流量资料时段及洪水模拟输出时段均为 1 小时。模拟结果的相关特征值见表 8-10。

表 8-10　TOPKAPI 模型在东湾流域应用相关特征值

洪水起始时间		实测洪峰（m^3/s）	洪峰相对误差（%）	径流深相对误差（%）	峰现误差（h）	确定性系数
率定期	1975080508	4200	-11.24	14.41	2	0.77
	1980063000	744	-16.81	14.27	0	0.75
	1981071408	482	-5.25	12.03	2	0.86
	1982073102	3500	-28.01	-20.3	-3	0.66
	1983081020	451	6.33	-10.64	0	0.83
	1984090817	888	7.5	10.51	-2	0.82
验证期	1985091412	749	-0.1	15.94	-2	0.86
	1996080208	1730	-9.59	9.77	2	0.81
	1998081312	1320	-13.32	-11.08	0	0.82
	2000071220	1770	-32.99	18.03	-1	0.72

从模拟结果、相关特征值分析得出，TOPKAPI 模型在东湾流域，确定性系数的合格率达 90%，有 1 场洪水的确定性系数低于 0.7。洪峰相对误差合格率为 80%，径流深相对误差合格率为 90%，整体模拟效果较好，但细节还存在一些问题，这可能与其产汇流机制不适应当地实际情况有关。

对模型在半湿润半干旱地区的洪水模拟结果，下面从洪峰流量、径流深、峰现时间和确定性系数四个方面进行具体分析。

（1）洪峰方面

TOPKAPI 模型洪峰绝对值误差在率定期内超过 10%，但在验证期内控制在 10% 以内，从洪峰值看，模型模拟结果偏小的占多数，仔细分析洪水可知，该流域是半湿润地区，产流机制是蓄满产流和超渗产流相互作用的结果，该流域的洪水陡涨陡落，历时较短，此类洪水不能采用蓄满产流直接来模拟产流，否则便会导致模拟洪峰值偏低的现象。

（2）径流深方面

TOPKAPI 模型在研究区域内控制径流深方面表现一般。率定期和验证期径流深相对误差都超过 10%，TOPKAPI 模型需要输入流域下垫面的初始土壤含水量或缺水量，初始土壤含水量参考新安江日模型，新安江模型本身不适用于半湿润地区洪水模拟，因此初始值的确定有一定的偏差，在模拟过程中初始值的影响相应地会被放大，进而影响径流深的模拟。

（3）峰现时间方面

该地区的洪水是短历时洪水，基本能准确预测峰现时间，模拟结果整体不错。

（4）确定性系数

TOPKAPI 模型在率定和验证期确定性系数不是很高，但符合《水文情报预报规范》（GB/T 22482—2008）对场次洪水的检验。TOPKAPI 模型是基于物理基础的分布式水文模型，产流机制是蓄满产流，对半湿润地区的模拟可以达到预报要求，但模拟精度不是很高，相比概念性模型分布式水文模型能更实际的模拟出流域的水文响应过程。

8.5.4　灞河流域-马渡王

1. 模型输入资料预处理

马渡王流域内的 DEM、土地利用、土壤类型及水系站点分布信息，如图 8-13 所示。DEM 资料如图 8-13（a）所示。流域内栅格单元尺寸为 500m×500m，最高点高程为 2260m，最低点高程为 426m，平均高程为 1607.7m。土地利用大致分为五类：常绿针叶林、常绿阔叶林、灌木、农田、草地（坡地），分布如图 8-13（b）所示。土壤类型分类主要有：粉砂壤土、壤土、砂质黏壤土、砂壤土、壤砂土，分布如图 8-13（c）所示。

马渡王流域内有 10 个雨量站分别为：马渡王、龙王庙、罗李村、穆家堰、灞源、牧户关、兰桥、辋川、玉川、葛牌镇。其站点分布如图 8-13（d）。各站点坐标见表 8-11。

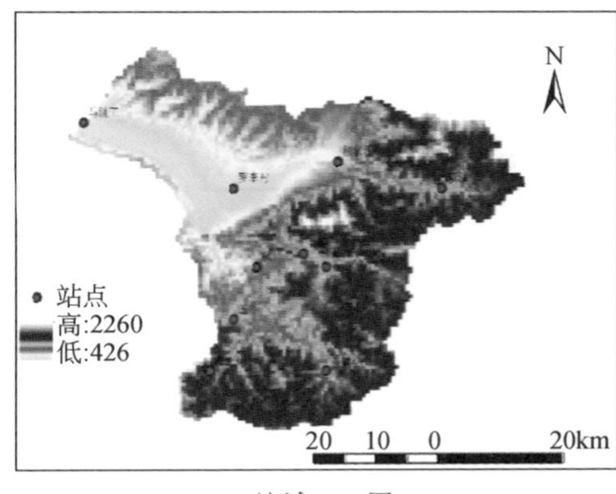

(a) 流域DEM图

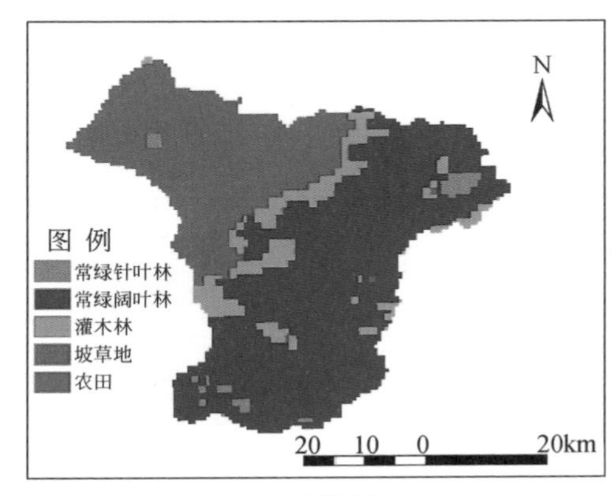

(b) 土地利用图

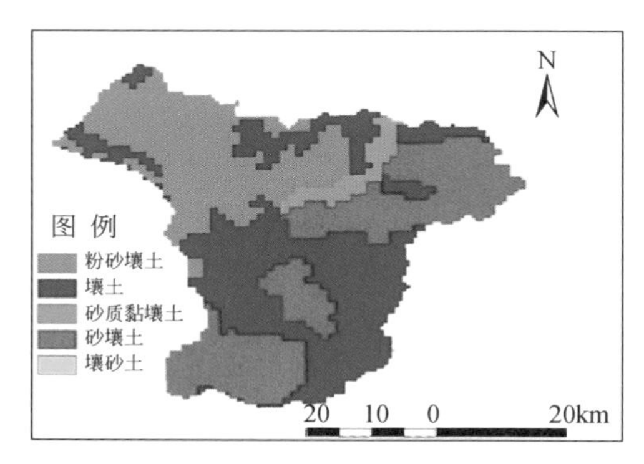

(c) 土壤类型图

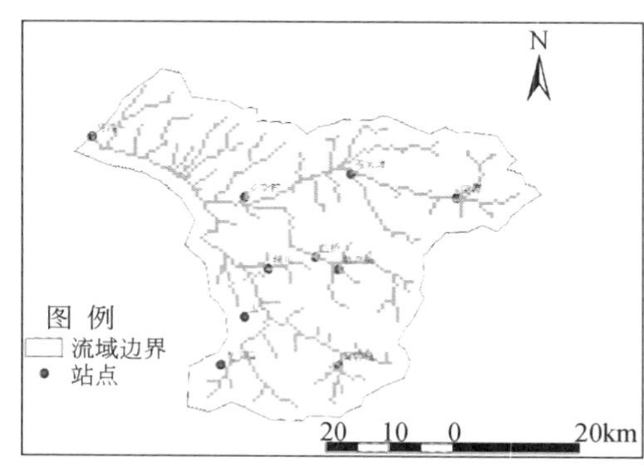

(d) 水系站点分布图

图 8-13　马渡王流域数据分布图

表 8-11　马渡王流域站点坐标

站名	经纬度坐标	
	经度	纬度
马渡王	109°15′	34°23′
龙王庙	109°33′	33°91′
罗李村	109°36′	34°15′
穆家堰	109°51′	34°18′
灞源	109°66′	34°15′
牧户关	109°50′	34°05′
兰桥	109°46′	34°06′
辋川	109°40′	34°05′
玉川	109°36′	33°98′
葛牌镇	109°50′	33°91′

2. 模型参数处理

板桥流域 TOPKAPI 模型率定的主要产汇流参数分别见表 8-12 和表 8-13。

表 8-12　TOPKAPI 模型应用于马渡王流域的主要的产流参数

土壤类型	$\vartheta_f \sim \vartheta_r$	$\vartheta_s \sim \vartheta_r$	α_s	α_p	k_{sh_1} (m/s)	k_{sv_1} (m/s)	L (m)
粉砂壤土	0. 264	0. 433	2. 5	13. 8	5. 472E-05	2. 736E-07	0. 6
壤土	0. 312	0. 432	2. 5	20. 0	4. 917E-04	2. 458E-07	0. 3
砂质黏壤土	0. 104	0. 432	2. 5	13. 8	4. 465E-04	2. 736E-07	0. 3
砂壤土	0. 110	0. 430	2. 5	17. 2	4. 269E-05	2. 458E-07	0. 2
壤砂土	0. 275	0. 385	2. 5	25. 8	8. 83E-5	4. 42E-07	0. 2

表 8-13　TOPKAPI 模型应用于马渡王流域的主要的汇流参数

坡面汇流		河道汇流	
土地利用	n_0（$m^{1/3}/s$）	strahler 河道分级	n_c（$m^{1/3}/s$）
常绿针叶林	0.04	Ⅰ	0.05
常绿阔叶林	0.03	Ⅱ	0.04
灌木	0.25	Ⅲ	0.035
坡草地	0.095	Ⅳ	0.030
庄稼地	0.045	Ⅴ	0.025

3. 模拟结果分析

模型共采用 2000～2010 年的 12 场洪水资料进行模拟。模型模拟的时间步长选择 1 小时。各场次模型模拟结果相关特征值见表 8-14。

从整体结果分析，TOPKAPI 模型在马渡王流域洪水模拟模拟结果还是不错的，有些洪峰值及峰现时间相对误差控制很好。确定性系数在 0.7 以上的有 9 场模拟结果良好，12 场次洪水模拟合格率为 75%。洪峰相对误差合格率为 100%，径流深相对误差合格率为 75%，有 3 场洪水洪量相对误差不合格。TOPKAPI 模型对湿润地区马渡王流域的水文响应是及时的。这点可体现在，模型模拟预报结果中，洪水起涨点与实测洪水起涨点吻合很好，同时峰现时间基本一致。马渡王流域面积较大，属于大流域，对洪水的调蓄能力较强，对降水事件的水文响应没小流域迅速。

表 8-14　TOPKAPI 模型在马渡王流域模拟结果特征值

洪水起始时间		实测洪峰（m^3/s）	预报洪峰（m^3/s）	洪峰相对误差（%）	峰现误差（h）	径流深相对误差（%）	确定性系数
率定期	2001042008	94	96	2.22	1	-17.94	0.78
	2000101008	688	742	7.84	3	16.35	0.82
	2002060818	584	592	1.28	3	70.23	-0.11
	2003090408	264	285	8.13	14	-34.66	0.45
	2003091408	652	758	16.31	2	-1.67	0.89
	2004093003	590	586	-0.70	0	-4.17	0.98
	2005092608	844	895	6.09	0	15.60	0.74
	2006092508	304	302	-0.55	1	15.30	0.73
验证期	2007071302	339	347	2.48	2	13.13	0.78
	2008072108	271	270	-0.49	3	30.64	0.16
	2009082814	616	619	0.41	2	12.49	0.82
	2010082002	527	527	-0.04	2	12.91	0.8

8.5.5 板桥流域–板桥

1. 模型输入资料预处理

板桥流域内的 DEM、土地利用、土壤类型及水系站点分布资料，如图 8-14 所示。DEM 资料如图 8-14（a）所示，流域内栅格单元尺寸为 200m×200m。流域最低点高程为 777m，最高点的高程为 1722m，最低点高程所在的流域栅格单元是流域出口单元。土地利用大致分为五类：常绿针叶林、常绿阔叶林、灌木、草地和农田，分布如图 8-14（b）所示。土壤类型分类主要有：壤土、砂质黏壤土、砂质壤土和壤砂土，分布如图 8-14（c）所示。

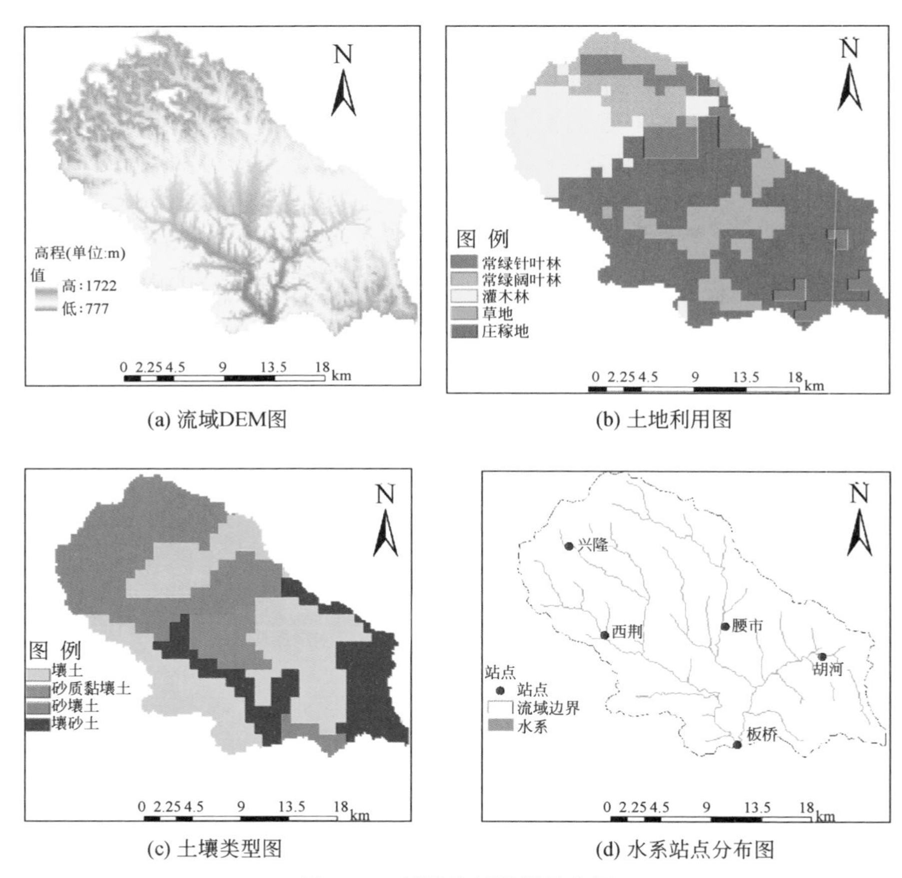

(a) 流域DEM图　(b) 土地利用图

(c) 土壤类型图　(d) 水系站点分布图

图 8-14　板桥流域数据分布图

板桥流域内有 5 个雨量站分别为：板桥、兴隆、西荆、腰市、胡河。其站点分布如图 8-14（d）。各站点坐标见表 8-15。

表 8-15　板桥流域站点坐标

站点	经纬度坐标	
	经度	纬度
兴隆	109°78′	34°12′
西荆	109°82′	34°04′
腰市	109°93′	34°05′
胡河	110°03′	34°03′
板桥	109°95′	33°96′

2. 模型参数处理

板桥流域 TOPKAPI 模型率定的主要的产流、汇流参数分别见表 8-16 和表 8-17。

表 8-16　TOPKAPI 模型应用于板桥流域的主要的产流参数

土壤类型	$\vartheta_f \sim \vartheta_r$	$\vartheta_s \sim \vartheta_r$	α_s	α_p	k_{sh_1}（m/s）	k_{sv_1}（m/s）	L（m）
砂壤土	0.270	0.390	2.5	20.0	4.917E-05	2.46E-07	0.3
砂质黏壤土	0.213	0.433	2.5	13.7	1.269E-04	2.46E-07	0.3
壤土	0.263	0.433	2.5	13.8	5.472E-05	2.74E-07	0.5
砂质黏壤土	0.210	0.330	2.5	17.2	6.667E-05	5.46E-07	0.5

表 8-17　TOPKAPI 模型应用于板桥流域的主要的汇流参数

坡面汇流		河道汇流	
土地利用	n_0（$m^{1/3}/s$）	strahler 河道分级	n_c（$m^{1/3}/s$）
常绿针叶林	0.3	Ⅰ	0.050
常绿阔叶林	0.3	Ⅱ	0.040
灌木	0.10	Ⅲ	0.030
草地	0.4	Ⅳ	0.020
农田	0.085		

3. 模拟结果分析

板桥流域是典型的半湿润地区，流域资料比较齐全。模型采用 2000～2010 年的13场洪水资料进行模拟。其中，前9场洪水对模型的参数进行率定，后4场洪水用于模型验证。

模型模拟时段的步长选择为1小时。实测降水、流量数据时间间隔不均匀，采用线性插值法，将实测降水、流量资料的时段长整理为1小时。各场次模型模拟结果相关特征值见表8-18。

表8-18 TOPKAPI模型在板桥流域模拟结果特征值

洪水起始时间		实测洪峰（m^3/s）	预报洪峰（m^3/s）	洪峰相对误差（%）	峰现误差（h）	径流深相对误差（%）	确定性系数
率定期	2000081714	81.2	86.8	6.94	0	-6.68	0.88
	2001081420	112	22.4	-79.98	15	-48.88	-0.41
	2002060820	64.8	63.9	-1.34	2	32.52	0.81
	2002062608	42.0	39.4	-6.11	2	53.45	0.83
	2003082420	550	457	-16.93	1	-8.71	0.89
	2004092808	45.3	46.0	1.51	2	-23.75	0.91
	2005092908	160	155	-3.17	0	-21.08	0.82
	2006092608	16.2	69.4	328.08	0	63.41	0.45
	2007080808	26.9	33.03	22.83	5	-35.34	0.79
验证期	2008061208	3.83	1.88	-50.81	9	2.08	-0.42
	2009051208	28.4	34.8	22.44	22	-30.63	0.43
	2009082808	41.3	69.0	67.02	0	-32.90	0.67
	2010072309	123	102	-16.79	2	-11.30	0.75

从整体结果分析，TOPKAPI模型在板桥流域洪水模拟结果不是很好，有些洪峰值及洪量相对误差控制不是很好。按照确定性系数标准看，确定性系数在0.70以上的有8场次洪水，模拟合格率为63.3%。

TOPKAPI模型对半湿润地区板桥流域的水文响应不是很及时。这点可体现在，模型模拟预报结果中洪水起涨点与实测洪水起涨点吻合不好，同时峰现时间不一致。

（1）洪峰值方面

模型模拟的结果偏小的占多数，仔细分析洪水可知，该流域是半湿润地区，产流机制是蓄满产流和超渗产流相互作用的结果，该流域的洪水陡涨陡落，历时较短，此类洪水不能采用蓄满产流模型来模拟产流，否则便会导致模拟洪峰值偏低的现象。

（2）径流深方面

TOPKAPI模型在研究区域内控制径流深方面表现一般。率定期和验证期径流深相对误差都超过 10%，TOPKAPI 模型需要输入流域下垫面的初始土壤含水量或缺水量，初始土壤含水量参考新安江日模型，新安江模型本身不适用于半湿润地区洪水模拟，因此初始值的确定有一定的偏差，在模拟过程中初始值影响会相应放大，进而影响径流深的模拟。

（3）峰现时间方面

该地区的洪水是短历时洪水，基本能准确预测峰现时间，模拟结果整体不错。

（4）确定性系数

TOPKAPI 模型在率定和验证期确定性系数不是很高，但符合规范。TOPKAPI 模型是基于物理基础的分布式水文模型，产流机制是蓄满产流，对半湿润地区的模拟可以达到预报要求，但模拟精度不是很高，相比概念性模型分布式水文模型能更实际地模拟出流域的水文响应过程。

8.5.6　周河流域–志丹

1. 模型输入资料预处理

志丹流域内的 DEM、土地利用、土壤类型及水系站点分布资料，如图 8-15 所示。DEM 资料如图 8-15（a）所示，流域内栅格尺寸为 200m×200m。最高点高程为 1818m，最低点高程为 1221m，最低点高程所在的流域栅格单元是流域出口单元。土地利用大致分为五类：灌木、农田、牧草地、草地（平原）、草地（坡地），分布如图 8-15（b）所示。土壤类型分类主要有：黏土、壤土、砂质黏壤土、壤沙土，分布如图 8-15（c）所示。

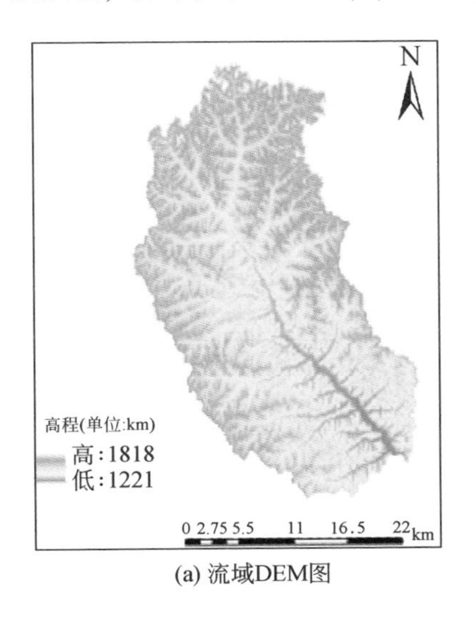

(a) 流域DEM图

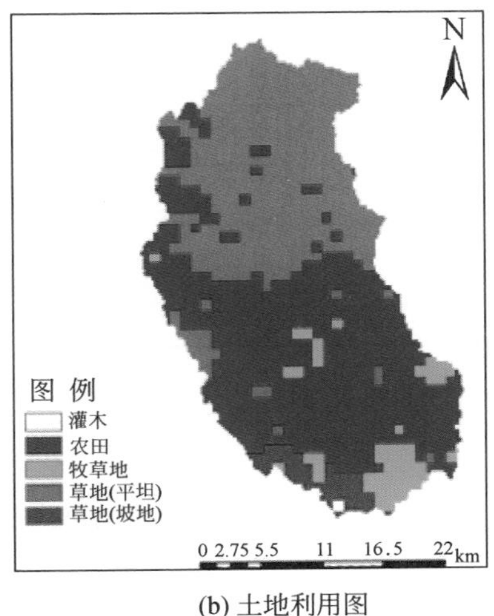

(b) 土地利用图

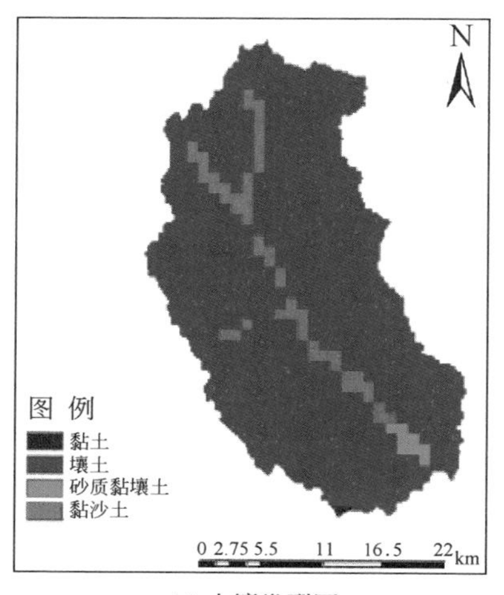

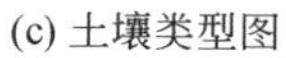

(c) 土壤类型图

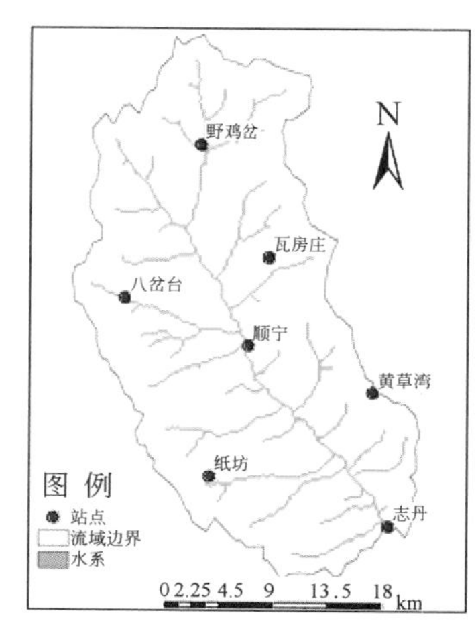

(d) 水系站点分布图

图 8-15　志丹流域数据分布图

志丹流域内有 7 个雨量站，分别为：野鸡岔、八岔台、瓦房庄、顺宁、纸坊、黄草湾、志丹。其站点分布如图 8-15（c）所示。各站点坐标见表 8-19。

表 8-19　志丹流域站点坐标

站名	经纬度坐标	
	经度	纬度
志丹	108°76′	36°81′
野鸡岔	108°58′	37°10′
八岔台	108°51′	36°98′
瓦房庄	108°65′	37°01′
顺宁	108°63′	36°95′
纸坊	108°60′	36°85′
黄草湾	108°75′	36°91′

2. 模型参数处理

志丹流域 TOPKAPI 模型率定的主要的产流、汇流参数分别见表 8-20 和表 8-21。

表 8-20　TOPKAPI 模型应用于志丹流域的主要的产流参数

土壤类型	$\vartheta_f \sim \vartheta_r$	$\vartheta_s \sim \vartheta_r$	α_s	α_p	k_{sh_1}（m/s）	k_{sv_1}（m/s）	L（m）
黏土	0.175	0.285	2.5	12.8	8.47E-03	4.48E-05	0.8
壤土	0.164	0.233	2.5	13.8	1.47E-04	2.74E-05	0.2
砂质黏壤土	0.110	0.230	2.5	17.2	1.27E-04	2.46E-05	0.3
壤沙土	0.175	0.285	2.5	25.8	8.83E-03	4.42E-05	0.4

表 8-21　TOPKAPI 模型应用于志丹流域的主要的汇流参数

坡面汇流		河道汇流	
土地利用	n_0（$m^{1/3}/s$）	strahler 河道分级	n_c（$m^{1/3}/s$）
草地（平原）	0.001	Ⅰ	0.05
草地（坡道）	0.01	Ⅱ	0.04
灌木	0.01	Ⅲ	0.03
草原	0.04	Ⅳ	0.025
庄稼地	0.085		

经分析可知，土壤水力传导度和土壤厚度对产流作用影响较大，微调其大小，导致径流量和洪峰量出现较明显变化，是较敏感的参数。从物理意义方面分析，土壤厚度增大，意味着土壤蓄水能力增强，造成地表径流量和洪峰流量减小；土壤饱和水力传导度增大，意味着土壤排水能力增强，同样会造成地表径流量和洪峰流量增大。需要使用者根据自身实践经验，人为地赋予一个初始值，然后根据模拟效果的好坏，调整参数，直到模拟出满意的结果。

3. 模拟结果分析

志丹流域是典型的半干旱地区，模型共采用 2000 ~ 2010 年的 15 场洪水资料进行模拟。其中前 10 场洪水进行模型参数率定，后 5 场洪水用于验证。

模型模拟时段的步长选择 1 小时，模型网格尺度基于 200 m ×200 m 计算。实测降水、流量数据时间间隔不均匀，采用线性插值法，将实测降水、流量资料的时段长整理为 1 小时。各场次模型模拟结果相关特征值见表 8-22。

从整体结果分析，TOPKAPI 模型在志丹流域洪水模拟的模拟结果不是很好，有些洪峰值及洪量相对误差控制不是很好。按照确定性系数标准看，确定性系数都是负数。TOPKAPI 模型对半干旱地区志丹流域的水文响应不是很及时的。这点可体现在，模型模拟预报结果中洪水起涨点与实测洪水起涨点吻合不好，同时峰现时间相差很大。

表 8-22　TOPKAPI 模型在志丹流域模拟结果特征值

洪水起始时间		实测洪峰 (m^3/s)	预报洪峰 (m^3/s)	洪峰误差 (%)	峰现误差 (h)	径流深误差 (%)	确定性系数
率定期	2000072703	162	157.64	-2.69	5	239.41	-3.12
	2001072508	106	113.06	6.66	12	233.23	-4.76
	2001081508	137	148.16	8.14	5	9.69	-0.83
	2001081612	196	190.23	-2.94	0	121.48	-0.26
	2002060814	202	211.90	4.90	12	216.11	-5.82
	2002061815	300	304.92	1.64	4	231.80	-2.89
	2002062608	156	143.67	-7.90	0	442.53	-9.96
	2003080708	24.9	24.71	0.70	0	76.49	-3.09
	2004081715	110	111.54	1.40	3	180.39	-1.78
	2005071808	97.6	98.51	0.94	9	381.00	-5.96
验证期	2006080508	65.8	66.66	1.31	4	218.33	-3.49
	2007072508	74.8	74.13	-0.90	5	5.54	-0.59
	2008080720	14.5	14.55	0.36	2	182.76	-10.84
	2009071508	20.7	24.25	17.17	2	38.76	-2.23
	2010081103	104	104.25	0.24	5	23.03	-0.30

模型模拟不好的原因大致为：TOPKAPI 模型的产流机制是蓄满产流机制，志丹流域是半干旱地区，产流机制是超渗产流的综合作用，模型产流机制与实际地区应用有出入，导致模拟洪峰值偏大，径流深也会偏大一些，无法呈现陡涨陡落的洪水，这在一定程度上影响模型模拟精度。另外，由于计算时段长，资料时段间隔长，对于洪水峰现时间的出现不能及时响应。

8.6　小　结

本章介绍了以物理概念为基础的分布式流域水文模型 TOPKAPI 模型的原理、方法及其在山洪预报中的运用。TOPKAPI 模型通过 3 个“结构上相似”的非线性水库方程来描述流域降雨–径流过程中的不同的地形水文、水力学过程，第一个方程代表土壤中的排水，第二个方程代表在饱和土壤或不透水土壤层上的陆面径流，第三个方程代表河道径流。模型中坡度、土壤渗透率、拓扑结构和地表糙率等参数与尺度无关，可从数字高程地图、土壤图、植被、土地使用图中获得。基础方程的积分可在 DEM 的单个网格中实现。

本章将 TOPKAPI 应用到安徽屯溪流域、河南伊河流域、陕西周河流域、板桥河流域以及灞河流域中。在收集 DEM、土地利用和土壤类型等数据的基础上，建立了每个流域的 TOPKAPI 分布式水文模型。对模型的模拟结果进行了评价，表明模型对于湿润地区的模拟结果较好，但针对场次洪水过程的模拟效果仍有进一步提高的空间。

参 考 文 献

刘志雨，谢正辉 . 2003. TOPKAPI 模型的改进及其在淮河流域洪水模拟中的应用研究 . 水文，23（6）：1-7.

刘志雨 . 2004. 分布式水文物理模型研究中的参数确定和模型验证//全国水文学术讨论会论文集. 南京：河海大学出版社 .

刘志雨 . 2004. 基于 GIS 的分布式托普卡匹水文模型在洪水预报中的应用 . 水利学报，5：70-75.

刘志雨 . 2005. ArcTOP—TOPKAPI 与 GIS 紧密连接的分布式水文模型系统 . 水文，25（4）：18-22.

陆玉忠，刘志雨 . 2004. 基于网格的分布式水文模型在中小型水库洪水模拟中的应用//全国水文学术讨论会论文集 . 南京：河海大学出版社 .

熊立华，郭生练 . 2004. 分布式流域水文模型 . 北京：中国水利水电出版社 .

Abbott M B，Bathurst J C，Cunge J A，et al. 1986. An introduction to the European Hydrologic System-SHE. Journal of hydrology，87：45-77.

Artan G，Verdin J，Asante K. 2001. A wide-area flood risk monitoring model//Proceedings of the Fifth International Workshop on Application of Remote Sensing in Hydrology. Montpellier.

Benning R G. 1994. Towards a new lumped parameterization at catchment scale. Bologna：University of Bologna PhD Thesis.

Beven K J，Kirkby M J. 1979. A physically based，variable contributing area model of basin hydrology. Hydrol. Scien.，24：1-3.

Beven K J，Moore I D. 1992. Terrain analysis and distributed modelling in hydrology. Chichester：Wiley & Sons.

Beven K J. 2002. Towards an alternative blue print for a physically based digitally simulated hydrologic response modeling system. Hydrological Processes，（16）：189-200.

Brooks R H，Corey A T. 1964. Hydraulic properties of porous media. Hydrol. Pap. 3，Colo. State Univ.，Fort Collins.

Cash J R，Karp A H，1990. A variable order Runge-Kutta method for initial value problems with rapidly varying right hand sides. ACM Transactions on Mathematical Software，16（3）：201-222.

Chen H. 1996. Object Watershed Link Simulation（OWLS）. Oregon：Oregon State University PhD dissertation.

Chow V T，Maidment D R，Mays L W. 1988. Applied Hydrology. New York：McGraw-Hill Book Company.

Chow V T. 1959. Open-Channel Hydraulics. International student edition. New York: McGraw-Hill Book Company.

Clap R B, Hornberger G M. 1978. Empirical equation for some soil hydraulic properties. Water Res., 14 (4): 604.

De Marsily G. 1986. Geostatistic and stochastic approach in hydrogeology. Chapter 11 in Quantitative hydrology: Groundwater Hydrology for Engineers. California: Academic Press.

De Roo A P J, Wesseling C G, Van Deursen W P A. 1998. Physically-based river basin modeling within a GIS: the LISFLOOD model. Proceedings of GeoComputation'98.

Eagleson P S. 1970. Dynamic Hydrology. New York: McGraw-Hill Book Company.

FAO. 1995. The Digital Soil Map of the World, Version 35. United Nations Food and Agriculture Organization, CD-ROM.

Franchini M, Wendling J, Obled C, et al. 1996. Physical interpretation and sensitivity analysis of the TOPMODEL. Journal of Hydrology, 175: 293-338.

Freeze R A, Harlan R L. 1969. Blueprint for a physically-based digitally-simulated hydrological response model. Journal of Hydrology, 9: 237-258.

GLDAS global soils dataset of Reynolds. http://www.ngdc.noaa.gov/seg/eco/cdroms/reynolds/reynolds/reynolds.htm.

Gupta S C, Larson W E. 1979. Estimating soil water retention characteristics from particle size distribution, organic matter percent and bulk density. Water ResourcesResearch, 15: 1633-1635.

Harry H B. 1967. Roughness Characteristics of Natural Channels. Geological Survey Water Supply Paper 1849. Washington: United States Government Printing Office.

Johnson D L, Miller A C. 1997. A spatially distributed hydrologic model utilizing raster data structures. Computers and Geosciences, 23: 267-272.

Li Y, 2002. Effects of the Choice of Data for Calibration on the Performance of the Xinanjiang Model. Applied to the Huai River.

Liu Z, Martina M, Todini E. 2005. Flood forecasting using a fully distributed model: application to the upper xixian catchment. Hydrology and Earth System Sciences (HESS), 9 (4): 347-361.

Liu Z, Todini E. 2002. Towards a comprehensive physically-based rainfall-runoff model. Hydrology and Earth System Sciences, 6 (5): 859-881.

Liu Z, Todini E. 2005. Assessing the TOPKAPI non-linear reservoir cascade approximation by means of a characteristic lines solution. Hydrological Processes, 19 (10): 1983-2006.

Liu Z. 2002. Toward a comprehensive distributed/lumped rainfall-runoff model: analysis of available physically-based models and proposal of a new TOPKAPI model. Bologna: University of Bologna PhD dissertation.

Martina M L V. 2004. The Distributed Physically-Based Modelling of Rinfall-Runoff Processes. Bologna: University of Bologna PhD dissertation.

Moore I D. 1996. Hydrologic modeling and GIS//Goodchild M F, Parks B O. GIS and Environmental Modeling: Progress and Research issues. Fort Collins, CO: GIS World Books.

O'Callahan J, Mark D. 1984. The extraction of drainage networks from digital elevation data. Comput. Vision Graphics Image Process, 28: 323-344.

Pullar D, Springer D. 2000. Towards integrating GIS and catchment models. Environmental Modelling & Software, 15: 451-459.

Rawls W J, Brakensiek D L, Saxton K E. 1982. Estimation of soil water properties. Trans. ASAE, 25: 1316-1320, 1328.

Saxton K E, Rawls W J, Romberger J S, et al. 1986. Estimating generalized soil water characteristics from texture. Soil Science Society of America Journal, 50: 1031-1036.

Seibert J. 1999. Conceptual Runoff Models- Fiction or Representation of Reality? ActaUniversitatis Upsaliensis, Comprehensive Summaries of Uppsala Dissertations from the Faculty of Science and Technology, 436: 17-35.

Shamsi U M. 1996. Storm-water management implementation through modeling and GIS. Journal of Water Resources Planning and Management, 122: 114-127.

Shumann A H. 1993. Development of conceptual semi-distributed hydrological models and estimation of their parameters with the aid of GIS. Hydrological Sciences Journal, 38: 519-528.

Singh V P. 1988. Hydrologic Systems: Rainfall-Runoff Modelling. New Jersey: Prentice Hall.

Singh V P. 1996. Kinematic Wave Modelling in Water Resources Surface-Water Hydrology. New York: John Wiley & Sons.

Sivapalan M, Beven K J, Wood E F. 1987. On hydrological similarity 2. A scaled model of storm runoff production. Water Resour. Res., 23 (12): 2266-2278.

Sui D Z. 1998. GIS-based urban modeling: Practices, problems, and prospects. International Journal of Geographic Information Sciences, 12: 651-671.

Thornthwaite C W, Mather J R. 1955. The water balance. Publ. in Climatology, 8 (1): 86.

Todini E, Ciarapica L. 2001. The TOPKAPI model. //Singh VP. Mathematical Models of Large Watershed Hydrology. Colorado: Water Resources Publications.

Todini E. 1995. New trends in modelling soil processes from hillslope to GCM scales//Oliver HR, Oliver SA. The Role of Water and the Hydrological Cycle in Global Change. Natoasi Series, Series I: Global Environmental Change, 31: 317-347.

Todini E. 1996. The ARNO rainfall-runoff model. Journal of Hydrology, 175: 339-382.

UMD 1km Global land cover. http: //www. geog. umd. edu/landcover/1km-map/meta-data. html.

USGS GTOPO30. http: //edcwww. cr. usgs. gov/landdaac/gtopo30/gtopo30. html.

Van Genuchten M T. 1980. A closed-form equation for predicting the hydraulic conductivity of unsaturated soils. Soil Sci. Soc. Am. J., 44: 892-898.

第9章　应急水文预报实用方法

目前，我国绝大多数山丘区中小流域缺乏实测水情资料，没有洪水预报和预警系统，山洪灾害的预报预警非常薄弱，局部强降雨的预报精度不高，山洪灾害的发生与发展的预测不够准确。所以，构建能应用于无资料地区的水文预报模型成为了亟待解决的问题。

山丘区中小流域地形复杂，下垫面条件空间分布不均，再加上近年来的无节制砍伐开发导致水土流失严重，以及为治理水土流失而采取的一系列工程措施，如平整土地、修筑梯田等，以上因素都导致流域内产汇流规律发生明显改变；此外，多数山区小流域历史洪水资料缺测，不完整，这也导致在山区小流域上构建参数众多、结构复杂的预报方案难度大，实际使用的往往是结构简单、参数较少的经验性模型。

经验模型一般使用降雨径流相关图推求产流，使用时段单位线推求汇流。在无资料地区使用经验模型的思路是：产流上，根据有资料的流域进行降雨径流关系区域规律分析，以此作为降雨径流经验相关图的移用依据；汇流上，在Nash单位线的基础上，借助有水文资料流域的单位线要素或瞬时单位线的参数与其流域地形地貌因子之间的相关关系，推求无资料地区的单位线或瞬时单位线，即基于地形地貌参数建立Nash单位线的推求公式。由此可实现无资料地区的水文模拟及预报。

9.1　降雨径流区域规律

9.1.1　典型流域概况

在全国范围内选取了涉及湿润、半湿润、半干旱及干旱地区几个典型流域，各流域基本情况见表9-1。

表9-1　典型流域概况

<table>
<tr><th>分区</th><th>子流域</th><th>嵌套流域</th><th>流域概况</th></tr>
<tr><td rowspan="3">湿润地区</td><td>屯溪</td><td rowspan="3">屯溪嵌套流域</td><td rowspan="3">流域内植被良好，多年平均降水量为1600mm，年内、年际分配极不均匀，4～6月多雨，约占50%，7～9月只占20%，易发生洪灾、旱灾</td></tr>
<tr><td>呈村</td></tr>
<tr><td>月潭</td></tr>
</table>

续表

分区	子流域	嵌套流域	流域概况
半湿润地区	东湾	东湾嵌套流域	降水量的分布极不均匀，年际变化较大，年最大降水量是年最小降水量的2倍左右，且年内分配极为不均，每年7～9月流域的降水量占年降水总量的一半以上
	栾川		
	潭头		
	通关河		上游地区为关山林区，植被良好，年平均降雨量为600～700mm，主要集中在7～9月，年平均径流深为100～200mm
	县北沟		多年平均降水量为630.3mm，降水年内分布极不均匀，6～9月占79.2%，7～8月占55.1%；年际差异也很大，年降水量最大值和最小值相差4倍多，易造成旱涝灾害
半干旱地区	大阁	下会嵌套流域	流域内基本属于土石山区，一般土层较薄，植被良好，多年平均降雨量为525mm，降雨量主要集中在6～9月，尤其集中在7～8月
	戴营		
	下会		
	志丹		流域植被较差，水土流失严重，多年平均降水量为509.8mm
	板桥		多年平均降雨量为729.0mm，年际变化较大，降雨季节变化明显，汛期5～10月的降雨量约占年降雨量的80%～90%
	马渡王		位于灞河流域内，多年平均降水量为630.9 mm，多年平均蒸发量为949.7 mm，多年平均径流量为4.931亿m3
	紫荆关	张坊嵌套流域	流域内植被情况较差，仅局部地区有小块成林，上游石门以上为涞源盆地，石门至紫荆关之间为开阔谷地，多年平均降水量为650mm
	张坊		
干旱地区	张家口		流域内主要有东沟、正沟、西沟三条支流，东沟植被最好，西沟植被最差，多年平均降水量为393 mm

9.1.2 降雨–径流关系中各要素的计算原理

推求流域平均降雨量采用泰森多边形法（Ray et al.，1982；叶守泽和詹道江，2009）。前期影响雨量则先采用递推公式计算单站 P_a（前期影响雨量），然后采用泰森多边形法求得流域平均前期影响雨量。

利用面积包围法计算次洪径流深，如图9-1中 *ABCGEF* 所包围的面积即为次洪径流量（包为民，2009）。其中 *ADF* 是流量 *AD* 的蓄量，等于流量 *AD* 乘蓄泄系数 *K*，同样，*CEG* 等于流量 *CE* 乘以 *K*，则径流总量等于 *DABCED*–*ADF*+*CEG*（赵人俊，1984）。

相应的径流深 *R* 计算公式为

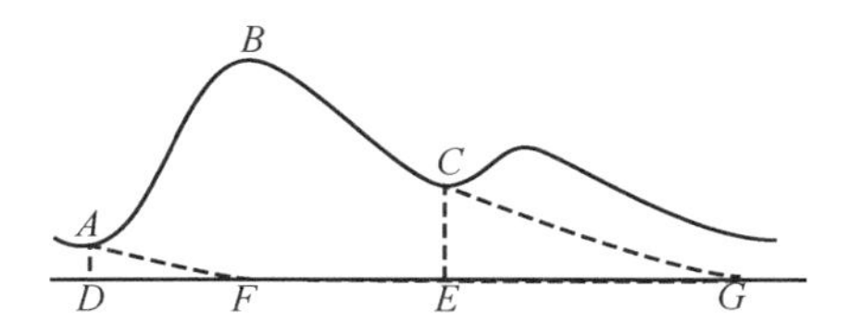

图 9-1　次洪总径流深计算示意图

$$R = 3.6\left[\left(\sum_{i=2}^{n-1} Q_i + \frac{Q_1 + Q_n}{2}\right)\Delta t_i - K * Q(A) + K * Q(C)\right]/F \qquad (9\text{-}1)$$

式中，Q_i 为流域第 i 时段的流量（m^3/s）；Δt_i 为计算时段（取为 1 小时）；F 为流域面积（km^2）；n 为时段个数。

蓄泄系数 K 通过退水指数方程（Ray et al.，1982）求得：$Q_t = Q_0 e^{-t/K}$
式中，Q_0，Q_t 分别为起始退水流量和 t 时刻的流量（m^3/s）；把上式表达为递推公式（$\Delta t = 1$）：$Q_{t+1} = e^{-1/K} Q_t$。记 $C_g = e^{-1/K}$，则

$$K = -1/\ln C_g \qquad (9\text{-}2)$$

其中，C_g 为流量消退系数，反映消退速率的快慢，可以利用前后时段流量相关图求得。前后时段流量相关图的关系曲线下部，各线趋于重合，且接近于直线，表明消退系数稳定，为常数。按直线段的坡度可求得地下水消退系数 C_g（包为民，2009）。各个典型流域的消退系数和蓄泄系数见表 9-2。

表 9-2　各流域流量消退系数和蓄泄系数

流域	消退系数 C_g	蓄泄系数 K	流域面积（km^2）	流域	消退系数 C_g	蓄泄系数 K	流域面积（km^2）
屯溪	0.968	31	2670	下会	0.983	59	5340
呈村	0.924	13	290	大阁	0.958	24	1850
月潭	0.952	21	954	紫荆关	0.957	23	1760
东湾	0.971	34	2856	张坊	0.978	45	4810
栾川	0.928	14	346	志丹	0.947	18	774
潭头	0.951	20	1395	板桥	0.938	16	493
通关河	0.95	20	34.4	马渡王	0.956	29	1601
县北沟	0.497	2	848	张家口	0.962	26	2300
戴营	0.975	40	4266				

采用合格率、相对误差、相对平均误差、ΔR 的变差系数四个指标来对计算结果进行精度评定，并在单点评定的基础上进行综合评定。首先从 $P + P_a \sim R$ 相关

图上查得径流深 $R_{计}$ ，计算 ΔR 、$\Delta R/R_{实}$ 、$\overline{R_{实}}$ 、$\overline{R_{计}}$ 、$\overline{|\Delta R|}$, $R_{实}$ 为实测径流深。

9.1.3　降雨–总径流相关图的建立

根据实测的日降雨量、时段降雨量和时段流量值分别计算出代表流域的流域平均前期影响雨量 P_a 、流域面平均雨量 P 和总径流深 R ，建立各流域的降雨径流相关图，并对其进行精度评定。

1. 实测水文资料系列

选择有足够样本容量的实测水文气象资料（样本容量不小于 10 年，应包括大、中、小各种代表性年份)，并保证有足够代表性的场次洪水资料（湿润地区不少于 50 场，干旱地区不少于 25 场，当资料不足时，应使用所有年份洪水资料)。本章中所采用的洪水资料见表 9-3。

表 9-3　洪水资料概况

流域名称	屯溪	呈村	月潭	东湾	栾川	潭头	县北沟	通关河	大阁
洪水场次	21	14	19	32	21	14	25	43	44
洪水年份	1982 ~ 2002	1990 ~ 1999	1982 ~ 2003	1961 ~ 2000	1961 ~ 2000	1961 ~ 2000	1983 ~ 2004	1971 ~ 2000	1964 ~ 2008
流域名称	戴营	下会	紫荆关	张坊	志丹	板桥	马渡王	张家口	
洪水场次	40	26	48	30	15	12	10	20	
洪水年份	1964 ~ 2002	1979 ~ 2006	1956 ~ 2004	1970 ~ 2005	2000 ~ 2010	2000 ~ 2010	2000 ~ 2010	1975 ~ 1985	

2. 典型流域 P + Pa ~ R 相关关系图的建立

根据计算得到的 P 、Pa 和 R ，以 R 为横坐标，P + Pa 为纵坐标在直角坐标系中点绘出典型流域的降雨径流相关点据，并做出各流域的降雨径流相关图。由于篇幅所限，这里只列举了部分流域的相关图。图 9-2 中实线为流域降雨径流相关图，虚线为 45°直线。

3. 精度评定

由表 9-4 可以看出，从湿润地区到干旱地区，径流量的相对偏差和相对平均误差呈现增大的趋势，说明单纯利用相关图方法进行洪水预报的效果会越来越差；实测径流量的变差系数也呈现增大的趋势，说明实测点据越来越离散。

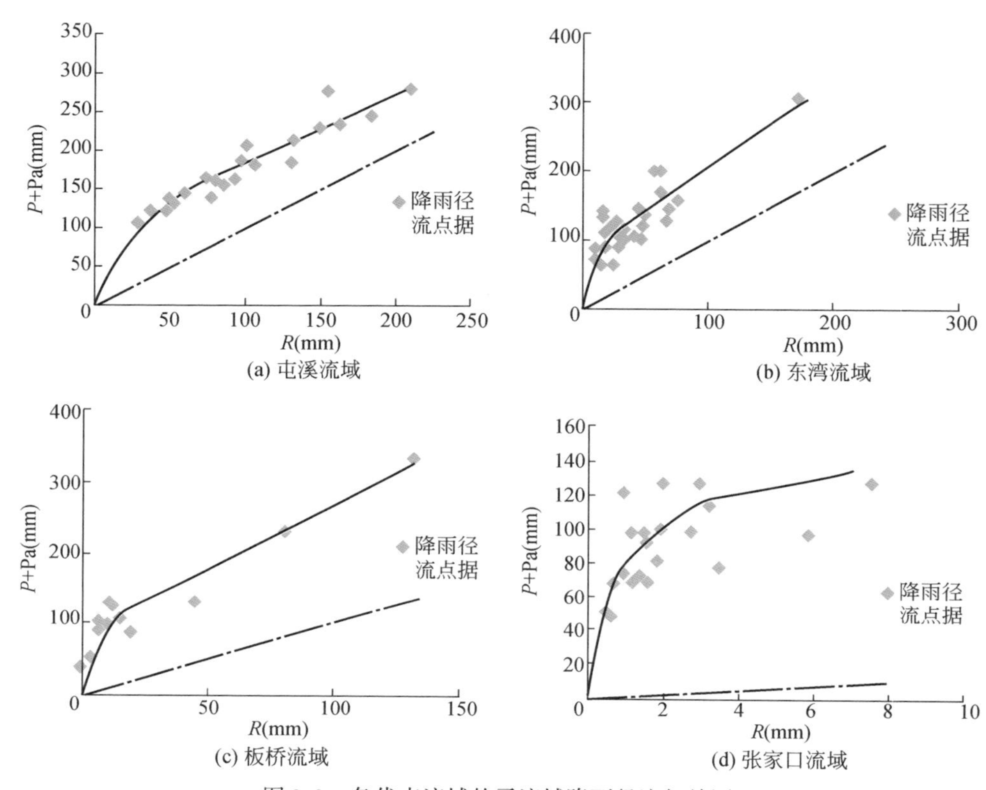

图 9-2　各代表流域的子流域降雨径流相关图

表 9-4　各个子流域降雨径流相关关系精度评定表

流域名称	屯溪	呈村	月潭	东湾	栾川	潭头	通关河	县北沟	大阁
合格率（%）	86	86	84	84	76	86	88	88	95
相对偏差（%）	-1	-3	-1	4	3	0	8	16	9
相对平均误差（%）	10	10	9	26	27	23	25	29	28
变差系数	0. 50	0. 35	0. 39	0. 76	0. 51	0. 59	1. 17	1. 52	1. 86
流域名称	戴营	下会	紫荆关	张坊	志丹	板桥	马渡王	张家口	
合格率（%）	90	85	77	77	100	83	70	85	
相对偏差（%）	8	11	13	11	10	3	-6	18	
相对平均误差（%）	34	50	35	32	35	15	18	60	
变差系数	1. 48	1. 15	2. 11	1. 40	0. 75	1. 37	0. 68	0. 82	

4. 不同下垫面条件下的降雨径流相关图

为了更好地对比不同地区的降雨径流关系，现将湿润、半湿润、半干旱和干旱地区代表流域的实测数据汇总在一张图上，如图 9-3 所示。对湿润、半湿润、半干旱和干旱地区而言，其降雨径流关系因为降雨空间分布和下垫面空间分布的不均匀在不同的流域表现出有很大差别。

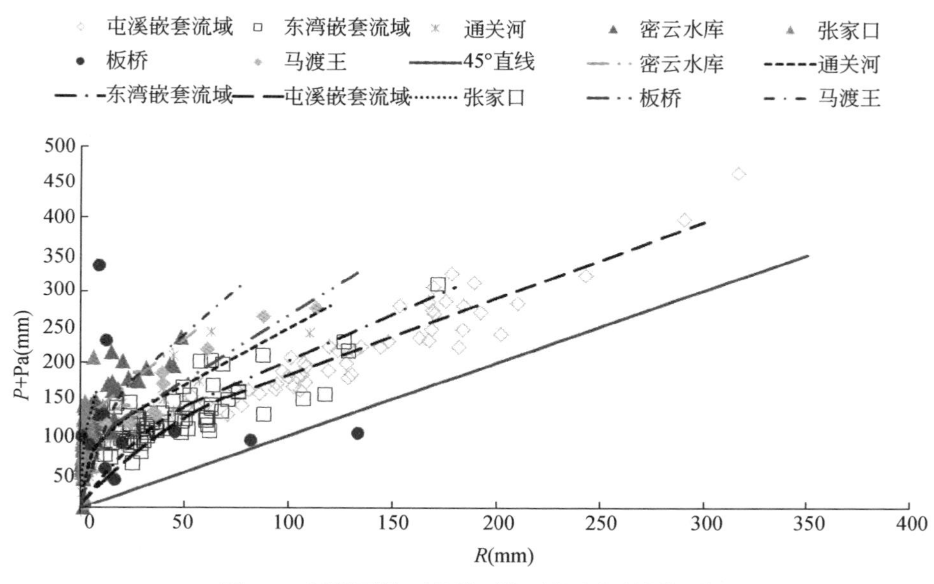

图 9-3　不同下垫面条件下降雨径流相关图汇总

9.1.4　应用实例

1. 湿润地区呈村流域

根据代表性原则和实际观测条件，本次研究在呈村流域选取呈村、汪村、左龙、大连、棣甸、用功城、冯村、田里、董坑坞、樟源口十个站点，流域内雨量站及其权重、位置情况详见表 9-5。根据在保证资料质量前提下尽可能选用较多场次雨洪的原则，选择 1986～1999 年的 17 次雨洪资料，计算其 P+Pa 值，查降雨径流相关图得出 R。

表 9-5　呈村流域雨量站及其权重、位置表

流域	站名	权重	位置	
			东经	北纬
呈村	呈村	0. 1	117°48′	29°43′
	汪村	0. 1	117°49′	29°38′
	大连	0. 1	117°51′	29°35′
	棣甸	0. 1	117°43′	29°39′
	用功城	0. 1	117°41′	29°37′
	冯村	0. 1	117°45′	29°36′
	田里	0. 1	117°48′	29°36′
	董坑坞	0. 1	117°40′	29°39′
	樟源口	0. 1	117°45′	29°38′
	左龙	0. 1	117°43′	29°36′

根据《水文情报预报规范（GB/T 22482—2008）》规范标准，对呈村流域的 P+Pa ~ R 相关图进行精度评定，评定结果详见表 9-6。

表 9-6　呈村流域降雨径流分析成果及精度评定表

序号	洪水起始时间	流域平均雨量 P（mm）	前期影响雨量 Pa（mm）	P+Pa（mm）	实测径流深（mm）	模拟径流深（mm）	径流深相对误差（%）	合格否
1	1988062103	104. 6	86. 5	191. 0	151. 0	161. 7	7. 09	√
2	1989052018	75. 9	23. 7	99. 6	95. 7	76. 9	−19. 64	√
3	1990061406	119. 3	50. 6	169. 8	114. 1	142. 3	24. 72	×
4	1991051822	153. 5	15. 9	169. 4	122. 6	141. 9	15. 74	√
5	1994060918	181. 2	5. 8	187. 1	157. 6	158. 1	0. 32	√
6	1995070103	157. 8	59. 8	217. 6	159. 6	179. 1	12. 22	√
7	1997051108	70. 3	48. 1	118. 5	89. 7	92. 7	3. 34	√
8	1998061016	90. 0	31. 7	121. 8	78. 8	94. 5	19. 92	√
9	1999041413	139. 5	37. 1	176. 6	125. 2	144. 5	15. 42	√
10	1999052116	231. 9	19. 0	250. 9	227. 1	216. 7	−4. 58	√

经评定，呈村流域 17 次洪水，合格场次 16 场，合格率为 94. 1 %，甲级精度。

2. 半干旱地区马渡王流域

根据代表性原则和实际观测条件，本次研究在马渡王流域选取马渡王、玉川、葛牌镇、龙王庙、罗李村、穆家堰、灞源、牧护关、牧护关、辋川十个站点，流域内雨量站及其权重情况详见表 9-7。根据在保证资料质量前提下尽可能选用较多场次雨洪的原则，选择 2000～2010 年的 10 次雨洪资料，计算其 P+Pa 值，查降雨径流相关图得 R 值。

表 9-7　马渡王流域雨量站及其雨量权重表

<table>
<tr><td rowspan="4">马渡王</td><td>站名</td><td>马渡王</td><td>玉川</td><td>葛牌镇</td><td>龙王庙</td><td>罗李村</td><td>穆家堰</td><td>灞源</td></tr>
<tr><td>权重</td><td>0.1</td><td>0.1</td><td>0.1</td><td>0.1</td><td>0.1</td><td>0.1</td><td>0.1</td></tr>
<tr><td>站名</td><td>牧护关</td><td>牧护关</td><td>辋川</td><td></td><td></td><td></td><td></td></tr>
<tr><td>权重</td><td>0.1</td><td>0.1</td><td>0.1</td><td></td><td></td><td></td><td></td></tr>
</table>

根据《水文情报预报规范》（GB/T 22482—2008）规范标准，对马渡王流域的 P+Pa～R 相关图进行精度评定，评定结果详见表 9-8。

表 9-8　马渡王流域降雨径流分析成果及精度评定表

序号	洪水起始时间	流域平均雨量 P（mm）	前期影响雨量 Pa（mm）	P+Pa（mm）	实测径流深（mm）	模拟径流深（mm）	径流深相对误差（%）	合格否
1	2000101008	86.0	36.0	122.0	18.5	15.8	-14.59	√
2	2001042008	32.7	28.3	61.0	4.1	6.1	48.78	×
3	2002060111	89.5	20.5	110.0	10.0	13.8	38.00	×
4	2003091408	115.4	67.6	183.0	28.8	27.7	-3.82	√
5	2004093001	48.0	66.0	114.0	11.1	14.4	29.73	×
6	2005092608	186.8	48.2	235.0	43.1	38.9	-9.74	√
7	2006092508	102.5	20.5	123.0	8.0	15.8	97.50	×
8	2007071302	88.8	74.2	163.0	18.7	23.1	23.53	×
9	2009082814	61.8	47.2	109.0	12.3	13.7	11.38	√
10	2010082002	95.1	40.9	136.0	21.9	18.2	-16.89	√

经评定，马渡王流域 10 次洪水，合格场次 8 场，合格率为 80.0%，乙级精度。

9.2 流域汇流预报

9.2.1 Nash 模型参数

纳什利用 n 个相互串联的等效“线性水库”来描述流域的调蓄作用，当系统输入为单位瞬时脉冲入流时，可得其瞬时单位线的数学表达式（9-3），此即为著名的 Nash 模型

$$u(0,\ t)=\frac{1}{k\Gamma(n)}\left(\frac{t}{k}\right)^{n-1}e^{-\frac{t}{k}} \tag{9-3}$$

式中，Γ 为伽马函数；n 相当于水库个数；k 为一个线性水库的蓄泻系数。

在实际应用中，需要将瞬时单位线转换成时段单位线，一般可利用 $s(t)$ 曲线。按照 $s(t)$ 曲线的定义，$s(t)$ 曲线等于瞬时单位线的积分，即

$$s(t)=\int_0^t u(0,\ t)\mathrm{d}t=\int_0^{\frac{t}{k}}\frac{1}{\Gamma(n)}\left(\frac{t}{k}\right)^{n-1}e^{\frac{t}{k}}\mathrm{d}\left(\frac{t}{k}\right) \tag{9-4}$$

那么，时段长为 Δt 的单位线为

$$u(\Delta t,\ t)=[s(t)-s(t-\Delta t)] \tag{9-5}$$

由此可见，$s(t)$ 曲线是线性水库个数 n 和相对时间 t/k 的函数。当 n 为正整数时，对式（9-4）进行积分，可推导出 $s(t)$ 曲线和纳什单位线的计算公式，利用该式可以方便地进行纳什时段单位线的手工计算和实现计算机编程。公式推导结果如下：

$$\begin{aligned}u(\Delta t,\ t)&=[s(t)-s(t-\Delta t)]\\&=e^{-\frac{t}{k}}\left[e\frac{\Delta t}{k}\sum_{i=1}^{n}\frac{1}{(n-i)!}\left(\frac{t-\Delta t}{k}\right)^{n-i}-\sum_{i=1}^{n}\frac{1}{(n-i)}\left(\frac{t}{k}\right)^{n-i}\right]\end{aligned} \tag{9-6}$$

式（9-6）是 n 为自然数、计算步长为 Δt 时的纳什时段单位线计算公式。

对参数 n 和 k 的推求一般是矩法初估，人工率定，这需要大量的实测水情资料。对于无资料或少资料的山区中小河流流域，无法通过足够的历史资料求得参数 n 和 k，可考虑利用地形地貌资料推求参数 n 和 k，以摆脱对实测水文资料的依赖。

9.2.2 地貌资料推求参数 n

Nash 模型瞬时单位线的数学表达式为

$$u(\mathrm{t})=\frac{1}{k(n-1)!}\left(\frac{t}{k}\right)^{n-1}e^{-t/k} \tag{9-7}$$

式中，$u(t)$ 为瞬时单位线在 t 时刻的纵坐标；n 为反映流域调蓄能力的参数，可

看成线形水库的个数；k 为线性水库的蓄泄参数。

对式（9-7）求时间 t 的一阶导数，得到以下方程：

$$\frac{\partial u}{\partial t}=\frac{1}{k^n\Gamma(n)}\left[(n-1)t^{n-2}\mathrm{e}^{-t/k}-\frac{t^{n-1}\mathrm{e}^{-t/k}}{k}\right] \tag{9-8}$$

单位过程线必然在洪峰时刻得到洪水峰值，从而在洪峰时刻的一阶导值必为 0，即 $\frac{\partial u}{\partial t}(t=t_{\mathrm{p}})=0$，有下面的结论：

$$u_{\mathrm{p}}t_{\mathrm{p}}=\frac{(n-1)^n\mathrm{e}^{(1-n)}}{(n-1)!} \tag{9-9}$$

式中，u_{p}为峰值；t_{p}为峰值出现时刻．

另外，Rodriguez-Iturbe 和 Valdez 在研究地貌瞬时单位线（Rodriguez-Iturbe and Valdez，1979；Beven et al.，1988）时，通过回归分析发现其峰值和峰现时间可表示为

$$q_{\mathrm{p}}=1.31\,R_{\mathrm{L}}^{0.43}v/L_{\Omega} \tag{9-10}$$

$$t_{\mathrm{p}}=0.44\,L_{\Omega}R_{\mathrm{L}}^{-0.38}(R_{\mathrm{B}}/R_{\mathrm{A}})^{0.55}/v \tag{9-11}$$

式中，R_{B}、R_{L}、R_{A} 分别为流域水系的分叉比、河长比和面积比，可由霍顿（Horton）的河数率、河长率和面积率分别求得；L_{Ω}为流域中最高级别河长的长度；v 为流域平均流速。

由式（9-9）~式（9-11）可以得到：

$$\frac{(n-1)^n\mathrm{e}^{(1-n)}}{(n-1)!}=0.58\,(R_{\mathrm{B}}/R_{\mathrm{A}})^{0.55}R_{\mathrm{L}}^{0.05} \tag{9-12}$$

由此可见，Nash 模型中的参数 n 是一个主要取决于流域霍顿地貌参数的汇流参数，它主要反映流域面积、形状和水系分布等对流域汇流的影响，而不宜简单地理解为线性水库的个数。对式（9-12）采用逐步逼近法求解即可得到参数 n。

9.2.3　地形资料推求参数 k

关于用地形资料推求参数 k 的问题，其实质是如何根据地形资料来确定平均汇流时间。为此，要首先确定流速沿水流方向的分布。根据不同级别河流的流速主要依赖于其地形坡度的事实，Agnese 等（1988）经过大量研究发现式（9-13）能够较好的反映流域汇流时间分布（Agnese et al.，1988）。

$$\tau=1-(1-\lambda)(1-\rho) \tag{9-13}$$

其中，$\lambda=(\sum_{j=1}^{n}\Delta l_j)(\sum_{j=1}^{J}\Delta l_j)^{-1}$，$\rho=[\sum_{j=1}^{n}(\Delta l_j P_J^{-0.5})][(\sum_{j=1}^{J})\Delta l_j P_J^{-0.5})]^{-1}$

式中，τ 为净雨质点自河源至下游某一断面的平均汇流时间与河源至流域出口断面的平均汇流时间的比值；Δl_j为河源开始划分的第 j 个子河段长度；p_j为第 j 个子

河段的平均坡度；J 为河源至流域出口断面的子河段总数；n 为河源至下游某断面的子河段数；l 为河源至下游某断面的河长；L 为河源至流域出口断面的河长。经过进一步分析还可以得到下面的关系：

$$\tau = \lambda^{1-m\lambda} \tag{9-14}$$

式中，m 为反映河道纵坡面特性的综合参数。

只要给出流域出口断面的流速，就可按照式（9-15）来确定 k：

$$k = \frac{\alpha L_{\Omega}}{n(1 - \lambda_{\Omega-1}^{1-m\lambda_{\Omega-1}})} v_{\Omega}^{-1} \tag{9-15}$$

式中，Ω 为流域的斯特拉勒（Strahler）级别，即河系中最高级别河流的级数；L_{Ω} 为河系中最高级别河流的长度；$\lambda_{\Omega}-1$ 为河源至 $\Omega-1$ 级河流末端处的 λ 值；v_{Ω}为流域出口断面的流速，一般由出口断面洪水过程线涨洪段的平均流速给定；α 为流域形心至流域出口断面的距离与流域长度的比值。

从式（9-15）可看出，参数 k 由最高级别河流河长、坡度参数及流速决定，而流速也与坡度有关，所以参数 k 可看成是水动力扩散系数。

9.2.4 应用实例

1. 湿润地区呈村流域

呈村流域邻近东南沿海，四季分明，气候温和，属亚热带季风气候区。呈村流域控制面积为 290km^2，地势南高北低，相对高差较大，平均海拔高程为 583m，流域河道平均坡度为 0.95%，最大汇流路径长度为 36km。流域内植被良好，雨量充沛，多年平均降雨量约为 2100mm，流域降水在年内年际分配极不均匀，为典型的湿润流域。该流域植被类型主要包括常绿针叶林、落叶阔叶林、混合林、森林地、林地草原、牧草地与作物地，土壤类型主要为黏壤土。

通过对 DEM 数据的处理，统计出呈村流域地貌参数见表 9-9。

表 9-9 呈村流域地貌参数

河流级别	河数	平均河长（km）	平均流域面积（km^2）	R_B	R_L	R_A
1	155	781.39	1.075 784	3.701	2.588	4.354
2	36	2 086.885	6.310 575			
3	9	5 572.795	29.713 5			
4	2	13 499.55	143.418 6			
5	1	3 041.909	289.056 6			

利用逐步逼近法求得参数 n 的值为 3。根据式（9-13）计算每条河流的 τ 和 λ，绘制出三条河流的 $\tau \sim \lambda$ 关系图，通过曲线拟合的方法，得到 m 值为 1.13。又知 α 为流域形心至流域出口断面的距离与流域长度的比值，经计算取 α≈0.45。v_Ω为流域出口断面的流速，一般由出口断面洪水过程线涨洪段的平均流速给定，计算公式如下：

$$\mathrm{v}_\Omega = \frac{\sum_{i=0}^{p-1}\left(\frac{v_i + v_{i+1}}{2}\right)(t_{i+1} - t_i)}{t_{\mathrm{p}} - t_0} \tag{9-16}$$

式中，t_i为涨洪段点的时刻；v_i为涨洪段 t_i时刻的流速；t_{p}为洪峰时刻；t_0为起涨点时刻。

将得到的 m、α、v_Ω及 $\lambda_{\Omega-1}$、L_Ω代入式（9-15），求得参数 k 值为 3.1。由此可以得到瞬时单位线，在实际应用时需用 S 曲线将 Nash 瞬时单位线转换为时段单位线，以方便使用。

利用 9.2 节绘制的呈村流域降雨径流，配合由地形地貌参数导出的 Nash 时段单位线，对呈村流域 1989～1999 年 10 场典型洪水进行模拟，模拟结果见表 9-10。

表 9-10　呈村流域应用结果

洪水起始时间	总雨量（mm）	模拟径流深（mm）	实测径流深（mm）	径流深相对误差（%）	实测洪峰（m³/s）	模拟洪峰（m³/s）	洪峰相对误差（%）	峰现误差（h）	确定性系数
1989041205	71.6	46.6	49.8	-6.43	216.4	215.3	-0.51	0	0.95
1989052708	88.2	71.0	77.8	-8.74	222.2	212.3	-4.46	-1	0.94
1990061405	110.3	83.2	79.8	4.26	453.5	449.4	-0.90	-1	0.90
1991041717	108.0	76.3	73.8	3.39	230.2	185.9	-19.24	0	0.91
1995052506	116.6	82.0	79.2	3.54	238.6	214.7	-10.02	0	0.91
1996060505	76.3	59.7	54.4	9.74	251.6	204.5	-18.72	1	0.89
1997051221	60.2	39.9	41.5	-3.86	186.9	189.8	1.55	-2	0.94
1998061806	120.3	83.9	101.6	-17.42	282.8	251.2	-11.17	-1	0.92
1999052316	78.0	61.2	54.8	11.68	169.0	177.2	4.85	0	0.97
1999082923	112.9	74.3	84.4	-11.97	183.2	171.4	-6.44	0	0.91

由表 9-10，模拟径流深、洪峰流量的合格率都达到了 90% 以上，达到了甲级精度，说明由地貌地形参数推导出的 Nash 时段单位线准确度高，可应用于实际预报作业。

2. 半干旱地区马渡王流域

马渡王流域属暖温带半湿润大陆性季风气候，四季冷暖干湿分明。夏季炎热、高温，常发生暴雨；秋季温和湿润，时有阴雨、秋淋，亦有秋旱出现。降水量由北向南逐渐增加，趋势明显，山区在 830mm 以上，台塬丘陵区为 710 ~ 830mm，川道平原区一般为 600 ~ 700mm。多年平均水面蒸发量为 776mm，干旱指数 1.6。流域暴雨有两种类型：一是锋面雨，历时长、强度均匀、笼罩面积大；二是雷暴雨，雨量集中、历时短、强度大、笼罩面积小，一次暴雨历时一般约为 24 小时左右，其主峰雨约为 6 小时。每年暴雨最早出现在 4 月，最晚可推迟至 10 月，但量级和强度较大的暴雨一般发生在 7 ~ 9 月。暴雨中心多集中在流域的中上游，流域平均降雨历时在 30 小时左右。

通过对 DEM 数据的处理，统计出马渡王流域地貌参数，见表 9-11。

表 9-11　马渡王流域地貌参数

河流级别	河数	平均河长（km）	平均流域面积（km^2）	R_B	R_L	R_A
1	271	1 139.953	1.157 523	4.153	2.584	4.768
2	58	2 463.931	6.950 359			
3	11	6 648.301	41.818 09			
4	3	19 220.27	167.275 8			
5	1	12 465.87	510.445 8			

利用逐步逼近法求得参数 n 的值为 3.1。根据式（9-13）计算每条河流的 τ 和 λ，绘制出三条河流的 $\tau \sim \lambda$ 关系图，通过曲线拟合的方法，得到 m 值为 1.09。又知 α 为流域形心至流域出口断面的距离与流域长度的比值，经计算取 $\alpha \approx 0.6$。v_Ω 为流域出口断面的流速，一般由出口断面洪水过程线涨洪段的平均流速给定，将得到的 m、α、v_Ω 及 $\lambda_{\Omega-1}$、L_Ω 代入式（9-15），求得参数 k 值为 4.6。使用时需用 S 曲线将 Nash 瞬时单位线转换为时段单位线。

利用 9.2 节绘制的马渡王流域降雨径流相关图，配合由地形地貌参数导出的 Nash 时段单位线，对马渡王流域 2000 ~ 2010 年 10 场典型洪水进行模拟，模拟结果见表 9-12。

由表 9-12，Nash 模型应用在马渡王流域，其模拟产流深达到丙级精度、洪峰流量达到乙级精度。考虑到马渡王流域属于半干旱半湿润地区，属于混合产流区。产流模式复杂；此外马渡王流域属于山区性流域，容易出现陡涨陡落的山洪。如果能够提高次洪划分工作的细致程度，并依据降雨历时、暴雨中心位置（偏前或者靠后）等对单位线细分，可以较好地提高预报精度。基于此，由地形地貌参数推求 Nash 单位线应用在半湿润半干旱流域同样可行。

表 9-12　马渡王流域应用结果

洪水起始时间	总雨量（mm）	模拟径流深（mm）	实测径流深（mm）	径流深相对误差（%）	实测洪峰（m^3/s）	模拟洪峰（m^3/s）	洪峰相对误差（%）	峰现误差（小时）	确定性系数
2000101008	86.0	15.8	18.5	-14.59	666.8	376.4	-43.55	-7	0.73
2001042008	32.7	6.1	4.1	-47.46	80.0	78.0	-2.50	0	-0.32
2002060111	89.5	13.8	10.0	-37.98	568.7	590.4	3.82	-5	0.27
2003091408	115.4	27.7	28.8	3.89	609.6	526.8	-13.58	6	0.93
2004093001	48.0	14.4	11.1	-29.57	575.0	643.9	11.98	-4	0.63
2005092608	186.8	38.9	43.1	9.85	793.0	480.3	-39.43	-6	0.73
2006092508	102.5	15.8	8.0	-97.40	259.6	267.0	2.85	1	0.21
2007071302	88.8	23.1	18.7	-23.55	320.3	383.6	19.76	6	0.60
2009082814	61.8	13.7	12.3	-11.91	602.5	592.2	-1.71	-5	0.57
2010082002	95.1	18.2	21.9	16.74	506.4	256.0	-49.45	10	0.66

9.3　小　　结

本章研究了 API 模型在无资料地区的应用，首先在全国范围内选取了涉及湿润、半湿润、半干旱及干旱地区几个典型流域，对降雨径流关系进行区域规律分析；然后根据地形地貌资料推求 Nash 单位线参数 n、k；最后构建 API 模型对湿润流域呈村和半湿润半干旱流域马渡王进行洪水模拟。主要结论如下。

1）对湿润、半湿润、半干旱和干旱地区而言，因为降雨空间分布和下垫面空间分布的不均匀，导致其降雨径流关系在不同的流域表现出有很大差异。从湿润地区到干旱地区，径流量的相对偏差和相对平均误差呈现增大的趋势，说明简单采用降雨径流相关图方法进行预报的效果会越来越差；实测径流量的变差系数也呈现增大的趋势，说明实测点据越来越离散。

2）由地形地貌资料推导出的 Nash 单位线具有实用性，在湿润流域 API 模型的模拟效果较好。对半湿润流域应用 API 模型进行次洪模拟，模拟结果不理想。原因是半湿润地区的产流机制更复杂一些，单纯地利用集总式黑箱子模型对次洪的产流和汇流进行模拟，很难达到理想的效果。在实际应用过程中，需要依据降雨强度、暴雨中心等次洪特征对 Nash 单位线进行细分，以期达到理想的预报效果。

3）现在的水文研究更注重土地覆被的变化对水文过程的影响。随着遥感技术的不断发展，人们可以获得更为丰富的土地覆被信息以弥补水文站点不足带来的资料空白。相应地，当今无资料地区的水文模型不能再和从前一样只注重流域的地形、河网特征，不能只把大气降水认为是水文模型的一个单向输入源，应朝能够充分利用数字高程模型（DEM）、地表覆被变化、土壤含水量等多源信息，能够耦合气象模型中的陆面过程，形成土壤、地表植被、大气三者有机结合的水文模型方向发展。

参考文献

包为民. 2009. 水文预报. 北京：中国水利水电出版社.

芮孝芳. 2013. 产流模式的发现与发展. 水利水电科技进展，33（1）：2-5.

叶守泽，詹道江. 2009. 工程水文学. 北京：中国水利水电出版社.

赵人俊. 1984. 流域水文模拟. 北京：水利电力出版社.（Zhao R J. 1984. Hydrological Simulation of Watershed. Beijing：Water Resources and Electric Power Press.

Agnese C，Asaro F D，Giordano G. 1988. Estimation of the time scale of the geomorphologic instantaneous unit hydrograph from effective streamflow velocity. Water Resources Research，24（7）：969-978.

Beven K J，Wood E F，Sivapalan M. 1988. On hydrological heterogeneit catchment morphology and catchment response. Journal of Hydrology，100：353-375.

Linsley R K，Jr，Koheler M A，et al. 1982. Hydrology for Engineers. McGraw-Hill Book Company.

Rodriguez-Iturbe，Valdez. 1979. The geomorphologic structure of hydrologic responses. Water Resources Research，15（6）：1409-1420.

第10章　水文集合预报应用

10.1　概　　述

传统水文预报注重对水文物理过程的机理与规律的研究，然而由于自然界水文物理过程复杂多变，水文模型结构千差万别、模型参数难以精确量化，传统水文预报模型的研究对水文变量的预报精度提高十分有限。除此之外，水文预报模型对不确定性因素的分析不足或欠缺，也往往导致水文变量预报信息的丢失，且无法满足用户对于防洪减灾风险信息的需求。研究实时校正、集合预报等数学方法在水文领域的应用，分析水文预报各种来源的不确定性程度，对于完善洪水预报理论、提高预见期内的洪水预报精度，进而为防洪减灾提供科学依据有重大的理论价值和现实意义。

实时校正与集合预报均是常用于水文预报结果后处理方法。虽然两类方法的理论基础均为水文模型的不确定性的客观存在，但实时校正方法的重点在于对模型参数或模型预报结果的修正，使其更符合客观实际。实时校正是提高洪水预报精度的有效途径，最早见于预报员手工修正预报值的过程，随着计算机技术的提高与算法的进步，实时校正方法逐渐实现自动化、智能化。误差自回归、卡尔曼滤波、集合卡尔曼滤波、人工神经网络等方法都曾用于水文模型实时校正（Beven，2002；Todini 2005）。由于篇幅所限，本章主要介绍我们基于数据挖掘智能化理论而提出的 k-最近邻实时校正法。

水文集合预报是一种既可以给出确定性预报值，又可以提供预报值不确定性信息的概率预报方法（丛树铮，2010）。相对于传统单一的确定性预报模型，水文集合预报能够降低洪水预报不确定性，给出更多的预报信息，降低防洪风险。根据集合预报结果是否包含预报变量的概率分布信息，可将其分为两类：一类是多种模型预报结果的组合，另一种是具有概率性质的集合预报（Cloke and Pappenberger，2009）。贝叶斯模型平均法以贝叶斯公式为基础，依据先验信息中多模型预报结果与实测数据之间的映射关系，估计预报变量的后验概率分布，实现对多种水文模型结果的集合（Duan et al.，2007）。

除采用实时校正或集合预报方法降低洪水预报不确定性影响之外，水文预报不确定性的定量分析也是本领域的研究重点。水文预报不确定性来源众多，主要包括水文气象资料、水文模型结构以及模型参数等因素。Beven 和 Binley 于 1992 年提出的普适似然不确定性估计方法（generalized likelihood uncertainty estimation，GLUE）及 Leamer（1978）提出的贝叶斯水文预报理论均是当前流行的不确定性分析方法。本章所涉及的水文模型不确定性研究，侧重于对模型参数不确定性分析，主要介绍 GLUE 方法用于新安江模型参数不确定性研究。

10.2　集合预报

水文模型是对复杂水文物理过程的概化，每个水文模型都有各自所擅长与局限之处，单一模型不可能始终提供优于其他模型的预报结果。因此，综合不同的模型预报结果，可以发挥各个模型的优势，提高预报结果的精度，降低由于模型选择等因素导致的预报结果不确定性。在过去的几十年里，综合不同模型进行预报的方法越来越受欢迎，如采用简单平均或加权平均方法对多个水文模型的预报值进行后处理，从而得出水文变量的综合预报结果。简单平均方法（SAM）（Dickinson，1975）和加权平均方法（WAM）（Makridakis and Winkler，1983）也被用于处理时间序列数据，并证明多模型综合能够提供比单一模型更为可靠的结果。Monomoy 和 Kieran（and Kieran2007）分别使用三种综合预报方法（SAM、WAM 和神经网络方法）去处理五个水文模型的预报结果。他们的试验结果表明三种多模型组合预报方法均表现较好，基于神经网络的多模型综合预报方法精度更高。

然而考虑到水文模型的参数、输入数据、边界与初始条件等具有随机性，仅仅给出各模型以及模型综合预报结果并不能够定量描述水文预报的不确定性。贝叶斯理论能够满足人们对于预报不确定性定量描述的要求。Leamer（1978）最早的将贝叶斯理论引入到多模型集合预报，提出了 Bayesian Model Averaging（BMA）模型，并指出 BMA 能够处理模型选择所带来的不确定性，避免过分依赖某单一的所选模型所带来的计算误差。随着算法的进步与计算机性能提高，BMA 模型开始被更多人所关注。George（1999）在其综述文章中介绍了基于贝叶斯理论的模型选择方法，并将 BMA 模型用做决策方法。Raftery 等（et al.，2005）将 BMA 方法并成功应用于天气集合预报。水文工作者也逐渐开始关注 BMA 方法，并将其 作为研究水文现象的一种工具。段青云等（Dun et al.，2007）将 BMA 用于水文模型的不确定性分析。相对于单一确定性水文模型，BMA 方法具有以下优点：①无需事先选定最优模型；②可以提供对洪水预报结果的概率描述。BMA 方法通过对历史数据的统计分析，计算各单一模型为最优的概率，并能提供预报结果的概率分布。

与 SAM、WAM 和神经网络方法不同，BMA 中的权重概念实际上是单个模型为最优的后验概率，用于描述某模型的相对优劣程度。BMA 还提供了模型预报结果的方差与均值用于描述预报结果的不确定性。该方法在运算过程中，首先求取各单一模型为最优的概率以及每个单一模型预报结果的后验概率分布；然后通过蒙特卡罗过程大量采样计算预报变量可能的预报结果，这些可能的预报结果被认为服从预报变量的后验概率分布，其统计特征值可以用作概率预报结果发布。BMA 对预报结果不确定性描述，为实际的洪水管理决策提供对洪水预报不确定性的定量描述，有利于降低洪水预报风险。

10.2.1 贝叶斯模型平均法理论基础

BMA 方法是利用贝叶斯理论，考虑模型本身不确定性的统计分析方法。该方法以单个模型为最优的后验概率作为权重，根据各模型预报值获取实测值可能的分布特征，从而获得预报变量后验概率分布。

以流量 Q 作为预报变量，T_{obs} 表示预报时刻之前的实测流量数据。设有 m 个单一的洪水预报模型，某时刻的最优模型为 M，则模型 j 为最优的概率为 $p(M=j \mid T_{obs})$，$j=1, 2, \cdots, m$。根据贝叶斯理论，流量预报值 Q 的后验概率分布为

$$p(Q \mid T_{obs}) = \sum_{j=1}^{m} p(M=j \mid T_{obs})\, p(Q \mid M=j, T_{obs}) = \sum_{j=1}^{m} \omega_j p(Q \mid M=j, T_{obs}) \tag{10-1}$$

式中，$p(Q \mid M=j, T_{obs})$ 为在给定数据集 T_{obs} 和最优模型为 j 的条件下，预报变量 Q 的后验分布，ω_j 表示模型 j 为最优的概率或模型 j 的权重值（$\omega_j = p(M=k \mid T_{obs})$，$0 < \omega_j < 1$，$\sum_{1}^{m} \omega_j = 1$）。由于模型结构等不确定性的存在，事先并不知道哪个模型为最优模型，需要根据已知的实测与预报序列计算得出其为最优的概率。

10.2.2 贝叶斯模型平均法的实现

根据概率分布的描述方法的不同，BMA 方法通常需要以马尔可夫链蒙特卡尔理论（Markov chain Monte Carlo，MCMC）或高斯混合模型等方法去描述预报变量的概率分布。考虑到 MCMC 方法计算量偏大，一般不满足实时洪水预报要求，因此推荐采用以高斯混合模型为基础的 BMA 方法。构建 BMA 的集合预报方法，需要如下步骤。

1）获得实测与预报流量过程的边缘概率密度；

2）将原始数据转换至正态空间中，构建高斯混合模型；

3）利用期望最大化算法求解高斯混合模型参数；

4）采取蒙特卡罗方法大量采样，获得预报时刻流量值的后验概率分布，其均值与90%置信度的预报结果被用作集合预报结果发布。各步骤详细描述如下。

（1）估计边缘概率密度

贝叶斯理论以概率的形式描述变量的值以及其不确定性，并以先验概率与后验概率分别表示由已知资料统计直接得到和经BMA计算得到的预报变量的概率分布。在应用BMA进行集合预报之前，需要根据现有数据统计得到预报值与实测值所服从的概率分布。统计实测与预报数据的概率分布时，首先将时间序列按照从小到大顺序排序，然后采用如下方法计算变量各值对应的分布概率（葛吉琦，2008）：

$$p_i = F(Q \geqslant q_i) = \begin{cases} (i - 0.35)/N, & i = 1 \\ (i - 0.3)/(N + 0.4), & i = N \\ i/(N + 1), & 1 < i < N \end{cases} \tag{10-2}$$

式中，i 为排序后当前值所在序号；N 为样本总数；p_i 为对应流量值的统计分布概率；q_i 为序列号为 i 的流量值。由此得到水文变量的概率分布的离散描述。三参数威布尔分布常被用于描述水文中流量的概率分布，其概率分布函数的公式如下：

$$WB(Q;\ \delta,\ \beta,\ \zeta) = 1 - \exp\left(-\left(\frac{Q - \zeta}{\beta}\right)^{\delta}\right),\quad \zeta < Q < +\infty \tag{10-3}$$

式中，δ 为形状参数；ζ 为位置参数；β 为尺度参数。目前常用的威布尔三参数的求解方法有：概率权重法、极大似然法、相关系数法、灰色估计法等。概率权重法不适用于采样样本较少的情况；灰色估计法需要用到逆矩阵计算，因此当采样样本较多时，该方法实用性能差；极大似然方法需要迭代求解三个超越方程，计算量大（严晓东等，2006）。而相关系数法计算量相对较低，且原理简单、参数求解精度较高（赵冰锋和吴素君，2008），推荐采用该方法求解威布尔三参数。

（2）构建高斯混合模型

应用正态分位数转换（normal quantile transform，NQT）方法，将服从三参数威布尔分布的实测与预报时间序列转换至标准正态空间中（Kelly and Krzysztofowicz，1997）：

$$\begin{cases} D_{i,j}^{S} = G^{-1}[WB_j^S(Q_{i,j}^S)] & i = 1,\ 2,\ 3,\ \cdots,\ N;\quad j = 1,\ 2,\ \cdots,\ m \\ D_i^O = G^{-1}[WB_j^O(Q_i^O)] & i = 1,\ 2,\ 3,\ \cdots,\ N \end{cases} \tag{10-4}$$

式中，j 表示模型序号；m 为集合预报成员（单一的预报模型）数目；D^O 与 D^S 分别表示正态空间中的实测与预报值；G 表示正态分位数转换方法。假设正态空间中实测流量与各模型的预报流量值存在如下线性关系：

$$D_i^O = a_j D_{i,j}^S + b_j + \xi_j,\ (i = 1,\ 2,\ \cdots,\ N;\ j = 1,\ 2,\ \cdots,\ m) \tag{10-5}$$

式中，a，b 为系数；$\xi_j \sim \mathrm{N}\ (0,\ \sigma_j^2)$ 为服从正态分布的残差系列。正态空间中，在已知模型 j 为最优的前提下，实测序列服从如下分布：$D^O \mid M = j,\quad T_{\mathrm{obs}} \sim \mathrm{N}$ $(a_j D_{i,j}^S + b_j,\ \sigma^2)$，则正态空间下实测序列的后验概率分布可表示为

$$p(D^O \mid T'_{\mathrm{obs}}) = \sum_{j=1}^{m} \omega_j p(D^O \mid M = j,\ T'_{\mathrm{obs}}) = \sum_{j=1}^{m} p(M = j \mid T'_{\mathrm{obs}}) p(D^O \mid M = j,\ T'_{\mathrm{obs}}) \tag{10-6}$$

式中：T'_{obs} 为正态空间下的实测数据集，a_j、b_j、ω_j、σ_j 是高斯混合模型的未知参数。由于式（9-6）通过概率反映不同的高斯成分在水文模型组合中所起的作用，因此被称作高斯混合模型。

（3）估计高斯混合模型参数

期望最大化算法（expectation-maximization algorithm，EM）作为一种统计学中重要的参数估计方法，是根据已有的不完整数据集，借助隐藏变量，估计未知变量的迭代技术。EM 算法与极大似然估计（maximum likihood estimation）方法相比其算法复杂程度较小，而且性能相当。EM 算法初始化后，经期望步（E 步）与极大化步（M 步）迭代运算直至似然函数值的变化幅度小于预先设定的阀值或满足其他收敛条件，此时得到的 a_j、b_j、ω_j、σ_j 值被认为满足算法要求。限于篇幅，似然函数的选取以及 EM 算法实现细节请参考（Raftery et al；.，2005；戴荣，2008）。

（4）抽样计算预报变量的后验分布

采用蒙特卡罗组合抽样方法获取预报时刻预报变量的后验分布情况，计算步骤如下。根据各模型权重值，随机采样一次获得可能最优模型为 j。将模型 j 在预报时刻的预报值 $Q_{i,j}^S$ 代入其威布尔分布函数得到其对应概率值，然后由 NQT 方法将 $Q_{i,j}^S$ 转换至正态空间。在正态空间下，实测序列中预报变量值服从期望为 $(a_j D_{i,j}^S + b_j)$、方差 σ_j^2 的正态分布。随机采样获得正态空间下预报变量值及其对应的概率。该概率值代入实测序列的威布尔分布函数，然后经逆运算得到对应原始空间下实测序列的预报变量值。重复以上步骤 L 次，进行大量采样获得预报变量可能的概率分布情况，其平均值可以作为 BMA 确定性预报结果发布。将这些值按照从小到大的顺序排列之后，在 0.05 与 0.95 分位数上的值被认为是 90% 置信度的置信上限、下限，可以作为 BMA 集合预报 90% 的置信水平的概率预报结果发布。BMA 模型的运算流程描述图 10-1 所示。

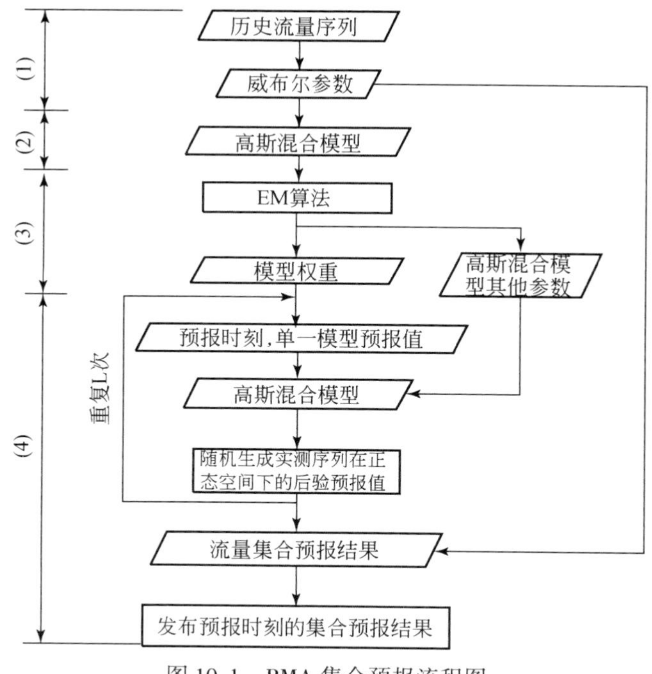

图 10-1　BMA 集合预报流程图

10.2.3　贝叶斯模型平均法应用示例

流域水文模型是洪水集合预报系统的核心。由于集合预报未限制采用何种水文模型，因此这里选用当前较为流行的新安江模型与经验方法。

新安江模型是由河海大学赵人俊（1984）在对新安江水库做入库流量预报时提出来的概念性流域水文模型，模型在湿润和半湿润地区计算精度较高，以下简称新安江模型预报方案为模型方案。

经验方法即先采用 P+Pa ~ R 预报降雨过程，然后用单位线预报汇流过程的方法。根据降雨径流相关图计算得到径流量，进行汇流演算，叠加上基流之后得到流域洪水预报流量过程线。经验方法虽然简单实用，但是其计算方法不严密，无法对洪水过程进行预报，且受到预报结果不可靠、外延性差等问题影响，以下简称经验方案。

（1）研究区域和数据介绍

本节的试验流域与实测数据均来自于淮河流域王家坝水文站以上流域（图 10-2）。王家坝水文站的预报需要考虑，王家坝水文站以上息县、班台、潢川、北庙集（以下简称“四站”）四个上游流域，并需要考虑区间产汇流的影响。淮河流域洪水预报王家坝水文站是淮河上游流域极为重要的水文站点，其下游河道较为顺直、而且人口稠密、经济较为发达，因此必须要有足够准确的洪水预报与充分的预报信息，为防洪决策提供可靠的流量、水位预报信息。

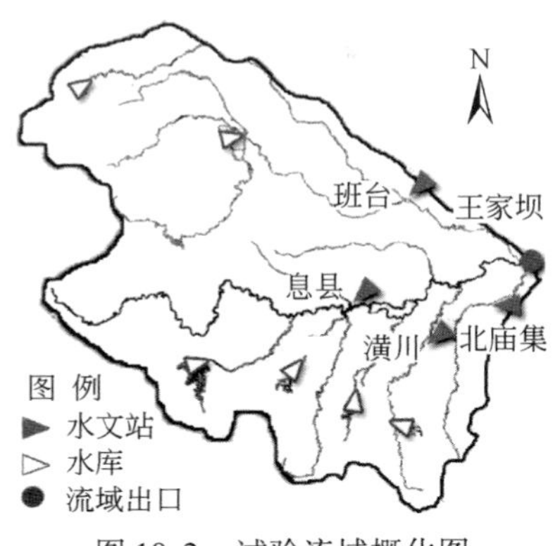

图 10-2　试验流域概化图

由于四站分别有实测方案与模型方案两种来水方案，而区间有模型方案与经验方案两种方案，因此王家坝水文站的洪水预报有四种预报方案。采用以 2003 ~ 2005 年的历史洪水资料率定新安江模型与经验模型，然后将所得到的模拟序列与实测序列一起用于求解 BMA 方法中的各参数值。挑选 2005070608 ~ 2005072108 这场洪水模拟进行洪水预报（时间步长为 6 小时），然后采用 BMA 集合预报方法综合四种预报方案的预报结果，计算得到王家坝水文站流量过程的均值预报以及概率预报结果。

（2）BMA 参数估计

将高斯混合模型参数分别赋予初值：$\omega = 1/m$，a、b、σ 由最小二乘法计算得到。以上参数初值代入 EM 算法中迭代计算，设定当连续 5 次似然函数改进率小于 0. 1% 或迭代超过 1000 次时迭代终止。在 EM 算法迭代过程中似然函数由 −18. 92变化到 49. 11，计算得到高斯混合模型参数 a、b、ω、σ，见表 10-1。

表 10-1　BMA 中参数估计值

方案	权重	a	b	标准差	备注
方案 1	0. 3335	0. 8157	−0. 0105	0. 0373	四站实测；区间经验
方案 2	0. 4469	1. 3148	−0. 1878	0. 0583	四站实测；区间模型
方案 3	0. 1343	0. 6837	0. 3478	0. 0576	四站模型；区间经验
方案 4	0. 0852	1. 3095	−0. 7403	0. 1743	四站模型；区间模型

从表中可以看出，方案 2 的权重值为 0. 4469，明显大于其他三个模型的权重值。表明在本场洪水中，方案 2 有更大的概率为最优预报模型；四站采用实测流量过程，区间采用新安江模型预报结果的预报方案能够取得较好的预报效果，更适合于对王家坝水文站的洪水预报。单一预报结果的方差值反映正态空间中实测与预报序列的相关性，方差值越小，表明两者线性关系的残差量级越小，相关性越好。方案 4 的标准差为 0. 1743，大于其他三种方案的标准差值，可以认为该方案的预报结果与实测值的相关性较差，采用该模型的预报结果不确定性较大。

以方案 1 为例，将其在高斯混合模型中的各参数归一化到（0，1）区间，似然函数与各参数迭代过程如图 10-3 所示。

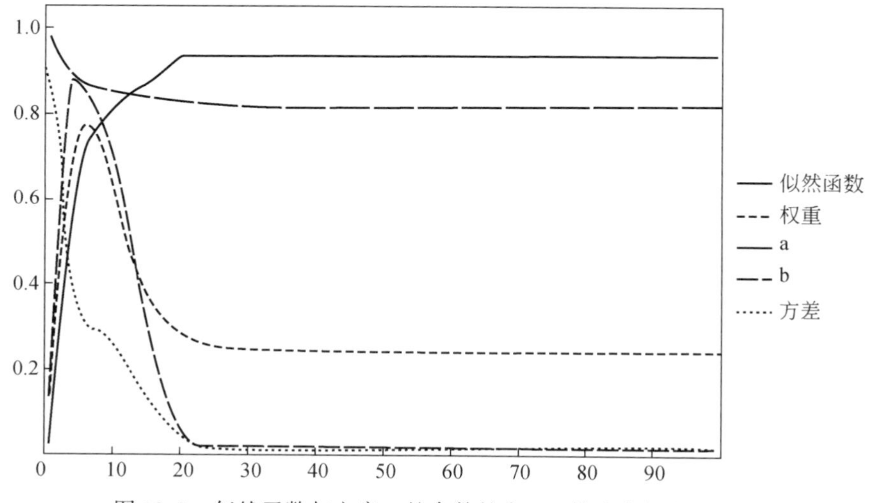

图 10-3　似然函数与方案 1 的参数的在 EM 算法中的变化过程

如图 10-3 中所示，在迭代进行到第 30 个循环时，似然函数值、方差以及亚高斯模型各参数值不再有明显变化，EM 过程进入稳定收敛状态，说明 EM 方法计算效率高。

（3）洪水模拟结果评价

选择确定性系数作为精度评价指标，考察四种方案以及 BMA 均值预报结果的精度。对于 2005070608 ~ 2005072108 该场洪水，统计得到各方案与 BMA 均值预报结果的确定性系数分别为 0. 8300、0. 8966、0. 5806、0. 8826 与 0. 8734。BMA 均值预报结果与四种方案中精度较高的模型预报精度相当。考虑到使用 BMA 集合预报可以避免过分依赖某单一预报方案而造成的风险，因此 BMA 集合预报的均值预报结果是比较优秀的。

图 10-4 展示了 BMA 均值、90% 置信度的概率预报与实测、单一预报方案预

报结果对比的结果。

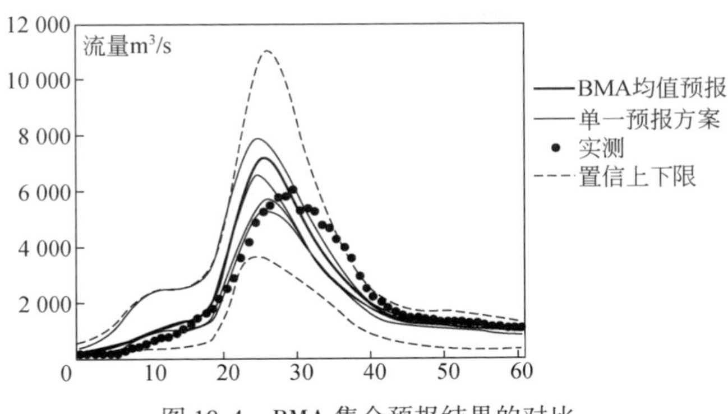

图 10-4　BMA 集合预报结果的对比

常见的概率预报结果评价指标有覆盖率、平均带宽、平均偏移程度等（Xiong et al. 2001）。覆盖率（f）为落在置信区间内实测点据数目与实测点据总数的比值，覆盖率越大表明实测点落在置信区间内的数量越多，预报结果的不确定性越小。本场洪水模拟中，BMA 集合预报结果的覆盖率为 $f=58/61=0.9508$，说明王家坝站的实测流量数据有 95.08% 落在 BMA 的 90% 置信区间内。对比图 10-4 中实测与 90% 置信区间可发现，除在洪峰之后落水段的部分数据大于 BMA95% 分位数预报结果以外，大部分实测数据均落在 BMA90% 置信区间之内。考虑到 BMA 集合预报需要依赖于原始的单一模型预报结果，由于四种方案预报的峰后落水段位置普遍比实测值偏小，因此 BMA 在这个位置的 95% 置信上限预报结果略小于实测值的情况被认为是可以接受的。另外，在峰前以及洪峰附近位置，BMA 的概率预报结果能够把全部的实测流量数据包络在其 5% 的置信下限与 95% 的置信上限之内，这证明应用 BMA 进行集合预报能够提供较高置信度的预报信息，能够显著降低洪水预报不确定性。

综上，本节利用 2005070608 ~ 2005072108 这洪水进行模拟预报，对 BMA 均值预报与各方案洪水预报结果进行对比，然后对 BMA90% 置信度的概率预报结果做了评价与讨论。模拟结果验证了 BMA 集合预报不仅可以提供精度较高的确定性均值预报结果，更可以在较高的置信水平上提供预报值概率分布的描述。BMA 集合预报方法可以应用与任何形式的多模型综合问题，本节采用新安江模型与经验方法构建的四种预报方案用于集合预报，仅仅是作为示例，读者可以依据洪水预报的实际需要引入其他形式的水文模型作为集合预报成员，以获得更为可靠的预报结果。

10.3 实时校正

实时校正方法是指在实时洪水预报系统中，每次预报发布之前，根据当前实测信息，结合历史实测与预报信息，对模型的结构、参数、状态变量或预报结果进行修正，使其更符合客观实际，以期提高预报精度。实时校正是实时洪水预报系统不可缺少的环节，其校正能力的强弱对预报精度有重大影响（朱华，1993）。

实时校正方法的往往针对水文模型输入数据、模型结构、状态变量、模型参数以及预报结果等因素中的一种或多种进行实时修正。对输入数据的校正主要包括：降水量、温度，一般需要经过迭代与试错过程实现。该类校正方法的一般实现步骤为：①计算预报误差；②比较预报误差与许可误差阀值，若预报误差小于该阀值，则校正结束；③否则，修正输入数据；④利用修正后的输入数据，重新预报计算，并计算新的预报误差值。需要注意的是，对输入数据的校正，往往会使得模型状态变量同时被校正，进而达到与模型状态变量校正相似的效果。模型状态变量校正方法，主要是指对土壤含水量等变量的校正。卡尔曼滤波（Kalman filter，KF）方法是其中常用的一类数学方法，KF 本身要求将非线性的水文模型线性化以构建状态、量测方程，而且 KF 的噪声特征估计值对其性能影响较大。1994 年 Evensen（1994）提出集合卡尔曼滤波（Ensemble Kalman filter，EnKF）方法，该方法在海洋流场模拟、天气预报等方面获得大量的研究与较多的应用。EnKF 方法通过评估集合预报结果的发散程度来估计误差协方差矩阵，能够较好地解决非线性动态系统时变误差估计的问题。Panzeri 等（2015）改进了传统 EnKF 方法用于校正地下水水头与流量，并取得较好的模拟效果。然而在 Panzeri 等的文章中，也指出传统 EnKF 本身是蒙特卡罗过程，采样过程效率较低，且其表现受近亲繁殖问题影响。Clark 等（2008）研究了 EnKF 用于校正水文模型状态，试验结果显示由于量测向量与模型状态之间依然是非线性关系，传统的 EnKF 的使用效果受到限制。

对预报结果的校正方法的主要校正对象包括流量、水位与洪量等。误差自回归（auto regressive，AR）方法是其中常用的一类数学方法。基于预报误差时序相关的假设，该方法构建预报误差的回归方程，将计算得到的预报误差值加上原始预报结果得到最终的校正值。在实际应用中常会采用预报时刻之前一段时间的预报误差值求解回归方程系数，进而实现对预报时刻预报误差的估计。然而在洪峰部位以及洪水状态发生突变的其他部位，AR 方法计算结果不稳定。基于 BPNN（back propagation neural network）的实时校正法则受困于局部最优解、收敛速度缓慢、泛化能力差等方面问题。非参数的 KNN（*K*-nearest neighbor）回归分析方法是在机器学习、天气预报等领域获得了推广应用的一种数学统计方法。相对于 AR 与 BPNN 等传统方法，KNN 方法无需精确求解输入–输出关系，因此无需如自回归模型求解回归系数，亦无需像 BPNN 方法构建专门的网络结构并计算神经元节点之间权重。KNN 方法依赖于从历史数据库中匹配得到的少数几个训练样本，通过评估所选样本中各自的特征向量与预报时刻特征向量之间的距离，对所选样本中的预报变量值反距离加权得到预报时刻预报变量值的估计。1987 年 Karlsson 和 Yakowitz（1987）将 KNN 用于降雨径流预报。他们的试验结果表明，KNN 能够取得比 ARMA（auto-regressive moving average）模型更精确的预报结果。2012 年 Liu 等尝试将 KNN 用于洪水预报实时校正中，并将 KNN 校正法与 AR、BPNN、KF 常规校正方法对比（刘开磊等，2012a；2012b）。研究结果表明 KNN 校正方法能够准确的估计流量的预报误差，从而获得比以上三种常规校正方法精度更高的校正效果，且在洪峰附近位置校正效果稳定。

10.3.1　基于 *K*-最近邻的实时校正方法

基于 KNN 的实时校正法，是对预报结果进行修正的校正方法，它采用 KNN 算法从历史资料中寻找与当前洪水状态最为相似的 K 段洪水过程，并对每段洪水过程相应的 K 个预报误差进行加权得到当前预报时刻预报误差的估计值，预报时刻的预报误差与原始预报值的和就是最终的校正结果。KNN 是近几年来在气象数值预报使用中颇为成功的一种方法，它仅仅依靠已经积累的、包含系统潜在关系的大量数据对目标状态进行估计，不需要建立相关的模型，不需要对模拟过程的先验知识。基于 KNN 的分析方法，很大程度上可以看做是一种历史匹配方法。洪水演进过程中相近的河道状况及相似的天气条件下往往会产生相似的洪水过程和模拟误差，这使得 KNN 技术有可能在洪水预报中发挥作用。KNN 方法将每个时刻的预报与实测数据当作样本，依据样本的特征向量之间的距离，评估样本彼此之间的相似程度，距离较近者被认为相似程度较高。与预报时刻的特征向量较近的历史样本，其洪水状态被认为与预报时刻洪水状态相似，可以用于预报时水文变量预报的参考。

图 10-5 展示了 KNN 算法的基本原理流程，基于 KNN 的实时校正需要按照以下步骤进行。

（1）更新历史样本库

$t+l$（t 为预报开始执行时刻，l 为校正算法的预见期长度）时刻洪水预报完成之后，实测期内每个时刻的实测、预报数据与相应的特征向量更新存放于历史样本库中。对于模拟进行洪水预报来说，一般取一场洪水的前 30% 用于累积历史样本。

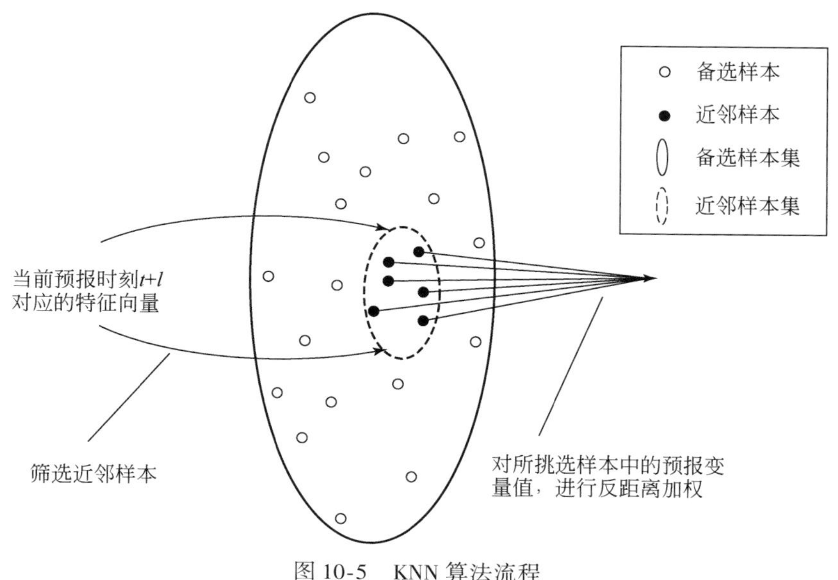

图 10-5　KNN 算法流程

（2）匹配近邻样本

将预报时刻特征向量与历史库中各样本的特征向量逐一对比，计算其欧式距离用于评价历史样本的匹配程度，按照距离由小到大的顺序对样本进行排序。距离最小的 k 个样本被认为是对当前洪水预报最具参考价值的样本，或称为最近邻居。基于误差回归分析的思想，KNN 校正算法假设预报时刻误差值与实测期的预报误差之间有一定程度相关关系，有如下方程：

$$p_{t+l} = f(p_t,\ p_{t-1},\ \cdots,\ p_{t-\theta+1}) \tag{10-7}$$

式中，p_t 为 t 时刻预报误差值；θ 的值表示实测期内最近的 θ 个预报误差值与当前预报时刻的预报误差相关；f 为未知的误差回归方程。根据式（10-7），则每个时刻的历史样本中以及预报时刻的特征向量即为（p_t，p_{t-1}，…，$p_{t-\theta+1}$）。

（3）估计校正变量的值，校正预报变量

采用反距离权重法，对筛选出的 k 个样本中的预报误差值赋权并求和：

$$p_{t+l} = \sum_{j=1}^{k} (p'_j / L_j) / \sum_{j=1}^{k} 1/L_j \tag{10-8}$$

式中，p'_j 表示筛选出的第 j 个样本中的预报误差值；L_j 为筛选出的第 j 个样本的特征向量与当前特征向量之间的欧式距离。所得到计算结果即预报误差的估计值，该值加到原预报结果上，得到 KNN 算法的最终校正结果。

（4）更新历史样本库

在当前预报时刻 $t+l$ 校正结束之后，重复（1）～（3）步骤，对 $t+l+1$ 时刻洪水预报结果进行校正。

需要注意的是 KNN 实时校正法的近邻数目与特征向量维数是需要事先确定的。目前对于如何确定两参数值尚无统一可靠的理论方法。近邻数目 k 代表着能够参与估计预报误差值的样本数目，如果值取得太小会是 KNN 方法过分依赖于少数几个样本，校正结果容易发生震荡；而取值过大又容易削弱有价值样本对 KNN 校正方法的贡献，导致校正结果过分平滑。因此 k 值推荐取值在 5 ~ 100。特征向量维数 θ 代表与当前预报误差相关的历史预报误差个数。由于太小的 θ 值表示当前预报误差仅与极少数历史预报误差相关，仅能适用于洪峰或者洪水状态变化较快的部位；较大的 θ 值表示当前预报误差与较长一段时间的历史预报误差之间存在相关性，仅能适用于洪水状态变化较为缓慢的部位，过大的 θ 值会引入不相关元素进入特征向量，导致错误的样本筛选结果。因此，θ 的取值推荐在2 ~ 10。

基于 KNN 的校正方法依赖于历史样本中最优价值的少数样本进行校正，而不是盲目的选择时间上最近的样本或全部可用样本。基于 KNN 的校正方法依赖于可直接根据训练样本数据，获取校正变量的估计值，可避免最小二乘法、BPNN 方法需要率定校正模型本身参数，且在洪峰数据拟合较差的问题；也可以避免 KF 方法需要将模型线性化，易受状态向量、观测向量选择以及噪声特征估计算法的影响，校正效果不稳定等问题。

10.3.2　淮河王家坝站实时校正

此处选择王家坝站点作为试验站点，通过考察该站点流量预报结果，来验证基于 KNN 的实时校正方法的性能。模拟试验中，选取 2007080808 ~ 2007091008 这场洪水，洪水总历时为 34 天，实测洪峰流量 7240m^3/s，最大洪峰出现时间在第 39 个时段（2007081714）。王家坝预报方案采用方案 2（10.4.3 节），模型计算步长为 6 小时。KNN 实时校正模型的最近邻数目 k 值取 15，特征向量维数 θ =3，校正方法本身预见期为一个计算步长（6 小时）。

采用确定性系数用于评价预报结果总体的精度。采用洪峰相对误差评价洪峰附近预报精度，洪峰相对误差越小，表明预报结果在洪峰部位的精度越高，对洪峰大小的预报结果越好。统计 KNN 校正结果以及预报结果，得到两者的确定性系数分别为 0.9691 和 0.8730，可以认为采用 KNN 校正方法之后，洪水预报的总体精度有了明显提升。校正后的洪峰相对误差值从 0.0395 减小到 0.0329。以上对比结果表明 KNN 实时校正法能够明显提升洪水预报精度，且在洪峰位置附近能够得到可靠的校正结果。

从图中可以发现，虽然所采用预报方案的预报结果可靠，但是该方案的预报结果依然与实测洪水过程有较明显差异。图中显示预报结果在高水部位预报流量值均

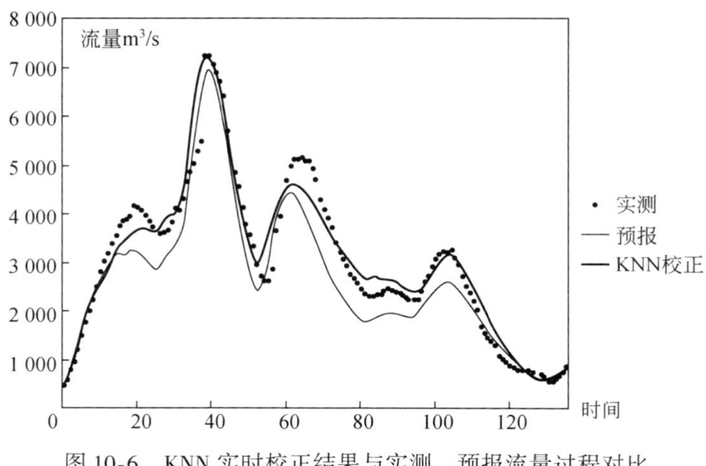

图 10-6　KNN 实时校正结果与实测、预报流量过程对比

偏低，且在洪水落水段预报结果较差。经 KNN 实时校正方法修正之后的洪水过程与实测过程差异较小，洪水的涨、落趋势与实测洪水过程一致，且在洪峰预报精度较高。在本次试验中，我们验证了基于 KNN 的实时校正方法的性能，该方法不仅能够提高洪水预报的整体精度，且在洪峰部位表现稳定、提升了洪峰预报效果。

10.4　模型的不确定性分析

不确定性是水文系统复杂性的主要体现之一，主要存在于四个方面：一是自然现象是不确定的；二是水文数据的不确定性；三是模型参数的不确定性；四是模型结构的不确定性。自国际水文科学协会（International Association of Hydrological Sciences，IAHS）于 2003 年正式启动了名为“Prediction in Ungauged Basins（PUB）”的国际水文计划以来，大力开展了无资料地区和资料缺乏地区的水文研究。众多的国内外学者都对水文模型的不确定性问题进行了分析和讨论。

Beven 和 Binley 提出了 GLUE 方法来分析和评价模型参数优化中的“异参同效”现象，代表了水文模型不确定性研究领域的最新进展。Freer 和 Beven（1996）将该法应用于法国 Ringelbach 流域的 TOPMODEL 模型不确定性分析。Franks 和 Beven（1997）在无水文资料情况地区进行模型不确定性研究，采用 GLUE 方法根据贝叶斯公式由新的资料对原似然值进行更新，通过比较更新前后的不确定性估计来评价新增信息的价值。

新安江模型是由河海大学赵人俊教授于 1970 年提出和建立的概念性降雨径流模型（赵人俊，1984），在我国南方湿润地区具有广泛的适用性。本节以太湖东苕溪流域和淮河息县流域为例，运用 GLUE 方法，研究该模型参数的不确定性问题，分析模型“异参同效”现象以及洪水模拟的概率分布。

10.4.1　GLUE 方法基本原理

GLUE 方法有个很重要的观点，导致模型模拟结果好与差的不是模型单个参数，而是参数组合。GLUE 方法首先设定模型参数的分布取值范围，利用 Monte-Carlo 随机采样方法获取参数值组合，放入模型中进行模拟。选定似然目标函数，计算模型模拟结果与观测值之间的似然函数值，再通过计算函数值的权重得到各参数组合的似然值。在所有的似然值中，设定一个临界值，低于这个临界值的参数组似然值被赋为零，表示这些参数组不能表征模型在研究流域的功能特征；高于该临界值则表示这些参数组能够表征模型在研究流域的功能特征。对高于临界值的所有参数组似然值重新归一化，按照似然值的大小，求出在某置信度下模型预报的不确定性范围。

10.4.2　似然判据及参数分布取值范围

本节选择用于反映模拟结果与实测结果吻合程度的确定性系数（Nash 系数）作为似然判据：

$$L(\theta_i/Y) = 1 - \frac{\sigma_i^2}{\sigma_0^2} \tag{10-9}$$

式中，$L(\theta_i/Y)$ 为第 i 组参数的似然判据；σ_i^2 为模拟变量方差；σ_0^2 为实测变量方差。

根据文献（王佩兰和赵人俊，1989；李致家，1998）和前期的参数敏感性分析工作，选择蒸散发折算系数 K、表层土自由水蓄水容量 SM、壤中流出流系数 KI、地下水出流系数 KG、地下水消退系数 CG、壤中流的消退系数 CI 和地表径流消退系数 CS 这 7 个较为敏感、对模型模拟结果影响较大的参数来研究其对模型模拟结果的不确定性。敏感参数的取值范围见表 10-2。

表 10-2　新安江模型敏感参数取值范围

取值	K	SM	KG	KI	CG	CI	CS
最小值	0	0	0	0	0.5	0	0
最大值	2	200	0.7	0.7	1	1	1

10.4.3　参数不确定性实例分析

1. 流域概况

选取东苕溪和息县两个水文特征差别较大的流域进行研究。东苕溪流域位于太湖区，属于我国中亚热带向北亚热带的过渡流域，受大陆与海洋气候的影响，季风盛行，四季分明，雨量充沛，多年平均降水量 1553 mm 左右，多年平均水面蒸发量为 800 ~ 900mm。丰枯年际变幅及年内时空分布不均匀，丰水年如 1954 年降水量达 2103 mm，枯水年如 1978 年全年降水量仅 728mm。年内分配按降雨特性大致可分为梅汛、台汛和非汛期三期，汛期雨量常占全年降水量的 75% 左右。

息县流域位于河南省南部，居淮河上游，流域面积为 8826 km^2（扣除南湾和石山口两座大型水库面积）。该流域处于北亚热带和暖温带的过渡地带，在气候上具有过渡特征。流域多年平均年降水量为 1145mm，其中 50% 左右集中在汛期（6 ~ 9 月），最大年降水量 1486.6mm，最小年降水量 512.9mm，多年平均蒸发量为 1258.5mm。

2. 参数组“异参同效性”

将 Monte-Carlo 随机采样得到的 10 万个参数组代入两个流域的新安江模型中进行模拟，得到 10 万个模拟流量过程和特征值。从表 10-3 结果可以发现，模拟流量过程线的整体趋势是相同的，其中有些接近观测流量过程线，有些或高或低的偏离观测值，充分体现了水文系统的不确定性（李胜和梁忠民，2006；黄国如和解河海，2007）。这个现象印证了 GLUE 方法的中心观点：导致模型模拟结果好与坏的关键并不是单个参数，而在于模型的参数组合（Beven and Binley，1992）。由此可见，由人工率定而来的“最优”参数组是不可靠的，具有高不确定性。表 10-3 和表 10-4 列出了东苕溪流域 1983062308 号洪水和息县流域 2002062120 号洪水高似然值区域中的 5 组“等效性”参数组。

表 10-3 东苕溪流域 1983062308 号洪水五组“等效性”参数组

参数	*K*	SM	KG	KI	CG	CI	CS	确定性系数
1	1.85	72.09	0.37	0.33	0.78	0.08	0.09	0.85
2	1.58	55.03	0.43	0.27	0.82	0.07	0.17	0.85
3	1.99	11.08	0.49	0.21	0.63	0.27	0.54	0.85
4	1.14	82.7	0.36	0.34	0.89	0.02	0.15	0.85
5	1.92	20.4	0.53	0.17	0.76	0.24	0.43	0.85

表 10-4 息县流域 2002062120 号洪水五组“等效性”参数组

参数	*K*	SM	KG	KI	CG	CI	CS	确定性系数
1	1.48	77.64	0.37	0.33	0.89	0.16	0.008	0.85
2	1.4	55.71	0.28	0.42	0.97	0.34	0.014	0.85

续表

参数	K	SM	KG	KI	CG	CI	CS	确定性系数
3	0.65	141.11	0.33	0.37	0.96	0.08	0.001	0.85
4	1.22	56.84	0.39	0.31	0.88	0.24	0.011	0.85
5	1.32	46.1	0.32	0.38	0.96	0.33	0.088	0.85

从表10-3和表10-4中均可明显看出，同类参数在相同的似然值中的取值不同，有些参数如SM、*CS*变化很大，有些参数如*K*、KG、CG则变化小，说明模型中每类参数不确定性程度存在一定的差异。

3. 参数不确定性分析

利用新安江模型对两个流域的洪水进行模拟，以确定性系数作为似然目标函数，得到参数与似然值散点分布图，据此可将参数归纳为以下3类。

（1）不敏感参数

KG、KI、CG和CI的似然散点图在两个流域表现一致，分布均匀，无变化趋势，对似然判据确定性系数影响很小，属于不敏感参数；以KG为例，如图10-7所示。

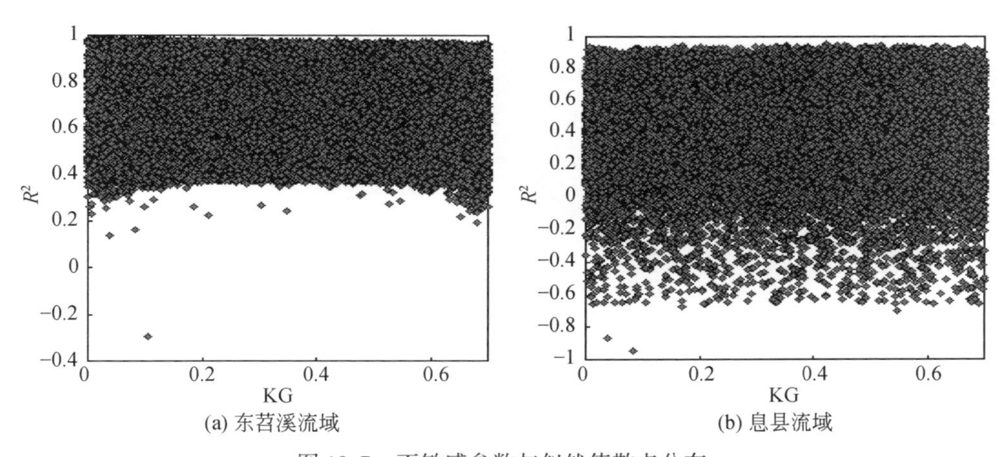

(a) 东苕溪流域　(b) 息县流域

图10-7　不敏感参数与似然值散点分布

（2）敏感参数

从图10-8可以明显看出，参数CS的似然值散点分布图在两个流域分布区域的变化趋势相同，有明显的高值区，随着CS的增大确定性系数迅速下降，该参数对确定性系数影响较大，为敏感参数。

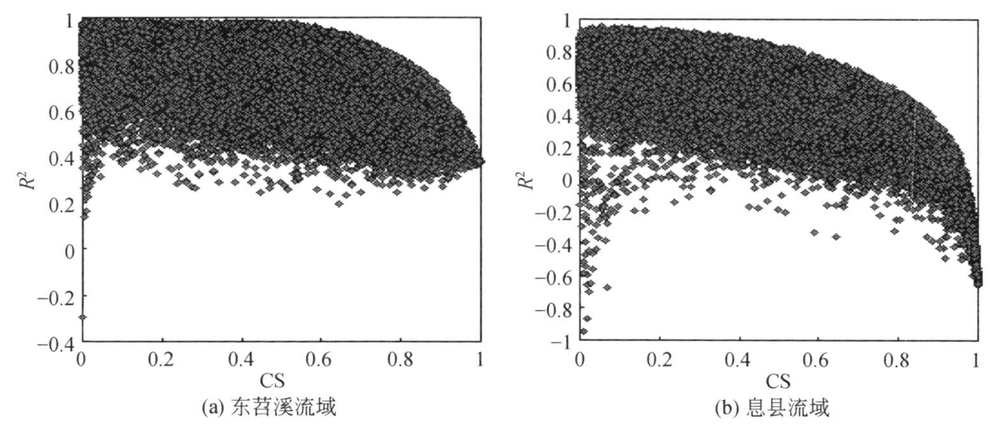

(a) 东苕溪流域　(b) 息县流域

图 10-8　敏感参数与似然值散点分布

（3）区域敏感参数

K 和 SM 的似然散点分布图在两个流域分布趋势有较大差别，同样的参数组合，散点图在东苕溪流域分布均匀，而在息县流域则有较明显的起伏变化。这体现了模型参数对流域水文特征不同的响应，东苕溪流域雨量丰沛，土壤水系发达，而息县流域土壤调蓄功能较差，由于面积较大，蒸发是水量平衡的主要因素。说明 *K* 和 SM 属于区域性敏感参数，敏感程度与流域特征和模型结构密切相关。以 SM 为例，如图 10-9 所示。

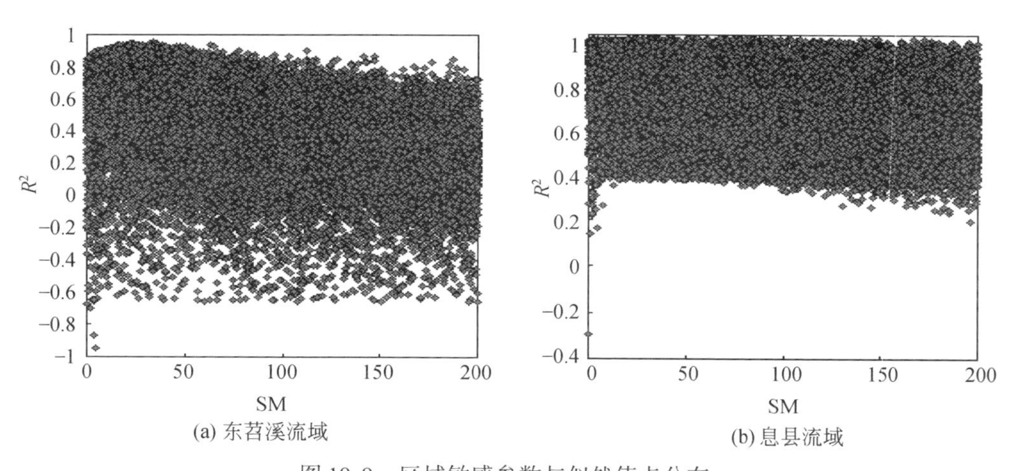

(a) 东苕溪流域　(b) 息县流域

图 10-9　区域敏感参数与似然值点分布

4. 模型预报的不确定性

在 GLUE 方法中，使用贝叶斯公式更新似然值分布，参数组的数量逐渐减少，似然值的分布趋于稳定，可以得到稳定的似然值分布。初始经验揭示贝叶斯公式更新过程是逐渐减少那些后验似然值大于临界值的参数组数量，这说明随着考虑的实测资料越来越多，研究流域接受的参数组空间变得更加受约束，即参数不确定性因素会越来越小。在传统的模型参数率定中，一般率定出的参数组是唯一的，代表所有参数组收敛于一个最优参数组。而在 GLUE 方法中最优参数组不是唯一的，出现了最优模型参数解的集合。这是因为 GLUE 方法允许“最优”参数组可以随着观测值时刻变化，并且会反映在后验似然值分布的过程中。同时，GLUE 方法允许在参数分布空间上存在不止一个区域的高似然值区，虽然总体趋势是由低似然值区域向高似然值收敛，但存在高似然值的却可以是多个区域，这同样也反映了模型的“异参同效”性。

以息县流域为例，利用 GLUE 方法进行不确定性分析，设定似然临界值为 0.8，不断更新似然函数，参数组数不断减少，在经过七场洪水演算后筛选得到了 22 个参数组，这些参数组满足了使所有场次洪水的确定性系数均大于 0.8，为最优模型参数解的集合。利用这 22 个参数组对第 8 场洪水（洪号 2005062508）进行模拟，得到流量过程如图 10-10 所示。

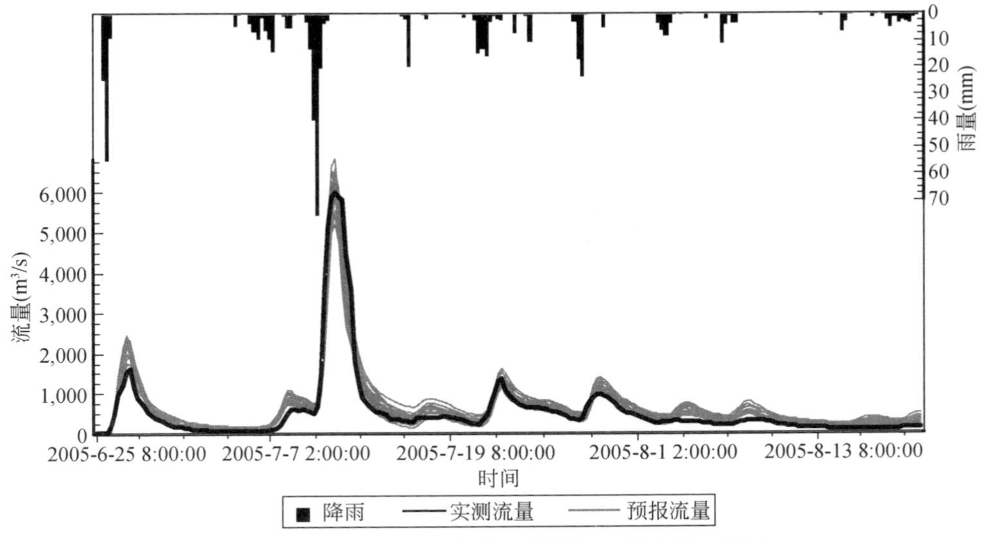

图 10-10　2005062508 号洪水模拟与实测流量过程图

从图 10-10 可以看出，22 个参数组对 2005062508 号洪水模拟均取得了良好效果，基本包含了所有的实测流量过程，确定性系数均大于0.8，模拟精度高。模型预报的不确定性与流量大小密切相关，在高流量区较大，低流量区较小。模型能够较好地模拟出流域出口断面的流量过程。

此外，GLUE 方法允许使用者结合自己的模型来进行不确定性分析，后验似然分布可以直接用来评估没有实测值洪水事件的不确定性范围，运用后验分布参数组来进行洪水预报，得到洪水发生概率及洪峰预报区间，对于洪水概率预报具有较大的实践意义。

10.5　小　　结

本章以 BMA 为例阐述水文集合预报研究进展，然后以基于 *K*-最近邻的实时校正方法为例，阐述了实时校正技术的研究进展。分别将两种技术应用于淮河王家坝水文站的洪水预报中，模拟结果表明以上两种技术均能够在考虑水文预报不确定性的前提下，降低不确定性对预报结果的影响，进而提高洪水预报精度。其中，BMA 集合预报技术则擅长于提供预报结果的后验概率分布等信息（10.2.3 节），基于 KNN 的实时校正方法对洪水预报精度的提升更为明显（10.3.2 节）。

除此之外，本章以东苕溪流域以及淮河息县流域为试验流域，以随机采样获得的10 万组参数为基础，采用 GLUE 方法分别对两个流域的新安江模型参数进行不确定性分析，验证了“异参同效”现象的客观存在。水文模型参数不确定性的研究，能够定量分析各参数的敏感特性，指导模型参数优化工作，提高水文模型预报精度。

不确定性分析、实时校正、集合预报技术的应用是在考虑水文预报不确定性客观存在的前提下，通过量化分析不确定性程度、修正含误差的水文参变量、综合评估各种来源误差等手段增进对水文预报不确定性的认识，最终降低水文预报不确定性及其对预报精度的影响。以上手段的应用，有助于帮助水文工作者更为清晰的了解水文物理过程以及水文预报中的不确定性。尤其在山洪灾害预报预警领域，传统水文模型的应用遭遇到系统响应快、模型输入与参数误差较大等因素的限制，不确定性分析等数学方法的应用能够提供更多有用的预报信息，有效降低防洪风险。需要注意的是，数学方法不能够代替传统水文模型，数学理论的应用研究仍然是以水文模型为基础，是水文物理过程机理研究的有用辅助手段。

参 考 文 献

丛树铮 . 2010. 水科学技术中的概率统计方法 . 北京：科学出版社 .
戴荣 . 2008. 贝叶斯模型平均法在水文模型综合中的应用研究 . 南京：河海大学博士学位论文 .
葛吉琦 . 1990. 用威布尔分布进行水文频率计算的探讨 . 人民长江，（2）：18-25.

黄国如，解河海．2007. 基于GLUE方法的流域水文模型的不确定性分析．华南理工大学学报（自然科学版），25（3）：137-142.

李胜，梁忠民．2006. GLUE方法分析新安江模型参数不确定性的应用研究．东北水利水电，24（2）：31-33.

李致家．2008. 水文模型的应用与研究．南京：河海大学出版社．

刘开磊，李致家，姚成，等．2013. 水文学与水力学方法在淮河中游应用研究．

刘开磊，姚成，李致家，等．2012. 水动力学模型实时校正方法对比研究．河海大学学报（自然科学版），（2）：124-129.

王佩兰，赵人俊．1989. 新安江模型（三水源）参数的客观优选方法．北京：中国水利水电出版社．

严晓东，马翔，郑荣跃，等．2006. 三参数威布尔分布参数估计方法比较．宁波大学学报（理工版），18（3）：301-305.

赵冰锋，吴素君．2008. 三参数威布尔分布参数估计方法．金属热处理，（z1）：443-446.

赵人俊．1984. 流域水文模拟——新安江模型和陕北模型．北京：水利电力出版社．

朱华．1993. 水情自动测报系统．北京：水利电力出版社．

Beven K, Binley A. 1992. The future of distributed models: model calibration and uncertainty prediction. Hydrological progresses, 6 (3): 279-298.

Beven K. 2002. Rainfall-runoff modeling-the Primer. Second Edition. Chichester: Wiley.

Clark M P, Rupp D E, Woods R A et al. 2008. Hydrological data assimilation with the ensemble Kalman filter: use of streamflow observations to update states in a distributed hydrological model. Advances in Water Resources, 31 (10): 1309-1324.

Cloke H L, Pappenberger F. 2009. Ensemble flood forecasting: a review. Journal of Hydrology, 375: 613-626.

Dickinson J P. 1975. Some comments on the combination of forecasts. Oper. Res. Q., 26: 205-210.

Dun Q Y, Ajami N K, Gao X G, et al. 2007. Multi-model ensemble hydrologic prediction using Bayesian model averaging. Advances in Water Resources, 30: 1371-1386.

Evensen G. 1994. Inverse methods and data assimilation in nonlinear ocean models. Physica D: Nonlinear Phenomena, 77 (1): 108-129.

Franks S W, Beven K J. 1997. Bayesian estimation of uncertainty in land surface-atmosphere flux prediction. Geophysical Research, 102 (20): 23991-23999.

Freer J, Beven K. 1996. Bayesian estimation of uncertainty in runoff prediction and the value of data: an application of the GLUE approach. Water Resources Research, 32 (7): 2161-2173.

George E I. 1999. Bayesian model selection//Encyclopedia of Statistical SciencesUpdate 3. New York: Wiley.

Karlsson M, Yakowitz S. 1987. Nearest-neighbor methods for nonparametric rainfall-runoff forecasting. Water Resource Research, 23 (7): 1300-1308.

Kelly K S, Krzysztofowicz R. 1997. A bivariate meta-Gaussian density for use in hydrology. Stochastic Hydrol. Hydraul, 11: 17-31.

Leamer E E. 1978. Specification Searches. New York: Wiley.

Makridakis S, Winkler R L. 1983. Average of forecasts: some empirical results. Manage Science, 29 (9): 987-996.

Monomoy G, Kieran M. 2007. Real- time flow forecasting in the absence of quantitative precipitation forecasts: a multi-model approach. Journal of Hydrology, 334: 125-140.

Panzeri M, Riva M, Guadagnini A et al. 2015. EnKF coupled with groundwater flow moment equations applied to Lauswiesen aquifer, Germany. Journal of Hydrology, 521: 205-216.

Raftery A E, Geneiting T, Balabdaoui F, et al. 2005. Using bayesian model averaging to calibrate forecast ensembles. Mon Weather Rev, 113: 1155-1174.

Todini E. 2005. Rainfall- runoff Models for Real- time Forecasting//Anderson M G. Encyclopedia of Hydrological Sciences. London: John Wiley & Sons Ltd.

Xiong L H, Shamseldin A Y, O' Connor K M. 2001. A non- linear combination of the forecasts of rainfall- runoff models by the first- order Takagi- Sugeno fuzzy system. Journal of Hydrology, 245: 196-217.

第 11 章　主要研究成果与展望

11.1　主要研究成果

1）雨量预警指标是重要的山洪预警指标之一，对于雨洪响应时间短的小流域尤其如此。根据气象、水文数据的可用情况将重要预警点分为 3 类：有长系列水文资料的预警区，没有水文资料、只有长系列雨量资料的地区，以及无资料和资料不足地区。本书主要对有长系列气象和水文资料的地区进行了研究。在灞河流域中，分别得到了不考虑土壤饱和度和考虑土壤饱和度的警戒雨量，并对两者进行分析比较，认为考虑土壤饱和度的警戒雨量是更为合理的。在周水河流域以及板桥河流域中，用同样方法得到了不同时段不同土壤饱和度下的预警雨量。

2）在湿润流域应用，首选新安江模型和经验预报方法。从以往的应用情况来看，新安江模型模拟和预报的精度比较高，主要原因是根据下垫面的不同及雨量站的分布，划分单元流域，建立了分布式水文模型。经验预报方法是集总式的水文模型，在应用中要注意：①经验方法中的计算的产流是直接径流，即总径流扣除地下径流，或者是地表径流加壤中流，湿润地区地下水与壤中流不太容易划分清楚。在制作 P+Pa ~ R 时要注意；②由于流域不分块、不分水源，单位线的非线性较大，在制作时要注意。

3）半湿润半干旱地区的洪水预报仍然是一个难题。与湿润地区相比，半湿润半干旱地区下垫面空间变异大，以及由于人类活动的影响，改变了流域下垫面包气带产汇流的一些特征。研究表明在充分供水的情况下在一个小时之内可达到稳定下渗率，也就是说，超渗产流计算需要短历时的雨量资料，时段长要小于半小时，如果没有这样的雨量与流量观测资料，要很客观的比较各类模型的有一定的难度。鉴于这样的原因，除了河北雨洪模型、增加超渗产流的新安江模型、新安江-海河模型以及基于网格的蓄满与超渗空间组分的水文模型之外，新安江模型、萨克拉门特模型、超渗产流模型、API 模型、TANK 模型、TOPKAPI 模型、澳大利亚 IHACRES 模型及数据驱动的一类模型均可以用于半湿润半干旱区域的洪水预报。

4）半干旱流域在产汇流机理上与半湿润有所不同，半湿润产流可能是蓄满与超渗同时发生的产流机制，而半干旱则以霍尔顿超渗坡面流为主，陕北模型是最适用的水文模型。制约半干旱地区洪水预报精度主要因素是雨量资料的时空分辨率，半干旱地区降水时空变化大，需要几平方公里一个雨量站，降水时段长需要几分钟。至于水文模型，除了上面提出的 4 个之外，API 模型、TANK 模型、TOPKAPI 模型及数据驱动的一类模型均可以用于半干旱区域的洪水预报。

5）GBHM 应用到陕西周河流域、板桥河流域以及灞河流域。在收集地形、土地利用、NDVI、土壤属性参数等数据的基础上，建立了每个流域的分布式水文模型。对模型的模拟结果进行了评价，表明模拟的结果较好，但针对场次洪水过程的模拟仍有进一步提高的空间。模型模拟输出的流量过程，可以直接作为预警点山洪预报的指标；同时模型模拟输出的土壤饱和度可以用于考虑土壤饱和度的雨量预警指标当中。

6）TOPKAPI 应用到安徽屯溪流域、河南伊河流域、陕西周河流域、板桥河流域以及灞河流域。在收集 DEM、土地利用和土壤类型等数据的基础上，建立了每个流域的 TOPKAPI 分布式水文模型。对模型的模拟结果进行了评价，表明模型对于湿润地区的模拟结果较好，但针对场次洪水过程的模拟仍有进一步提高的空间。

7）API 模型在无资料地区的应用表明，对湿润、半湿润、半干旱和干旱地区而言，其降雨径流关系因为降雨空间分布和下垫面空间分布的不均匀在不同的流域表现出有很大差别。从湿润地区到干旱地区，径流量的相对偏和相对平均误差呈现增大的趋势，说明预报效果越来越差；实测径流量的变差系数也呈现增大的趋势，说明实测点据越来越离散。

8）由地形地貌资料推导出的 Nash 单位线具有实用性，在湿润流域 API 模型的模拟效果较好。对半湿润流域应用 API 模型进行次洪模拟，模拟结果达不到理想的效果。原因是半湿润地区的产流机制更复杂一些，单纯地利用集总式黑箱子模型对次洪的产流和汇流进行模拟，很难达到理想的效果。在实际应用过程中，需要依据降雨强度、暴雨中心等次洪特征对 Nash 单位线进行细分，以期达到理想的预报效果。

9）基于 K-最近邻的实时校正方法和 BMA 水文集合预报技术应用于淮河王家坝站洪水预报中，模拟结果表明以上两种技术均能够在考虑水文预报不确定性的基础上，进一步提高洪水预报精度。其中，基于 K-最近邻的实时校正方法对洪水预报精度的提升更为明显。

11.2　展　　望

山洪预警指标确定、中小河流洪水预报模型和方法选择及其应用等方面所取得的研究成果，对我国山区洪水预警和中小河流洪水预报具有重要的指导意义。

展望我国洪水预警预报技术的研究和应用趋势，在山洪预警预报手段上，由单纯预报山洪临界降雨量或制作山洪可能性预报，向发布山洪预警指南、预报山洪临界雨量，以及山洪危害范围和危害程度等多项功能方向发展；在预报模型与方法构建上，将由传统的经验相关方法、回归模型，逐步向采用降雨径流预报、神经网络预测、分布式水文模型以及计算机技术方向发展，由过去只采用历史统计资料和实测资料向采用高精度定点的数值天气预报产品相结合的方向发展；在山洪预警预报系统建设上，结合国情和山丘区实际情况，采用规范的数据通信方式和水情信息交换系统，形成集气象预报、雷达技术、网络和卫星数据传输、地理信息系统、数字流域模型、山洪预测模型等高新技术，与传统洪水预报系统相结合，向建立实用、先进的流域性或区域性洪水预警预报系统方向发展。

针对下一步我国中小河流洪水和山洪灾害预警预报的研究工作，本书有以下几点建议。

1）进一步加强中小河流洪水模型研究与应用，组织编制中小河流洪水预警预报技术指南。要突破常规性传统型方法，加强分布式水文模型和概率水文预报研究，特别是加强预报模型参数地区规律性研究。

2）研发山区中小河流洪水预警预报系统软件平台。中小河流洪水预报的关键内容是洪峰和峰现时间，中小河流汇流时间短，中小河流洪水预警预报系统应当实现大范围的自动预报、提前预警。

3）很多中小河流流域面积在200km^{2}以下，常规模型时间间隔大多为1小时，不能有效反映中小河流产汇流特征。应结合遥测系统实际现状，考虑建立分钟间隔的产汇流模型。不足以采用常规模型和方法构建预报方案的河流，考虑建立降雨和洪峰等关系线进行预警。

4）无资料流域的预报方案，产流可采用新安江模型参数移植，汇流可采用地貌单位线。无资料流域的预报方案和模型不参加精度评定，但需用于作业预报，在应用过程中不断根据新的观测资料修正相应参数，逐步提高预报精度。

5）干旱与半干旱区目前还是个难点，要加强干旱与半干旱区的产汇流模式研究，建立与之适应的模型或方法。

6）中小河流模型研制要考虑高寒地区、平原河网区、圩区、城市等工程和人类活动影响较大的特殊地区。平原河网区涉及水利工程多、调度影响大、潮汐顶托等问题，建议平原区预警预报以水位预警为主，预警指标应与调度结合。